生物科学专业“6＋X”简明教程系列·配套实验教材

生物化学实验教程

武金霞　主编

科学出版社
北　京

内 容 简 介

本书介绍了生物化学研究中重要的实验技术原理，包括纸层析技术、薄层层析技术、离子交换层析技术、凝胶过滤层析技术、分光光度技术、电泳技术、蛋白质免疫印迹技术等。在介绍了每一种实验技术原理之后，都列举了数个应用该技术解决实际研究问题的基础实验，内容丰富，不同学校不同专业可根据实际情况进行选做。另外，本书还增加了以蛋白质、酶、多糖和核酸等生物大分子的提取、纯化、定量、活性测定等为研究内容的综合性实验，每一个综合性实验涵盖了多种生物化学实验技术，能培养学生对所学知识的综合运用能力和创新实践能力。

本书可作为综合性、农林、师范等高等院校生物科学类相关专业本科生实验教材，也可作为从事生命科学教学与研究人员的参考书。

图书在版编目(CIP)数据

生物化学实验教程/武金霞主编. —北京：科学出版社，2012. 8
生物科学专业“6+X”简明教程系列 · 配套实验教材
ISBN 978-7-03-035294-1

Ⅰ. ①生…　Ⅱ. ①武…　Ⅲ. ①生物化学–实验–高等学校–教材　Ⅳ. ①Q5-33

中国版本图书馆 CIP 数据核字（2012）第 187683 号

责任编辑：刘　丹　席　慧 / 责任校对：林青梅
责任印制：张　伟 / 封面设计：迷底书装

科学出版社 出版
北京东黄城根北街 16 号
邮政编码：100717
http://www.sciencep.com
北京凌奇印刷有限责任公司 印刷
科学出版社发行　各地新华书店经销
*
2012 年 8 月第　一　版　开本：787×1092　1/16
2023 年 8 月第十一次印刷　印张：15
字数：376 000

定价：49.00 元

（如有印装质量问题，我社负责调换）

《生物化学实验教程》编委会名单

主　　编　武金霞

副 主 编　周艳芬　张贺迎　杨致荣

编　　委　（按姓氏汉语拼音排序）

鞠建松　李　楠　柳峰松　倪志华

孙　磊　武金霞　杨致荣　张贺迎

张金桐　张瑞英　张　妍　周艳芬

前　言

生物化学实验技术是生命科学领域各分支学科研究必不可少的方法与手段。夯实学生的生物化学基础对于培养高质量优秀人才至关重要，目前许多学校越来越重视生物化学实验课教学效果，因而编写一本易教易学的实验教材是十分必要的。

本书主编从事生物化学教学和科研工作二十余年，总结整理多年的教学实践，曾于2005年出版《生物化学实验原理与技术》。在该书经多所学校不同专业学生使用的过程中，我们广泛收集师生的意见和建议，补充了不断发展的实验教学新内容，吸取同时期其他版本实验教材的优点，结合生命科学发展前沿，同时联合了河北师范大学、保定学院、广西大学和山西农业大学长期工作在生物化学教学和科研一线的教师，共同编写了这本《生物化学实验教程》。

本书综合了不同类型学校生命科学相关专业的特点和需求，适合作为生物科学、生物技术、生物工程、生物制药、食品科学等相关专业本科生实验教材，也适合生物类硕士研究生使用。

本书的主要特色：

1. 详细介绍了重要的生物化学实验技术原理，随后列举了如何应用该技术解决生活、生产、科研实际问题的多个基础实验项目，使学生了解一项实验技术在多领域研究中的应用。

2. 本书选择了以蛋白质、酶、多糖、核酸等重要生物大分子为研究对象的11个综合性实验，每一个综合性实验涵盖了多种实验技术，可培养学生对所学知识的综合运用能力。

3. 本书中所有定量测定实验均以日常生活中的生物材料（花椰菜、面粉、鸡蛋清、蚯蚓、大蒜、牛奶、大豆和兔肝等）为研究对象，使学生深切体会到生物化学实验技术的实际应用价值。

4. 在多年的实验教学中，我们发现学生写实验报告时，能较好地书写目的、原理、试剂和操作步骤，但不懂如何写实验结果与分析，许多实验教材欠缺这一部分。在本书中，我们特别强调了每一个实验项目的结果与分析部分，明确了标准曲线绘制、计算公式、图谱扫描、表格汇总、实验成败分析等要求，实验结果的表述方式与当前期刊科研论文接轨，方便学生书写及规范实验报告。

本书中所列绝大多数实验项目经过河北大学生命科学学院生物技术、生物工程专业学生实验课检验，逐步得到了完善。感谢同学们对完善实验项目作出的贡献。

本书由武金霞主编，由武金霞、周艳芬负责全面校对。感谢河北大学生命科学学院、河北大学教务处和科学出版社农林与生命科学分社的大力支持。

本书是编者总结多年实验教学经验和教训的结晶，尽管付出了极大的精力与心血，但由于编者自身水平的限制，还恳请同行对书中的不妥之处提出宝贵意见和建议。

编　者

2012年6月

目　录

第三篇　综合性实验

第一篇　实验要求

第一章　生物化学实验基本要求

第一节　生化实验室学生实验守则

(1) 学生在实验课前要认真预习实验内容，明确实验目的和要求，了解实验的步骤、方法和基本原理，写好预习报告。

(2) 学生进入实验室时，需穿实验服，不得穿拖鞋和暴露的衣服。

(3) 自觉遵守实验室纪律，保持室内安静，禁止喧哗。

(4) 爱护仪器设备，严格遵守仪器操作规程。仪器发生故障时应及时报告教师，未经许可不得随意拆卸、检修。因违反操作规程造成仪器损坏者需按规定赔偿。

(5) 配制试剂要节约，按实验实际使用量配制。多余的贵重试剂、材料和各种有机试剂要按照教师要求回收和处理，不得随意丢弃。

(6) 所用试剂和样品，必须贴上标签，标签写上试剂名称、浓度、班级、姓名和日期。易挥发溶液和酸性溶液必须严密封口。

(7) 各实验组的仪器和玻璃器皿需妥善保管，实验完毕及时清理洗净，放回各组的实验柜内。不得将实验器皿丢弃在实验台面上或水池内，保持实验台面整洁。

(8) 实验室内的一切物品，未经实验室负责人批准，不得私自带出实验室。

(9) 实验完毕后，值日生负责做好实验室的卫生清理工作，并检查水、电，关好门、窗，经教师检查合格后，方可离开实验室。

(张瑞英)

第二节　实验室安全及防护知识

生物化学实验室是进行教学和科研的场所，人员多、设备多、线路多、化学试剂多，稍有不慎，水、电、火、毒、伤等事故均有可能发生，会危及人体健康乃至生命。学生初次进入实验室，教师及实验室管理人员应首先对学生进行实验室安全观念的教育，要求学生重视实验中的安全工作，防患于未然。学生应该熟悉实验室安全防护知识。一旦发生事故，应及时采取适当的急救措施。

一、实验室安全知识

(一) 安全用电

(1) 实验室管理人员必须经常检查电源线路及插座，发现电线绝缘胶皮老化或插座破裂等隐患要及时维修更换。

（2）不得超负荷使用电器设备。

（3）严格按照仪器使用规程操作。

（4）使用仪器设备时，要注意电压、电流是否符合仪器的规定要求，必要时应使用稳压器或调压器。

（二）节约用水，安全防火

（1）节约用水。用水完毕应随手关闭水龙头。水槽内不可堆积仪器或杂物，以防排水不畅时溢出水槽。

（2）生物化学实验过程中经常使用一些可燃易爆试剂，如乙醚、丙酮、乙醇、苯等，因此，实验室内严禁吸烟，冰箱内不许存放可燃液体。实验室内使用的可燃物，应远离火源和电器开关。

（3）可燃易爆炸物质的残渣不得倒入污物桶或水槽中，应收集在指定的容器内。

（三）严防中毒，注意安全

（1）领用剧毒试剂应按规定办理审批手续后领取，并由专人妥善保管。

（2）使用毒性物质和致癌物质必须根据试剂瓶上标签说明严格操作，安全称量、转移和保管。操作时应戴手套，必要时戴口罩或防毒面罩，并在通风橱中进行，使用后的容器应单独清洗、处理。

（四）小心处理生物化学实验废弃物

生物材料，如微生物、动物的组织、细胞培养液、血液、分泌物，以及实验动物等都可能存在细菌和病毒感染的潜在性危险。实验完成后，被污染的物品必须进行高压消毒灭菌或烧成灰烬，被污染的玻璃器皿应高压灭菌之后再清洗。

（五）教学科研资料，妥善收藏

教学科研资料是科研人员艰苦劳动的文字记录或视听记载、实物证据，应妥善保藏。

二、实验室急救

（一）实验中不慎受伤，应立即采取适当的急救措施

（1）受玻璃割伤或其他机械损伤。首先检查伤口内是否有玻璃或金属碎片，然后用硼酸水洗净，再涂擦碘酒或红药水，必要时用纱布包扎。如伤口较大或过深而大量出血，应迅速在伤口上部和下部扎紧血管止血，立即送往医院诊治。

（2）烫伤。轻度烫伤一般可涂上苦味酸软膏。如果伤口红痛或红肿（一级灼伤），可擦医用橄榄油；若皮肤起泡（二级灼伤），不要弄破水泡，防止感染；若伤处皮肤呈棕色或黑色（三级灼伤），应用干燥而无菌的消毒纱布轻轻包扎好，紧急送医院治疗。

（3）化学试剂灼伤。强碱和碱金属引起的灼伤，先用大量的自来水冲洗，再用5%硼酸溶液或2%乙酸溶液涂洗。强酸、溴等引起的灼伤，立即用大量的自来水冲洗，再用5%碳酸氢钠溶液或5%氢氧化铵溶液洗涤。酚触及皮肤引起灼伤可用乙醇洗涤。

（4）被实验动物咬伤。被咬后立即挤压伤口排去带毒液的污血，然后用20%肥皂水或

0.1%新洁尔灭彻底清洗，再用清水洗净，继用2%～3%碘酒或75%乙醇局部消毒。为确保安全，必须及时去防疫部门接种疫苗。

（二）实验室常备急救药品

为了对实验室意外事故进行紧急处理，实验室应配备急救药箱，常备药品清单如下。

（1）红药水。将20g红汞加入800mL无离子水中，搅拌使之溶解后定容至1000mL。配制时勿将红汞一次完全倒入水中，以免结块。红药水有止血、消毒的功能。

（2）碘酒。碘25g，碘化钾10g，乙醇500mL，水加至1000mL。配制时应先将碘化钾溶解于10mL水中，配成饱和溶液，再将碘加入碘化钾溶液中，最后加入乙醇搅拌溶解，再定容至1000mL。

（3）烫伤膏。

（4）饱和碳酸氢钠溶液。

（5）5%硼酸溶液。

（6）2%醋酸溶液。

（7）5%氨水。

（8）5%硫酸铜溶液。

（9）高锰酸钾晶体（需要时再制成溶液）。

（10）甘油。

（11）消炎粉。

（12）泻药（如硫酸镁等）。

（13）催吐剂。镁浆或氧化镁甘油浆液（将200g氧化镁与240g甘油混合）。万能解毒剂（医用活性炭：氧化镁：单宁酸＝2：1：1，混合后，保存于干燥处）。

（张瑞英）

第三节　生物化学实验报告

一、生化实验记录

（1）实验前必须认真预习，弄清目的、原理和操作步骤，写出扼要的预习报告，操作时作为提示和参考。

（2）准备好便于保存的记录本。记录实验条件，如材料的名称和来源，仪器的名称、生产厂家、规格、型号，化学试剂的规格、浓度、pH等，并如实记录实验中观察到的现象、测试的数据等。

（3）如果怀疑测定结果不正确或数据记录不完整，有条件时需重做实验。

二、数据处理

（一）表格

应以图表的形式记录实验数据或概括实验结果。表格设计要求紧凑、简明，一般用三线表，要有编号和表头（表1-1）。

表 1-1　考马斯亮蓝法测定蛋白质浓度标准曲线加样表

试剂	管号及加量					
	1	2	3	4	5	6
标准蛋白质/mL	0	0.2	0.4	0.6	0.8	1.0
无离子水/mL	1.0	0.8	0.6	0.4	0.2	0
蛋白质浓度/(μg/mL)	0	20.0	40.0	60.0	80.0	100.0
考马斯亮蓝 G-250/mL	5.0	5.0	5.0	5.0	5.0	5.0
A_{595}	0					

（二）绘图

许多实验需要测量一个量对另一量的影响。已知量叫做自变量，未知量或待测量叫做因变量。画图时，习惯把自变量画在横坐标（x 轴）上，而把因变量画在纵坐标（y 轴）上。应使用 Office 中 Excel 软件绘图。例如，将表 1-1 数据绘图，结果如图 1-1 所示。

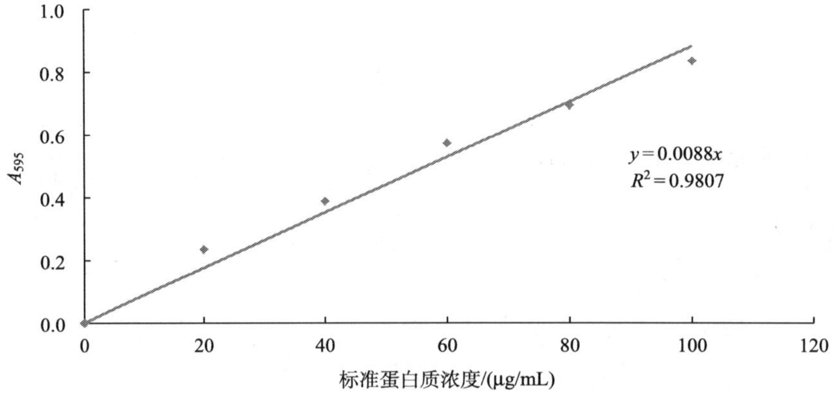

图 1-1　蛋白质含量测定标准曲线

（三）图谱

在实验报告中，层析或电泳的结果经常以图谱表示（图 1-2、图 1-3）。绘制层析、电泳图谱时，图片大小可酌情缩放，但层析斑点、电泳区带形状、位置、颜色及其深度背景颜色

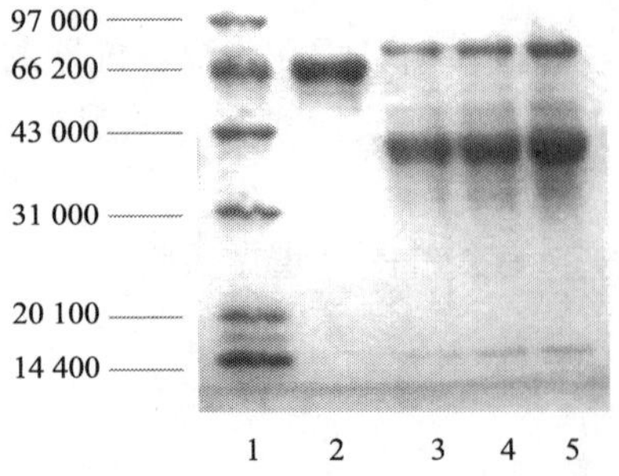

图 1-2　SDS-PAGE 图谱

1. 蛋白质低分子质量 Marker；2. 牛血清白蛋白；3～5. 稀释 200 倍蛋清 5μL、10μL、15μL

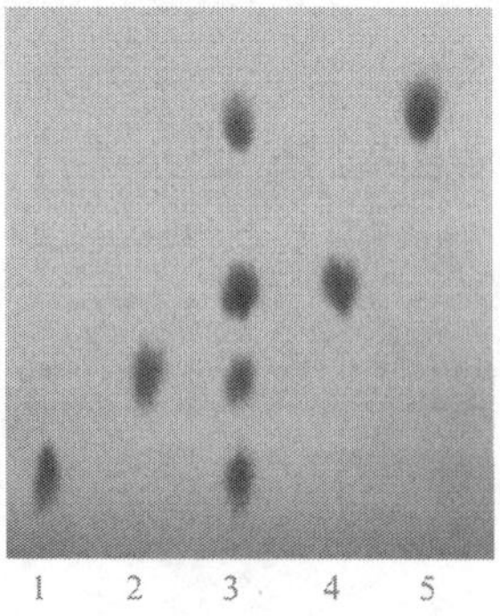

图 1-3　氨基酸纸层析图谱

1. 赖氨酸；2. 天冬氨酸；3. 待测样品；4. 丙氨酸；5. 苯丙氨酸

等应力求与原物一致。最好对图谱进行照相或扫描。对图谱中条带或斑点要有注解，一般在图谱的下方列出项目，两边用相应的直线指出条带或斑点。

三、基础生化实验报告

学生在实验结束后要及时整理实验数据，总结实验结果，并对结果进行分析，写出实验报告。生化实验报告书写格式如下。

实验编号及名称

实验者姓名： 班次： 实验日期：

一、实验目的与要求

二、实验原理

三、仪器、试剂和材料

四、操作步骤

五、实验结果

六、结果讨论

七、思考题

四、综合性生化实验报告

一个综合性实验相当于一个微型毕业实践题目，基础生化实验报告的格式已经不适合综合性实验。我们要求学生按照国家公开发表的核心期刊研究论文格式书写，以提高学生写作水平，为将来完成毕业论文打好基础。

综合性生化实验报告包括以下部分：题目、作者及单位、中文摘要及关键词、英文摘要及关键词、前言、材料与方法、结果与讨论、参考文献。

每一部分的要求如下。

1. 题目

每一次实验的题目。

2. 作者

一个综合性实验的合作者（两位同学）。

3. 单位

××大学和××学院，城市，邮编。

4. 中文摘要及关键词

总结本次实验的主要内容，采用××技术，取得了××结果，得出××结论。关键词是本次实验涉及的最核心的专业词语。

5. 英文摘要及关键词

以英文书写本次实验的摘要，与中文部分内容对应，切忌逐字翻译。英文关键词与中文关键词相对应。

6. 前言

写明本次实验研究对象有什么性质、用途、研究其的重要意义及目前的研究现状等。

7. 材料与方法

详细写明所用材料及实际采用的方法。分条目写。

以综合性实验“鸡卵类黏蛋白的分离纯化及性质测定”为例，材料与方法部分的书写格式如下。

1　材料与方法

1.1　材料

新鲜鸡蛋、丙酮、三氯乙酸-丙酮、透析袋、DEAE-纤维素等。

1.2　仪器

冷冻离心机、可见分光光度计等。

1.3　方法

1.3.1　鸡卵类黏蛋白的提取

1.3.2　DEAE-Cellulose-52 离子交换柱层析纯化鸡卵类黏蛋白

1.3.3　BAEE 法测定鸡卵类黏蛋白的抑制活性

1.3.4　SDS-PAGE 鉴定鸡卵类黏蛋白纯度及测定相对分子质量

8. 结果与讨论

与方法相对应，写明采用每一种方法得到了什么结果，可以用列表、绘图、图片等形式表示。并对得到的结果进行分析和评价。

9. 参考文献

写明完成本次实验阅读了哪些文献，包括图书、期刊、电子出版物、专利、论文集等。例如：

1. 武金霞，张贺迎，张瑞英，等．生物化学实验原理与技术［M］．保定：河北大学出版社，2005：66-68.
2. 方林求，褚楠，薛静．鸡卵清蛋白对蛋白酶抑制作用的研究［J］．中国生化药物杂志，1995，16（6）：262-265.
3. 邵雪玲，毛歆，郭清．生物化学与分子生物学实验指导［M］．武汉：武汉大学出版社，2003：22-25，32-35.

（武金霞　张瑞英）

第二篇　实验技术原理与基础实验

第二章　生物物质的定性鉴定

第一节　氨基酸和蛋白质的结构及性质

一、氨基酸的结构特点

氨基酸（amino acid）是蛋白质的基本结构单位。构成蛋白质的20种常见氨基酸均为α-*L*-氨基酸。根据侧链（side chain）的极性可将其分为四大类：非极性R基氨基酸、不带电荷的极性R基氨基酸、带正电荷的R基氨基酸及带负电荷的R基氨基酸。其中，非极性R基氨基酸共8种，分别为丙氨酸（Ala，A）、缬氨酸（Val，V）、亮氨酸（Leu，L）、异亮氨酸（Ile，I）、脯氨酸（Pro，P）、苯丙氨酸（Phe，F）、色氨酸（Trp，W）和甲硫氨酸（Met，M）；不带电荷的极性R基氨基酸共7种，分别为甘氨酸（Gly，G）、丝氨酸（Ser，S）、苏氨酸（Thr，T）、半胱氨酸（Cys，C）、酪氨酸（Tyr，Y）、天冬酰胺（Asn，N）和谷氨酰胺（Gln，Q）；带正电荷的R基氨基酸共有3种，分别为赖氨酸（Lys，K）、精氨酸（Arg，R）和组氨酸（His，H）；带负电荷R基氨基酸共有2种，分别为天冬氨酸（Asp，D）和谷氨酸（Glu，E）。20种氨基酸的结构式如下：

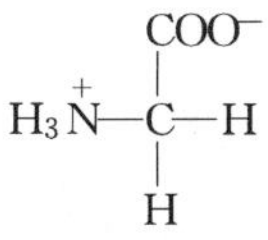

甘氨酸（Gly，G）

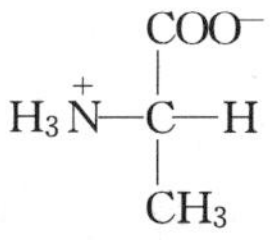

丙氨酸（Ala，A）

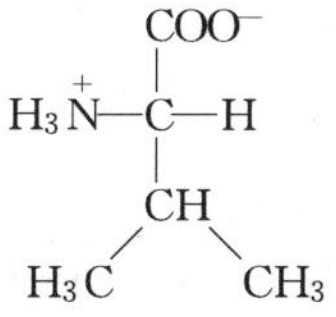

缬氨酸（Val，V）

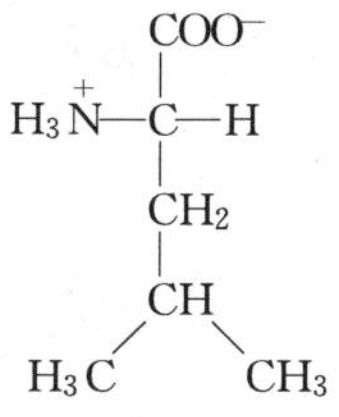

亮氨酸（Leu，L）

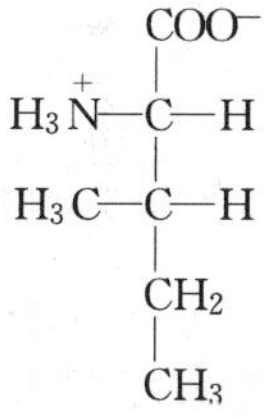

异亮氨酸（Ile，I）

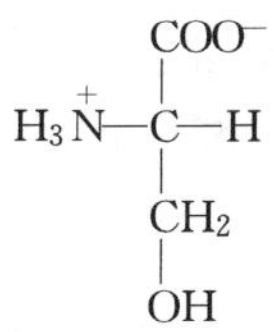

丝氨酸（Ser，S）

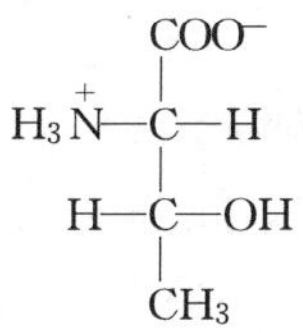

苏氨酸（Thr，T）

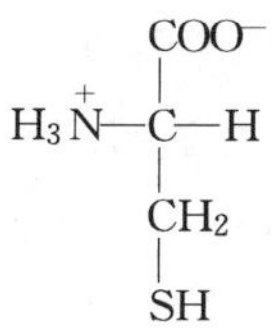

半胱氨酸（Cys，C）

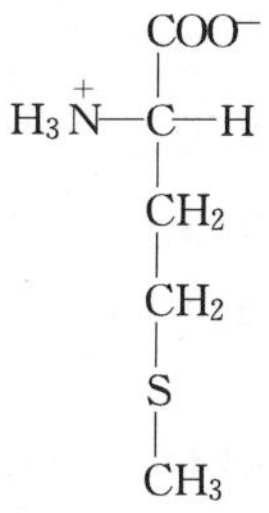

甲硫氨酸（Met，M）

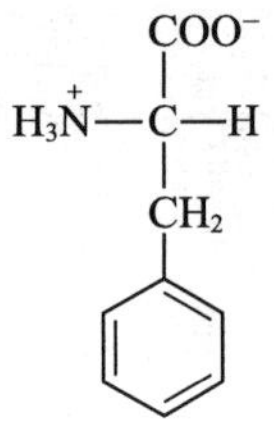

苯丙氨酸(Phe,F)

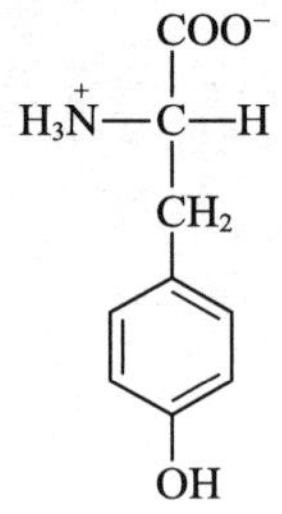

酪氨酸(Tyr,Y)

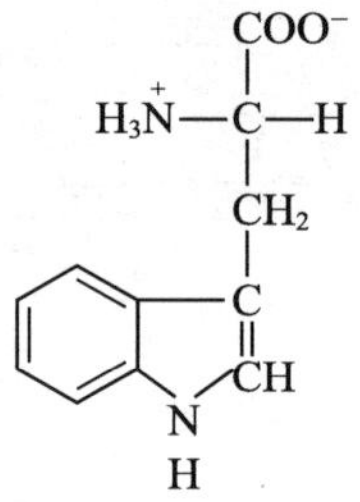

色氨酸(Trp,W)

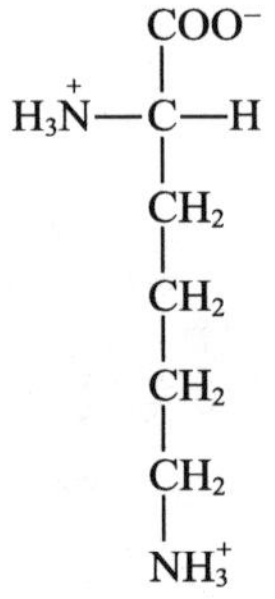

赖氨酸(Lys,K)

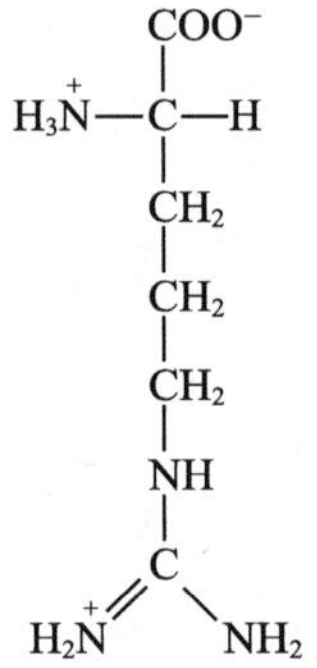

精氨酸(Arg,R)

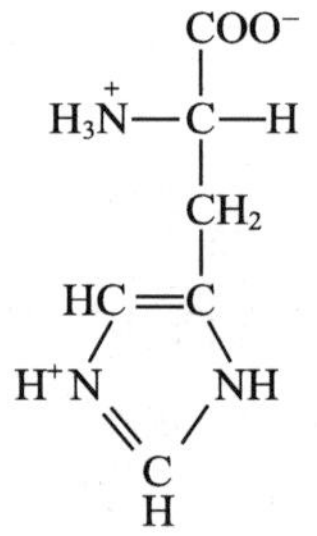

组氨酸(His,H)

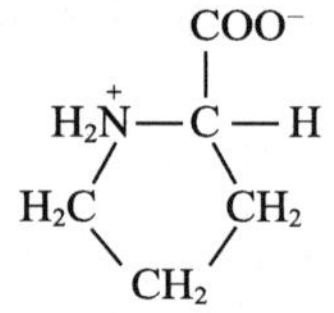

脯氨酸(Pro,P)

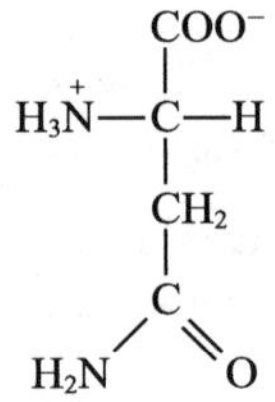

天冬酰胺(Asn,N)

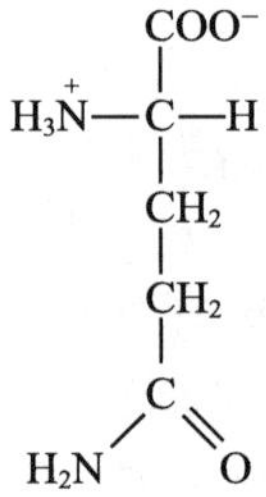

谷氨酰胺(Gln,Q)

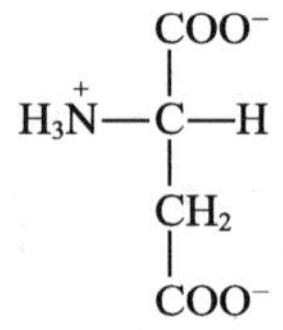

天冬氨酸(Asp,D)

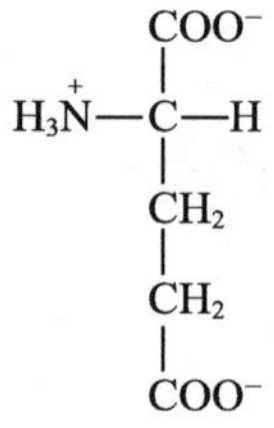

谷氨酸(Glu,E)

二、氨基酸的化学反应

氨基酸的化学反应主要指它的 α-氨基与 α-羧基及侧链上的功能基团所参与的反应。

1. α-氨基参加的反应

α-氨基与其他伯胺一样可以参与很多化学反应。例如，α-氨基能与亚硝酸反应放出氮气，这是 Van Slyke 法测定氨基氮的基础；α-氨基在弱碱性溶液中与酰氯或酸酐作用，被酰基化，这类反应可用于蛋白质和多肽人工合成中进行氨基保护。α-氨基的氢原子能被烃基或烃的衍生物取代，如与 2,4-二硝基氟苯（FDNB 或 DNFB）反应，产生 DNP-氨基酸，此反应首先被英国的 Sanger 用来鉴定蛋白质和多肽的 N 端氨基酸；与异硫氰酸苯酯（PITC）反应，产生 PTH-氨基酸，这个反应被 Edman 用于鉴定多肽和蛋白质的 N 端氨基酸。当 N 端氨基酸形成 PTH-衍生物之后，使第一个肽键的稳定性下降，N 端的氨基酸从肽链上脱落下来，这时剩下的是少了一个氨基酸残基的多肽链。它的 N 端暴露出一个新的游离 α-氨基，可参加下一轮的反应。因此可通过分析 PTH 衍生物来推断氨基酸的排列顺序，这是全自动氨基酸顺序分析仪的基础，称为 Edman 降解。除此之外，α-氨基还能与醛类形成席夫碱。

2. α-羧基参加的反应

α-羧基能与碱形成盐，与醇形成酯。如果氨基被保护，则 α-羧基能与二氯亚砜或五氯化磷作用生成酰氯，此反应在多肽和蛋白质人工合成中用于活化羧基；在氨基被保护的情况下，羧基先转变为甲酯，再与肼和亚硝酸反应，形成叠氮化合物，这也是活化羧基的反应。

3. α-氨基和 α-羧基共同参加的反应

（1）与茚三酮反应：茚三酮在弱酸性溶液中，与 α-氨基酸共热，使氨基酸氧化、脱氨、脱羧，放出氨，茚三酮再与氨、还原型茚三酮发生作用，形成紫色物质，该紫色物质在 570nm 有最大光吸收，可用来定性、定量测定氨基酸。

（2）成肽反应：一个氨基酸的羧基与另一个氨基酸的氨基可以脱水缩合成肽（peptide），形成的键称为肽键（peptide bond）。多肽和蛋白质分子中含有肽键，游离的氨基酸分子中不含有肽键。

4. 侧链 R 基参加的反应

氨基酸的 R 侧链具有功能团时也能发生化学反应，这些功能团包括羟基、酚基、巯基、吲哚基、咪唑基、胍基及非 α-氨基和非 α-羧基等。例如，酪氨酸的酚（羟）基能与重氮化合物结合成橘黄色物质，称为 Pauly 反应；精氨酸的胍基能与 α-萘酚在碱性次溴酸钠溶液中反应，产生红色物质。半胱氨酸的巯基（—SH）反应性能很高，在微碱性条件下，—SH 发生解离形成硫醇阴离子（$—CH_2—S^-$），此离子是巯基的反应形式，能与卤代烷（如碘乙酸、碘乙酰胺、甲基碘等）迅速反应，生成相对稳定的烷基衍生物；另外，巯基还能与各种金属离子形成稳定程度不同的络合物，因此，在制备以巯基为活性中心的酶时，应避免重金属离子的进入。

三、蛋白质的结构与性质

（一）蛋白质的结构

蛋白质（protein）分子是由 20 种标准氨基酸首尾相连而成的共价多肽链（polypeptide chain）。天然的蛋白质分子并不是走向随机的松散多肽链，每种天然蛋白质都有自己特有的空间结构，或称为三维结构，此三维结构通常被称为蛋白质的构象（conformation）。蛋白质的结构可以分为 4 个不同的组织层次：一级结构（primary structure）是指多肽链的氨基酸排列顺序；二级结构（secondary structure）是指多肽链借助氢键排列成自己特有的 α 螺旋、β 折叠片、β 转角和无规则卷曲；三级结构（tertiary structure）是指多肽链借助各种非共价相互作用力弯曲、折叠成具有特定走向的紧密球状构象；四级结构（quaternary structure）是指寡聚蛋白质中各亚基之间在空间上的相互关系和结合方式。

（二）蛋白质的性质

蛋白质的性质一方面由多肽主链决定，另一方面由组成它的氨基酸残基的侧链决定，因此，可以依据蛋白质作为生物大分子所具有的特性及组成它的氨基酸残基的侧链所具有的特性对蛋白质进行定性和定量分析。

1. 蛋白质变性

天然蛋白质分子具有特定的空间构象，当受到某些物理因素（如加热、紫外线照射、高压等）或化学因素（如有机溶剂、脲、胍等）的影响时，蛋白质分子的空间构象发生改变或破坏，导致其生物活性丧失和一些理化性质的改变，这种现象称为蛋白质的变性作用（denaturation）。

2. 蛋白质沉淀

蛋白质是高分子化合物，由于其分子质量很大，在溶液中形成的质点大小为 1～100nm，达到胶体质点的范围，所以蛋白质溶液是一种比较稳定的胶体溶液，其稳定的原因有两个。一是蛋白质分子表面具有水化层。蛋白质分子表面有许多亲水的极性基团，如—NH_3^+、—COO^-、—CO—NH—、—OH 和—SH 等，在水中能与水分子起水化作用，使蛋白质分子表面形成一个水化层。水化层的存在可以使蛋白质分子相互隔开，阻止其聚集而沉淀。二是蛋白质分子表面具有双电层。在适当的 pH 条件下，蛋白质分子表面的可解离基团都带有相同的净电荷，与其周围的反离子形成稳定的双电层。由于水化层和双电层的存在，使得蛋白质溶液性质稳定。但是蛋白质胶体溶液的稳定性也是相对的，若破坏了这些因素可促使蛋白质分子相互聚集而沉淀析出，这个过程称为蛋白质的沉淀反应（precipitation）。

3. 蛋白质的化学反应

蛋白质、多肽的化学性质与氨基酸相似，肽链中游离的氨基、羧基，以及侧链 R 基团可以发生与氨基酸中相应基团类似的化学反应。例如，蛋白质分子上的氨基和羧基可以与茚三酮反应；蛋白质分子上含有多个肽键，可以发生双缩脲反应（biuret reaction）；蛋白质分子上的侧链苯基可以发生黄色反应；蛋白质分子中的色氨酸和酪氨酸的 R 侧链可以与 Folin-酚试剂发生反应等。

（周艳芬　孙　磊）

第二节　核酸的结构组成特点

一、核酸的结构

核酸（nucleic acid）是重要的生物大分子之一，在生物体的生长、发育、繁殖、遗传变异等基本生命过程中起着重要的作用。

核酸分脱氧核糖核酸（deoxyribonucleic acid，DNA）和核糖核酸（ribonucleic acid，RNA）两类。核酸是由许多单核苷酸（nucleotide）以 3′，5′-磷酸二酯键连接而成的多聚核苷酸（polynucleotide）。单核苷酸由核苷（nucleoside）与磷酸构成，核苷由 *D*-核糖（*D*-ribose）或 *D*-2-脱氧核糖（*D*-2-deoxyribose）和碱基构成，碱基又分为嘌呤碱（purine base）和嘧啶碱（pyrimidine base），嘌呤碱包括腺嘌呤（adenine）和鸟嘌呤（guanine），嘧啶碱包括胞嘧啶（cytosine）、尿嘧啶（uracil）和胸腺嘧啶（thymine）。碱基、核苷、核苷酸及 DNA 和 RNA 的结构如下。

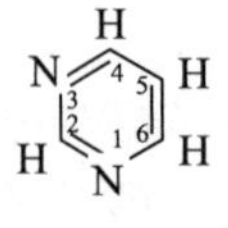
嘧啶
(新系统)

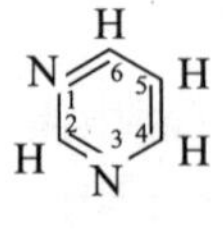
嘧啶
(旧系统)

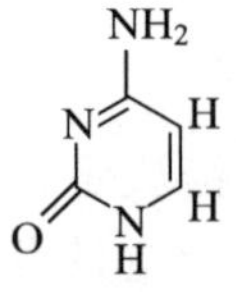
胞嘧啶

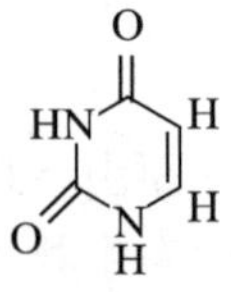
尿嘧啶

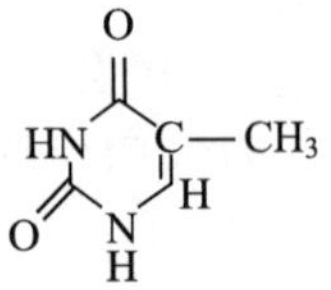
胸腺嘧啶

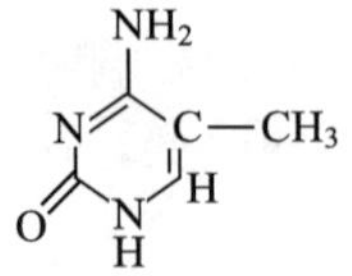
5-甲基胞嘧啶
(5-methylcytosine)

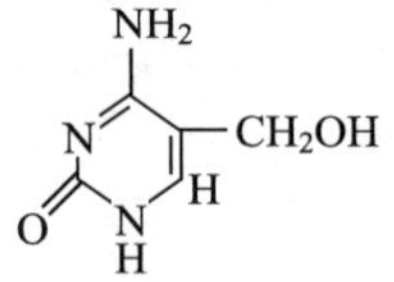
5-羟甲基胞嘧啶
(5-hydroxy-methylcytosine)

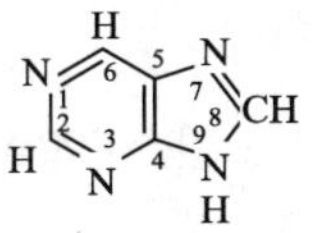
嘌呤

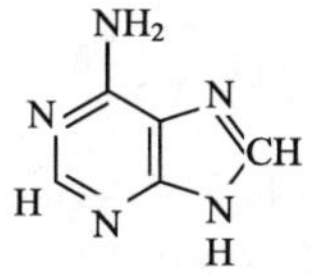
腺嘌呤

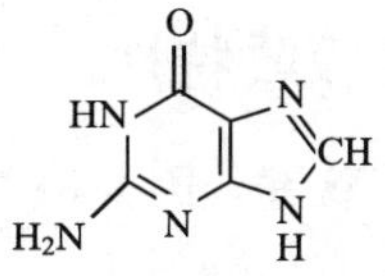
鸟嘌呤

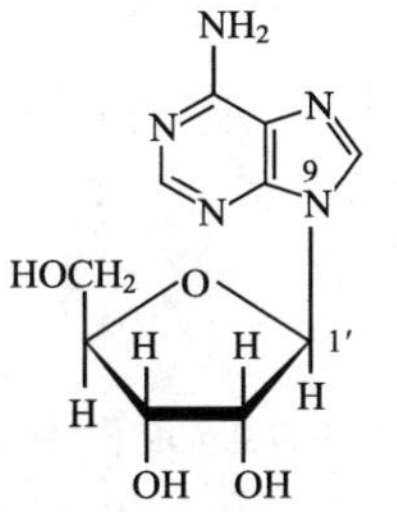
腺嘌呤核苷
(adenosine)

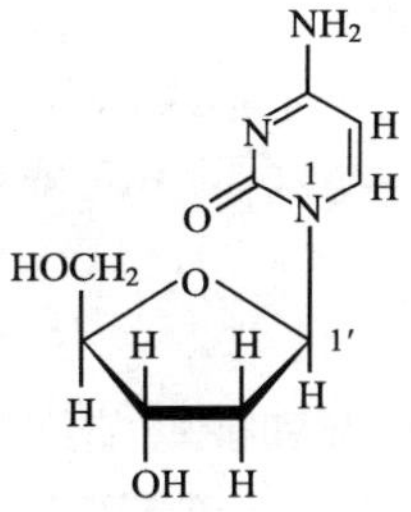
胞嘧啶脱氧核苷
(deoxycytidne)

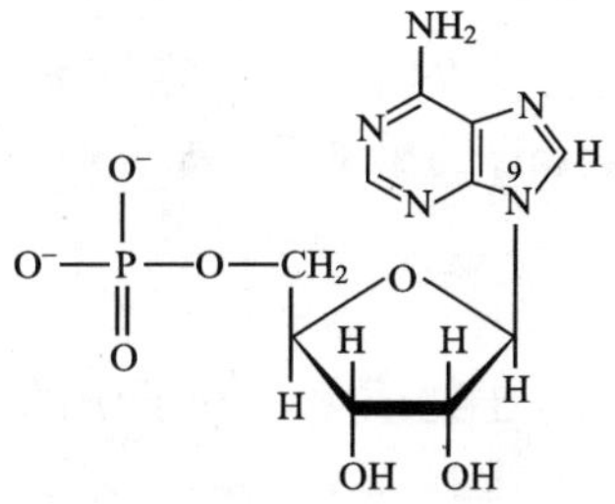
5′-腺嘌呤核苷酸
(AMP)

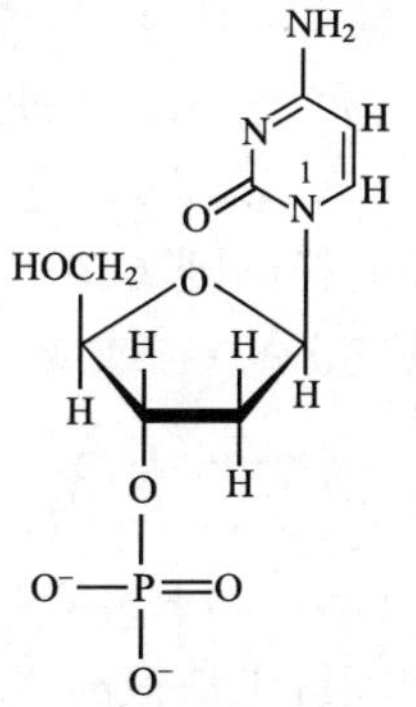
3′-胞嘧啶脱氧核苷酸
(3′-dCMP)

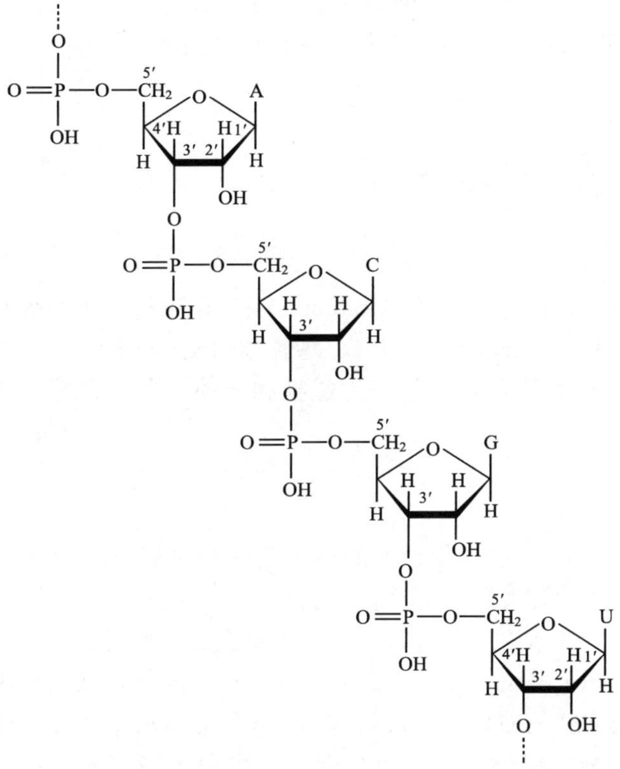
RNA分子中1个小片段结构

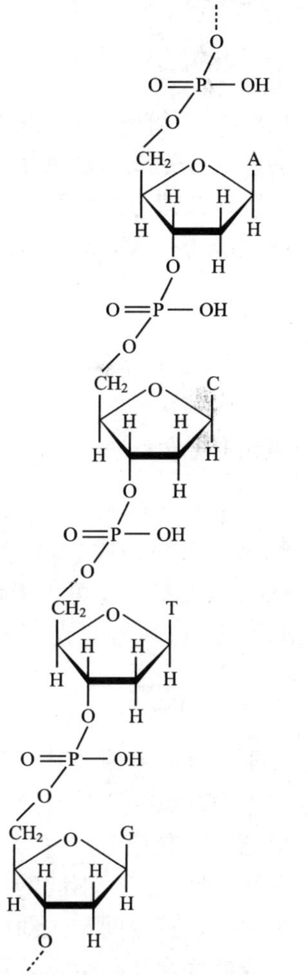
DNA分子中1个小片段结构

二、核酸的紫外吸收特性

碱基具有共轭双键，因此碱基、核苷、核苷酸及核酸在 240～290nm 范围内有强烈吸收峰，最大吸收值在 260nm 附近。不同核苷酸有不同的吸收特性，可以用紫外分光光度计定性、定量测定。

紫外吸收也是实验室中最常用的定量测定 DNA 和 RNA 的方法。由于蛋白质的最大吸收值为 280nm，因此可以根据 A_{260}/A_{280} 值来判断核酸的纯度。纯 DNA A_{260}/A_{280} 应等于 1.8，纯 RNA A_{260}/A_{280} 应达到 2.0。如果样品中含有杂蛋白及苯酚，A_{260}/A_{280} 值明显降低。如果是纯的样品则可用测定光吸收值定量测定核酸含量。通常 A_{260} 为 1 时，相当于 50μg/mL 双螺旋的 DNA，或 40μg/mL 的单链 DNA（RNA），或 20μg/mL 寡核苷酸。

三、核酸的水解

DNA 和 RNA 为大分子物质，其分子中的糖苷键和磷酸酯键都能被酸水解，糖苷键比磷酸酯键更易被酸水解，其中，嘌呤碱与脱氧核糖之间的糖苷键最不稳定。RNA 的磷酸酯键易被碱水解，产生核苷酸，而 DNA 的磷酸酯键不易被碱水解。核苷酸进一步被水解为核糖或脱氧核糖、碱基和磷酸。

四、核酸的颜色反应

核糖与浓盐酸或浓硫酸作用，脱水形成糠醛，糠醛与地衣酚（3，5-二羟基甲苯，又名苔黑酚）反应生成蓝绿色物质，反应产物在 670nm 有最大吸收，吸收值与核酸浓度成正比关系。脱氧核糖与浓硫酸作用，脱水形成 ω-羟基-γ-酮基戊醛，与二苯胺反应形成蓝色化合物，反应产物在 595nm 处有最大吸收，且吸收值与 DNA 浓度成正比关系。

（孙　磊）

第三节　糖的基本性质

一、糖的概念

糖（carbohydrate）为多羟基的醛（aldose）或酮（ketose）及其衍生物，或水解时能产生这些化合物的物质。糖可分为单糖（monosaccharide）、寡糖（oligosaccharide）和多糖（polysaccharide），还可以根据分子中含醛基还是酮基分为醛糖和酮糖。大多数糖类物质只含有 C、H、O 三种元素。

二、单糖的性质

几乎所有的单糖及其衍生物都具有旋光性，分子上的多个羟基使单糖具有很好的溶解性。单糖中的醇羟基具有成酯、成醚和成缩醛等反应特性，羰基具有某些加成反应特性。

单糖对稀酸稳定，但与强酸共热可脱水生成糠醛，不同的单糖生成的糠醛也不同，它们可与多元酚反应产生不同的颜色。例如，鉴定酮糖的 Seliwanoff 试验，酮糖在酸的作用下形成羟甲糠醛，它与间苯二酚反应生成紫红色缩合物。再如 Molisch 反应，单糖在酸的作用下脱水生成糠醛及其衍生物，可与 α-萘酚反应形成红紫色缩合物，可用于鉴定糖类物质，如反应为阴性则可确定无糖存在，但阳性反应只表明有糖存在的可能。另外，糖类物质在酸的作用下脱水后还可与蒽酮缩合形成蓝绿色复合物，该反应常用于总糖量的测定。

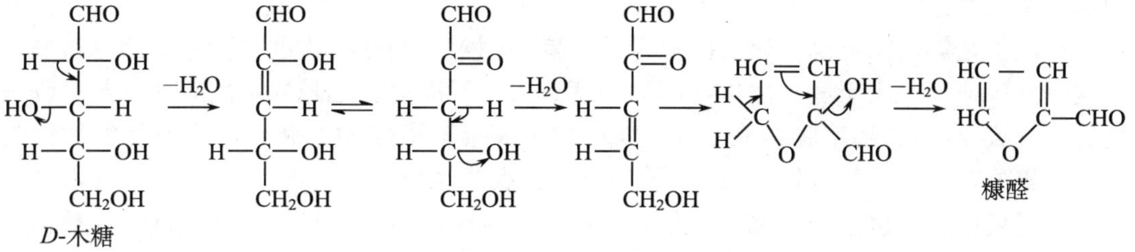

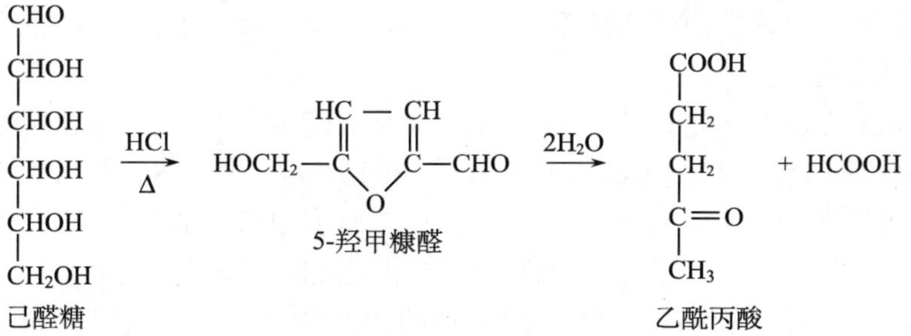

单糖在碱性溶液中能发生多种反应，形成不同的产物，如发生异构化可形成不同构型的单糖。游离醛基具有很好的还原性，而碱性溶液中的重金属离子（如 Fehling 试剂或 Benedict 试剂）是一种弱氧化剂，能将醛基氧化成羧基，产物为糖醛酸，能使氧化剂还原的糖称为还原糖，因此，所有的醛糖都是还原糖。许多酮糖也是还原糖，果糖在碱性条件下能异构化为醛糖，所以果糖是还原糖。Fehling 试剂或 Benedict 试剂常用来检测还原糖是否存在。

许多还原糖与苯肼发生反应，生成含有两个苯腙基的衍生物，称为糖脎。各种糖生成的糖脎结晶形状和熔点都不相同，因此，可用糖脎的生成鉴定各种不同的糖。单糖的半缩醛（或半缩酮）羟基易与醇和酚的羟基反应，脱水形成缩醛，称为糖苷或苷。糖苷分子中提供半缩醛羟基的糖部分称为糖基，与之缩合的非糖部分称为糖苷配基，这两部分之间的连接键称为糖苷键。糖苷键可以通过氧、氮、硫原子起连接作用。糖是半缩醛，容易变成游离醛，从而具有各种醛的反应；糖苷属于缩醛，一般不显示醛的性质，比糖稳定。

三、多糖的概念及性质

多糖是由多个单糖分子脱水、缩合而成的。其中，由 2～10 个单糖分子聚合而成的化合物为寡糖，也称为低聚糖。由一种单糖缩合而成的多糖，如淀粉、糖原、纤维素等，称为均一多糖；由不同类型的单糖缩合而成的多糖，如结缔组织中的透明质酸，称为不均一多糖。多糖在水溶液中不形成真溶液，只能形成胶体；多糖没有甜味，也没有还原性，有旋光性但没有变旋现象。

（孙　磊）

第四节　酶的催化特性

一、影响酶催化反应的因素

酶是生物催化剂，具有极高的催化效率和高度的专一性。酶作用条件温和，但酶活性受调节和控制，许多因素可影响酶促反应的速度，如底物浓度、温度、环境 pH、酶浓度、激活剂、抑制剂等。

底物浓度是影响酶促反应速度的一个很重要的因素。当底物浓度很低时，酶未被底物饱和，这时反应速度取决于底物浓度，底物浓度越大，反应速度也越快，反应速度与底物浓度成正比（一级反应）；随着底物浓度的不断增加，酶逐渐被底物饱和，反应速度的加快与底物浓度不再成正比（混合级反应）；如果继续加大底物浓度，达到某一定值后，再增加底物浓度，酶促反应速度也不再增加，而是趋于恒定，说明此时酶已经被底物所饱和，酶促反应速度不再随底物浓度的变化而变化，表现为零级反应。

这一现象为中间复合物学说的实验基础，并由此提出了米氏公式，定量说明底物浓度与酶促反应速度之间的关系。

温度也对酶促反应速度产生影响。温度升高，反应速度加快，温度每升高 10℃，酶促反应速度是原来的 1～2 倍；在一定温度时某种酶的酶促反应速度达到最大，此时的温度就是该酶的最适作用温度（optimum temperature）；当温度继续升高时，酶蛋白逐步发生变性，反应速度逐渐下降。因此，以温度为横坐标、酶促反应速度为纵坐标作图，形成钟罩形曲线即温度对酶促反应速度影响的曲线，此曲线的顶点所对应的温度，为酶的最适作用温度。在一定温度范围内，随着温度的改变，某种酶的活性不受影响或影响不大，说明酶在此温度范围内稳定性好，因此，酶的提取和测定一般选择在此温度范围内进行。

酶的活性受其环境 pH 的影响极为显著。大多数酶在一定的 pH 范围内才具有催化反应的能力。一种酶表现其最高活性时的环境 pH，称为该酶的最适 pH（optimum pH），低于或高于最适 pH 时，酶的活性均降低。以 pH 为横坐标、酶促反应速度为纵坐标作图，酶的最适 pH 曲线一般呈钟罩形曲线。在一定 pH 范围内，随着 pH 的改变，某种酶的活性不受影响或影响不大，说明酶在此温度 pH 范围内稳定性好。酶对 pH 的稳定性具有一定的实践意义。酶的提取和测定一般选择在酶的稳定 pH 范围内进行。

在酶促反应中，如果底物浓度足够大，酶促反应速度与酶浓度成正比，酶浓度升高，反应速度加大。

酶的活性还会受到某些化学物质的影响，这些化学物质起激活剂或抑制剂的作用。能提高酶活性的物质称为激活剂（activator），大部分激活剂是无机离子或简单的有机化合物，激活剂对酶的作用具有一定的选择性。某种化学物质可使酶分子中必需基团的性质发生改变，导致酶活性的降低，甚至丧失，但并未引起酶变性，这种作用称为抑制作用。能引起这种抑制作用的物质称为抑制剂（inhibitor），抑制剂对酶的抑制作用也有一定的选择性，一种抑制剂只能对某一类酶或某几类酶起抑制作用。对酶抑制作用的研究是研究酶的结构与功能、酶的催化机制及阐明代谢途径的基本手段，也可以为生物防治、生物医药等提供理论依据。

二、酶活力及测定方法

酶活力（enzyme activity）也称酶活性，是指酶催化一定化学反应的能力。酶活力的大小可用在一定条件下，酶催化某一化学反应的速率来表示，酶催化反应速率愈大，酶活力愈大，反之酶活力愈小。酶活力单位（active unit，U）是酶活力的度量单位，表示酶量的多少，是指在一定条件下，一定时间内将一定量的底物转化为产物所需的酶量。

测定酶活力实际就是测定酶促反应的速度。酶促反应速度一般用单位时间内、单位体积中底物的减少量或产物的增加量来表示。

测定酶促反应速度的方法有很多种，要根据底物及产物的性质来选择。

分光光度法（spectrophotometry），就是利用底物和产物在紫外或可见光区的光吸收不同，选择一适当的波长，直接测定反应过程中底物的减少量或产物的增加量。这种方法简便、灵敏，可检测到纳摩尔水平的变化，可以连续地读出反应过程中光吸收的变化，已成为酶活力测定中最重要的方法之一。几乎所有的氧化还原酶都可用该法测定酶活力。

荧光法（fluorometry），依据底物或产物的荧光性质的差别测定酶活力。荧光法的灵敏度比分光光度法高若干个数量级，且荧光强度与激发光的光源有关，因此，在酶学研究中荧光法越来越多地被采用，特别适合于一些快速反应的测定。荧光法的缺点是易受其他物质干扰，如蛋白质能吸收和发射荧光，这种干扰在紫外区尤为显著，故用荧光法测定酶活力时，尽可能选择可见光范围的荧光进行测定。

同位素测定法（isotope），以放射性同位素标记底物，经酶催化，分离具有放射性同位素标记的产物，测定产物的脉冲数即可换算出酶的活力单位数。该法的优点是灵敏度极高，可达飞摩尔或更高水平。

电化学法（electrochemical method），即 pH 测定法，用高灵敏度的 pH 计跟踪反应过程中 H^+ 浓度的变化，用 pH 的变化表示酶促反应速率。也可以用恒定 pH 法测定，酶促反应过程中引起 H^+ 浓度的变化，用不断滴入碱或酸来保持其 pH 恒定，以加入碱或酸的量来表示酶促反应速率。如果酶促反应过程中有氧的变化，可以用氧电极测定酶活力。

由于产物是从无到有，因此，一般以测定产物的增加量来表示酶促反应速度。

（孙 磊）

第五节 实验部分

实验一 蛋白质的双缩脲反应

【实验目的】

1. 加深对蛋白质、多肽与氨基酸性质区别的认识。
2. 掌握蛋白质的双缩脲反应原理及实际应用。

【实验原理】

当尿素加热到 180℃时，2 分子尿素缩合，放出 1 分子氨，形成双缩脲（biuret）。双缩脲在碱性溶液中与铜离子（Cu^{2+}）结合生成复杂的紫红色化合物，该反应称为双缩脲反应（biuret reaction），反应产物在 540nm 处有最大光吸收。

蛋白质是由氨基酸以肽键连接而成的，二肽以上的多肽分子中，含有多个与双缩脲结构相似的肽键。因此，能发生双缩脲反应，生成紫红色或蓝紫色的化合物。化合物颜色深浅与蛋白质的含量呈正相关，可用于蛋白质的定性和定量测定。含有$—CS—NH_2$、$—CH_2—NH_2$、$—CRH—NH_2$、$—CH_2—NH—CHNH_2—CH_2OH$、$—CHOH—CH_2NH_2$ 等基团的物质，或过量的铵盐对双缩脲反应都有干扰。

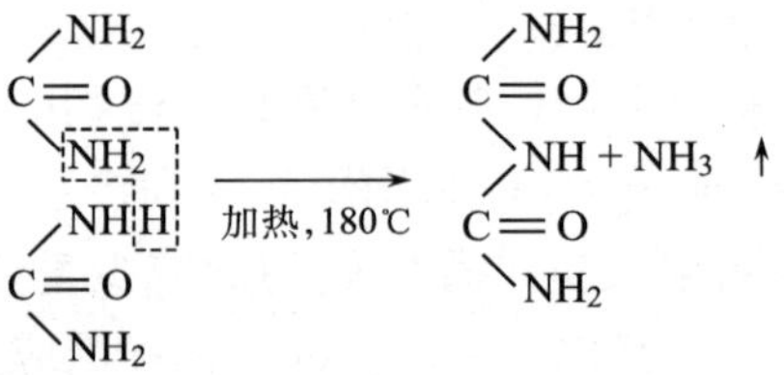

紫红色铜双缩脲复合物的结构如下：

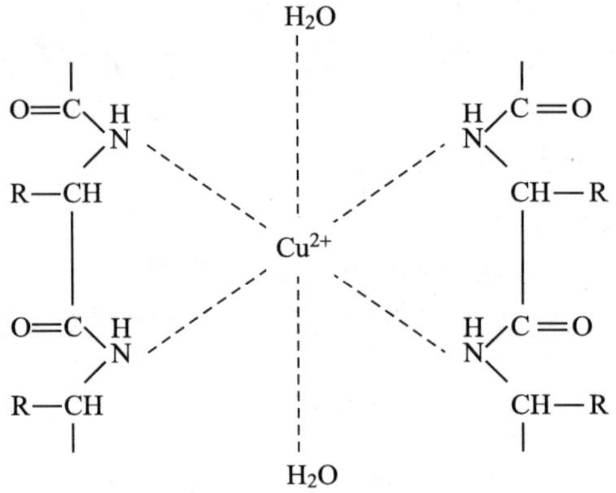

蛋白质酸水解过程中，肽键不断被打开，最终生成氨基酸混合物。双缩脲反应可以用来检测蛋白质的水解程度。

【器材】

试管（18mm×180mm），取液器（1mL）或吸量管（0.5mL、1mL），取液器吸头（1mL），滴管，药匙，试管夹，酒精灯，试管架，纱布，玻璃棒，新鲜鸡蛋。

【试剂】

1. 稀释 5 倍的鸡蛋清溶液。
2. 稀释 20 倍的鸡蛋清溶液。
3. 5g/L 甘氨酸溶液。
4. 100g/L 氢氧化钠（NaOH）溶液。
5. 10g/L 硫酸铜（$CuSO_4$）溶液。
6. 尿素。

【操作步骤】

1. 取 1 支干燥洁净的试管，加少许尿素至试管底部，酒精灯加热使之融化（形成双缩脲，有 NH_3 放出），冷却至室温，加 1mL 100g/L NaOH 溶液，振荡，使双缩脲溶解，加 2 滴 10g/L $CuSO_4$ 溶液，摇匀，观察颜色变化（紫红色）。

2. 取 3 支干燥洁净的试管编号，分别加入 0.5mL 稀释 5 倍的鸡蛋清溶液、稀释 20 倍的鸡蛋清溶液和 5g/L 甘氨酸溶液，向每支试管各加 0.5mL 100g/L NaOH 溶液和 2 滴 10g/L $CuSO_4$ 溶液，摇匀，观察每支试管中溶液的颜色变化。

【结果与分析】

比较 4 支试管溶液的颜色，比较 2 号试管和 3 号试管颜色深浅，并分析原因。

【注意事项】

避免 $CuSO_4$ 过量，否则会生成 $Cu(OH)_2$，其蓝色将遮盖紫红色。

【思考题】

1. 如何用双缩脲法检测蛋白质的酸水解程度？
2. 双缩脲反应中，氢氧化钠和硫酸铜溶液先后顺序能否颠倒，可否混合在一起添加？

（张贺迎）

实验二　蛋白质和氨基酸的茚三酮反应

【实验目的】

1. 加深对蛋白质和氨基酸茚三酮反应原理的认识。
2. 掌握茚三酮反应的条件及应用。

【实验原理】

蛋白质和各种氨基酸分子上都具有 α-氨基和 α-羧基（脯氨酸为亚氨基），在弱酸性溶液中（pH5.0～7.0），茚三酮与 α-*L*-氨基酸共热，使氨基酸氧化脱氨、脱羧，茚三酮本身被还原。茚三酮再与氨、还原型茚三酮发生反应，形成蓝紫色（罗曼紫，Ruhemann's purple）物质，此反应称为茚三酮反应（ninhydrin reaction），该化合物在 570nm 有最大光吸收。茚三酮反应可用于定性、定量测定氨基酸和蛋白质。

茚三酮反应灵敏度达 1∶1 500 000（pH5.0～7.0）。无 α-氨基的脯氨酸与茚三酮反应生成黄色物质。

氨、β-丙氨酸和许多一级胺都呈正反应。脲、马尿酸、三酮吡嗪和肽键上的亚氨基呈负反应。

在分离氨基酸时，茚三酮可作为显色剂定性或定量分析氨基酸，全自动氨基酸分析仪就是基于阳离子色谱分离、茚三酮显色、分光光度法测定的原理设计的。在法医学上，使用茚三酮反应可采集嫌疑人在犯罪现场留下来的指纹。

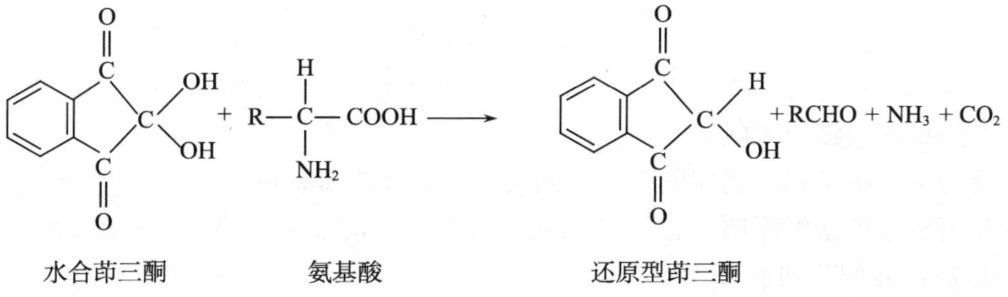

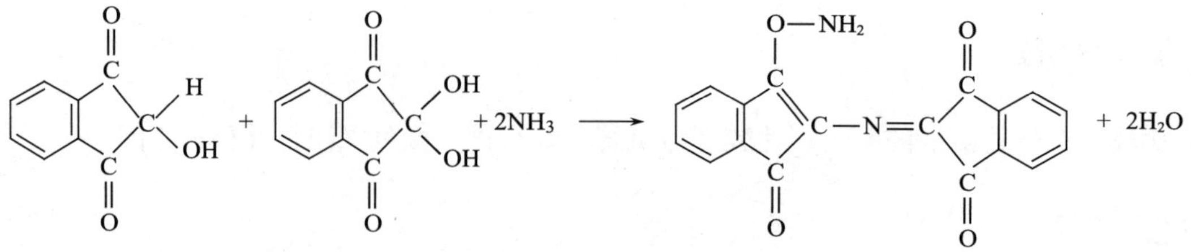

【器材】

1. 仪器：托盘天平（100g/0.2g）。

2. 材料：试管（18mm×180mm），取液器（1mL）或吸量管（1mL），取液器吸头（1mL），试管架，试管夹，酒精灯，玻璃棒，新鲜鸡蛋。

【试剂】

1. 5g/L 茚三酮乙醇溶液。
2. 稀释 10 倍的鸡蛋清溶液。
3. 稀释 50 倍的鸡蛋清溶液。
4. 50g/L 甘氨酸溶液。
5. 5g/L 甘氨酸溶液。
6. 5g/L 脯氨酸溶液。

【操作步骤】

取 5 支洁净干燥试管，分别加入 1mL 稀释 10 倍的鸡蛋清溶液、稀释 50 倍的鸡蛋清溶液、50g/L 甘氨酸溶液、5g/L 甘氨酸溶液、5g/L 脯氨酸溶液，向每支试管内各加入 2 滴 5g/L 茚三酮溶液，摇匀，酒精灯加热 1～2min，观察每支试管溶液的颜色变化。

【结果与分析】

比较不同浓度蛋白质溶液、氨基酸溶液的茚三酮反应产物的颜色，比较不同种类氨基酸茚三酮反应产物的颜色，并对结果进行解释和分析。

【注意事项】

1. 茚三酮试剂应该当天配制。

2. 不要把茚三酮试剂滴到皮肤上，否则会将皮肤染成蓝紫色。

3. 鸡蛋清溶液须新鲜配制，且不可太浓，否则加热时易发生变性沉淀。使用前测定其 pH，若偏碱性，需调节到 pH5.0～7.0。

【思考题】

1. 为什么使用浓度较大的鸡蛋清溶液时，茚三酮反应出现沉淀或浑浊？
2. 氨基酸自动分析仪测定蛋白质中氨基酸组成的显色原理是什么？

（张贺迎）

实验三　蛋白质的黄色反应

【实验目的】

1. 加深对蛋白质黄色反应原理的认识。
2. 了解蛋白质黄色反应的应用。

【实验原理】

凡含有苯基的化合物都能与浓硝酸发生硝化反应，生成黄色的硝基苯衍生物，该化合物在碱性溶液中进一步形成橙黄色的硝醌酸钠。绝大多数蛋白质含有带苯环的氨基酸，如酪氨酸、色氨酸和苯丙氨酸（苯丙氨酸的苯环较难硝化），因此，蛋白质大都有黄色反应（xanthoprotein reaction）。皮肤、指甲和毛发等遇浓硝酸变黄，原因也在于此。

由于多数蛋白质含有侧链带苯环结构的酪氨酸和色氨酸，故蛋白质的黄色反应也可以用来定性鉴定蛋白质。

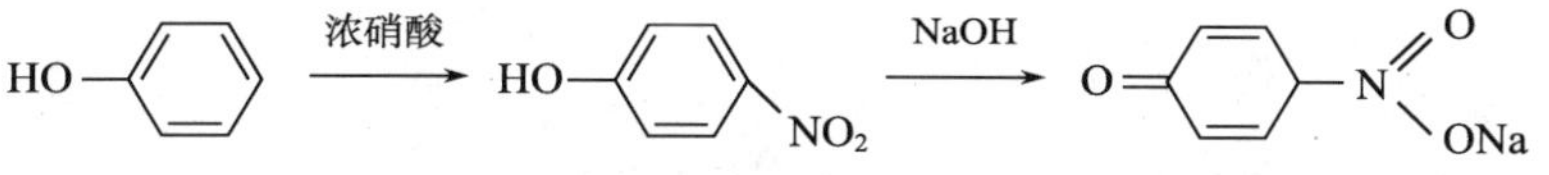

苯酚　　硝基酚(黄色)　　对硝醌酸钠(橙黄色)

【器材】

1. 仪器：托盘天平（100g/0.2g）。
2. 材料：试管（18mm×180mm），取液器（1mL）或吸量管（0.5mL），取液器吸头（1mL），滴管，试管架，试管夹，酒精灯，新鲜鸡蛋。

【试剂】

1. 稀释5倍的鸡蛋清溶液。
2. 3g/L酪氨酸溶液。
3. 100g/L氢氧化钠溶液。
4. 浓硝酸。

【操作步骤】

1. 取两支洁净干燥试管，分别加入 0.5mL 稀释 5 倍的鸡蛋清溶液和 3g/L 酪氨酸溶液，再分别各加入 1mL 浓硝酸，混匀，酒精灯加热，观察是否有沉淀形成及颜色变化。

2. 向两支试管中分别逐滴加入 100g/L 氢氧化钠溶液，边加边摇匀，直至溶液呈碱性，观察颜色变化。

【结果与分析】

观察比较蛋白质溶液与氨基酸溶液的黄色反应产物的颜色。

【注意事项】

1. 鸡蛋清的浓度不可太低，否则颜色反应不明显。

2. 逐滴加入氢氧化钠溶液时，注意刚滴加到溶液中时，只有局部显橙黄色，摇动之后变为黄色，其原因是溶液只有局部显碱性，继续滴加氢氧化钠溶液，边加边摇匀，至试管中溶液为碱性时，溶液显橙黄色。

【思考题】

1. 黄色反应刚开始时滴入氢氧化钠溶液为橙黄色，摇匀之后橙黄色消失，为什么？

2. 为何大部分蛋白质都有黄色反应？

（张贺迎）

实验四 蛋白质的沉淀反应

【实验目的】

1. 加深对蛋白质可逆沉淀反应、不可逆沉淀反应原理的认识。

2. 掌握蛋白质沉淀反应的方法及应用。

【实验原理】

蛋白质在溶液中形成亲水胶体，当其稳定因素被破坏或与某些试剂结合成不溶性盐类后，可自溶液中沉淀析出，此现象叫蛋白质的沉淀反应。蛋白质沉淀可以分为以下两种类型。

1. 可逆沉淀反应

发生沉淀反应以后，蛋白质分子内部结构并未发生显著变化，沉淀因素除去后，能再溶于原来的溶剂中，这种作用称为可逆沉淀反应。属于这一类的反应有盐析作用、等电点沉淀、低温下乙醇和丙酮等有机溶剂对蛋白质的短时间作用等。

(1) 盐析：在蛋白质溶液中加入一定量的中性盐（如硫酸铵、硫酸钠、氯化钠等），使蛋白质溶解度降低并沉淀析出的现象称为盐析（salting out）。在高浓度中性盐的影响下，蛋白质分子被盐脱去水化层，同时蛋白质分子所带的电荷被中和，蛋白质溶液的稳定性被破坏而沉淀析出。经盐析沉淀的蛋白质一般仍保持其天然结构，还能重新溶解。

由于不同蛋白质的分子大小及带电状况各不相同，沉淀不同蛋白质所需中性盐的浓度不同。盐析时所需的盐浓度称为盐析浓度，用饱和百分比表示。以不同中性盐进行盐析，所需盐浓度也有差异（不同盐的盐析常数不同）。可以通过调节盐浓度使混合液中几种不同蛋白质分别沉淀析出，从而达到分离的目的，这种方法称为分级盐析（fractional salting out）。盐析在蛋白质和酶的生产与制备、科研与临床化验等工作中广泛应用。硫酸铵是最常用于盐析的中性盐。

（2）低温下有机溶剂沉淀：有机溶剂能降低溶液的介电常数，与水互溶的有机溶剂破坏蛋白质分子表面的水化层，从而使蛋白质沉淀。为了得到具有活性的蛋白质，操作必须在低温下进行，以避免局部有机溶剂浓度过高。

（3）等电点沉淀：蛋白质分子具有两性解离性质，调节蛋白质溶液的 pH 至其 p*I*，由于蛋白质分子上所带正负电荷相等，即净电荷为零，蛋白质的溶解度最低，易沉淀析出。

2. 不可逆沉淀反应

在发生沉淀反应时，蛋白质分子内部结构、空间构象遭到破坏，失去原有的天然性质，这时沉淀的蛋白质已发生变性。这种蛋白质沉淀后不能再溶解于原来溶剂中，称为不可逆沉淀反应。如重金属盐、生物碱试剂、过酸、过碱、加热、振荡、超声波、有机溶剂等都能使蛋白质发生不可逆沉淀反应。

（1）重金属盐沉淀：重金属盐类易与蛋白质结合成稳定的沉淀而析出。当 pH 大于蛋白质的等电点时，蛋白质分子带负电荷，能与带正电荷的重金属离子（如 Hg^{2+}、Pb^{2+}、Cu^{2+}、Ag^{+}等）结合成不溶性的蛋白质盐。

在有机体内，蛋白质常以其可溶性钠盐或钾盐的形式存在。如果误服重金属盐类，可以给病人服用大量蛋白质（如牛奶、豆浆、鸡蛋清等），因为蛋白质可以与重金属离子形成不溶性盐而沉淀，进一步服用催吐剂可以将重金属离子排出体外，以解除重金属盐中毒。

（2）生物碱试剂和有机酸类沉淀：生物碱试剂是指能使生物碱（是植物体内具有显著生理作用的一类含氮的碱性物质）沉淀或能与生物碱作用生成颜色产物的一类试剂，如鞣酸、苦味酸、磷钨酸和碘化钾等。生物碱试剂能与蛋白质发生沉淀反应，可能是因为蛋白质含有与生物碱相似的含氮基团。有机酸类是指三氯乙酸、磺基水杨酸和硝酸等。当溶液的 pH 小于蛋白质的等电点时，蛋白质分子带正电荷，易与生物碱试剂和酸类的酸根发生反应产生不溶性盐而沉淀。

这类沉淀常应用于临床检验中除去体液中干扰测定的蛋白质。

（3）加热沉淀：几乎所有蛋白质都因加热而凝固。在蛋白质处于等电点附近，加热凝固最完全最迅速。但应注意，当蛋白质溶液远离等电点而带有很多同种电荷时，加热虽可使其变性，但因同种电荷的排斥作用并不产生凝固现象。

【器材】

1. 仪器：托盘天平（100g/0.2g）。

2. 材料：试管（18mm×180mm），取液器（1mL）或吸量管（1mL、2mL），取液器吸头（1mL），滴管，试管架，定性滤纸（Φ7cm），药匙，纱布，三角瓶（50mL）或烧杯（50mL），新鲜鸡蛋。

【试剂】

1. 稀释 5 倍的鸡蛋清溶液。
2. 硫酸铵饱和溶液。
3. 硫酸铵粉末。
4. 95%乙醇（−20℃预冷）。
5. 氯化钠粉末。
6. 20g/L 硝酸银溶液。
7. 5g/L 乙酸铅溶液。
8. 10g/L 硫酸铜溶液。
9. 0.1%乙酸溶液。
10. 50g/L 鞣酸溶液。
11. 苦味酸饱和溶液。
12. 100g/L 三氯乙酸溶液。
13. 50g/L 磺基水杨酸溶液。
14. 10%乙酸溶液。
15. 饱和氯化钠溶液。
16. 100g/L 氢氧化钠溶液。

【操作步骤】

1. 可逆沉淀反应

（1）分级盐析：取 1 支洁净干燥试管，加 3mL 稀释 5 倍的鸡蛋清溶液和 3mL 饱和 $(NH_4)_2SO_4$ 溶液，混匀，静置，观察是否有沉淀析出（球蛋白在半饱和硫酸铵溶液中析出）；以滤纸过滤球蛋白沉淀，向滤液中继续加入硫酸铵粉末至饱和，静置，观察是否有沉淀析出（清蛋白在饱和硫酸铵溶液中析出），以滤纸过滤清蛋白沉淀。

（2）乙醇沉淀蛋白质：取 1 支洁净干燥试管，加 1mL 稀释 5 倍的鸡蛋清溶液、少量 NaCl 粉末和 1mL 95%乙醇（−20℃预冷），摇匀，观察是否有沉淀析出，以滤纸过滤沉淀。

（3）沉淀溶解：取 3 个 50mL 三角瓶，各放入步骤（1）、（2）过滤的少许沉淀，分别加少量无离子水，摇动，观察沉淀是否溶解，继续加水，观察沉淀的溶解现象。

2. 不可逆沉淀反应

（1）重金属盐沉淀蛋白质：取 3 支洁净干燥试管，按表 2-1 进行加样，观察各管是否有沉淀形成。向每支试管中各加 2mL 无离子水，观察沉淀是否溶解。

表 2-1　重金属盐沉淀蛋白质反应加样表

管号	试剂及加量			
	鸡蛋清溶液/mL	硝酸银溶液/滴	乙酸铅溶液/滴	硫酸铜溶液/滴
1	1	3～4	—	—
2	1	—	1～3	—
3	1	—	—	3～4

（2）生物碱试剂及有机酸沉淀蛋白质：取 4 支洁净干燥试管，按表 2-2 进行加样，观察是否有沉淀形成。向每支试管中各加 2mL 无离子水，观察沉淀是否溶解。

表 2-2　生物碱试剂及有机酸沉淀蛋白质反应加样表

管号	试剂及加量					
	鸡蛋清溶液/mL	0.1%乙酸/滴	鞣酸/滴	苦味酸/滴	三氯乙酸/滴	磺基水杨酸/滴
1	1	4～5	3～4	—	—	—
2	1	4～5	—	3～4	—	—
3	1	—	—	—	3～4	—
4	1	—	—	—	—	3～4

（3）加热沉淀蛋白质：取 5 支洁净干燥试管，按表 2-3 进行加样，将各管混匀，观察并记录各管现象后，放入沸水浴中加热 1～2min，比较各管的沉淀情况。

表 2-3　加热沉淀蛋白质反应加样表

管号	试剂及加量					
	鸡蛋清溶液/mL	0.1%乙酸/滴	10%乙酸/滴	饱和氯化钠溶液/滴	100g/L 氢氧化钠/滴	无离子水/滴
1	1	—	—	—	—	7
2	1	5	—	—	—	2
3	1	—	5	—	—	2
4	1	—	5	2	—	—
5	1	—	—	—	2	5

【结果与分析】

观察不同因素引起的蛋白质沉淀现象及沉淀能否再溶解，如实记录实验现象，并解释其原因。

【注意事项】

1. 乙酸铅或硫酸铜沉淀蛋白质时，试剂不可加过量，否则可使沉淀出的蛋白质重新溶解。
2. 乙醇沉淀蛋白质时需预冷，若使用室温乙醇，很可能导致蛋白质变性而不再溶解。

【思考题】

1. 为什么鸡蛋清可用作铅中毒或汞中毒的解毒剂？
2. 什么是蛋白质的可逆沉淀反应？什么是蛋白质的不可逆沉淀反应？

（张贺迎）

实验五　蛋白质的两性性质及等电点的测定

【实验目的】

1. 了解蛋白质的两性性质及等电点的意义。
2. 掌握通过聚沉测定蛋白质等电点的方法。

【实验原理】

蛋白质是由许多氨基酸以肽键连接而成的，所以蛋白质和氨基酸一样也具有两性解离性质。蛋白质分子中可以解离的基团除 N 端 α-氨基与 C 端 α-羧基外，还有肽链上某些氨基酸残基的侧链基团，如非 α-氨基、非 α-羧基、酚基、巯基、胍基、咪唑基等，它们都能随着溶液 pH 的改变发生不同程度的解离。在蛋白质溶液中存在着下列平衡：

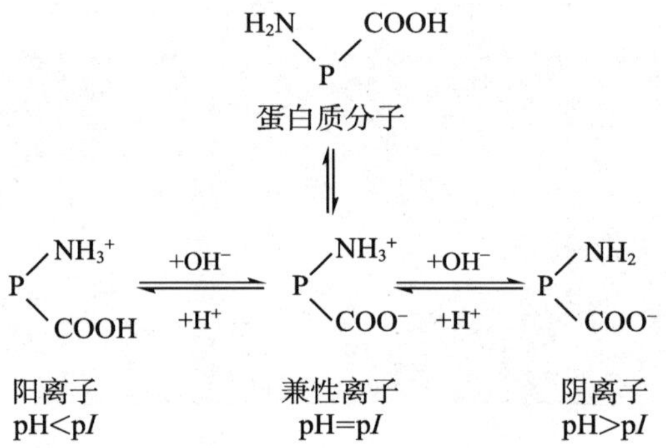

当溶液 pH 很低时，溶液中的 H^+ 浓度很高，蛋白质分子的氨基酸残基上的所有质子供体不释放质子，所有的质子受体接受质子，蛋白质带正电。随着溶液的 pH 增大，蛋白质逐渐释放质子，发生解离。当蛋白质分子的酸性解离与碱性解离相等，即所带正负电荷相等，净电荷为零，此时溶液的 pH 称为蛋白质的等电点（isoeletric point），以 pI 表示。处于等电点时，蛋白质分子在电场中既不向阴极移动，也不向阳极移动；蛋白质分子间因碰撞而引起聚沉的倾向增加，此时蛋白质溶解度最小；若在体系中加入乙醇、丙酮等，这些试剂与蛋白质分子争夺水分子，就会降低蛋白质分子外水化膜的厚度，促进蛋白质沉淀，表现为蛋白质溶液的浑浊度增加。

蛋白质等电点与所含氨基酸种类和数量有关。若蛋白质含较多酸性氨基酸，则等电点偏酸性，如胃蛋白酶的等电点为 pH1.0 左右；有些蛋白质含较多碱性氨基酸，则等电点偏碱性，如鱼精蛋白的等电点为 pH12.0～12.4；含酸性和碱性氨基酸残基数量相近的蛋白质，其等电点中性偏酸，约为 pH5.0。

酪蛋白是哺乳动物包括牛、羊和人奶中的主要蛋白质，等电点为 pH4.8。酪蛋白在牛奶中含量约为 3%，约占牛奶蛋白质的 80%。

本实验依据酪蛋白在不同 pH 溶液中形成的浑浊度来确定其等电点，即浑浊度最大的溶液 pH 为其等电点。

【器材】

试管架，试管（18mm×180mm），胶头吸管，pH 试纸，取液器（1mL）或吸量管（1mL），取液器吸头（1mL）。

【试剂】

1. 1mol/L 乙酸溶液。
2. 0.1mol/L 乙酸溶液。
3. 0.01mol/L 乙酸溶液。
4. 0.2mol/L NaOH 溶液。
5. 0.2mol/L HCl 溶液。
6. 0.01%溴甲酚绿指示剂：0.01g 指示剂溶于 100mL 20%乙醇中（pH3.8～5.4 由黄色变蓝色）。
7. 0.5%酪蛋白：酪蛋白（干酪素）0.25g，加入 1mol/L NaOH 5mL，搅拌溶解，缓慢加水，边加边搅拌溶解，加入 1mol/L 乙酸 5mL，加水稀释定容至 50mL，充分摇匀。

【操作步骤】

1. 蛋白质的两性性质鉴定

（1）取一支试管，加 0.5%酪蛋白 1mL，再加溴甲酚绿指示剂 4 滴，摇匀。此时溶液呈蓝色，无沉淀形成。

（2）用胶头滴管慢慢加入 0.2mol/L HCl，边加边摇，直到有大量的沉淀生成。此时溶液 pH 接近酪蛋白的等电点。观察溶液颜色的变化。

（3）继续滴加 0.2mol/L HCl，沉淀会逐渐减少以至消失。观察此时溶液的颜色变化。

（4）滴加 0.2mol/L NaOH 进行中和，又出现沉淀。继续滴加，沉淀又逐渐消失。观察此时溶液的颜色变化。

2. 酪蛋白等电点的测定

（1）取同样规格的试管 7 支，按表 2-4 精确地加入下列试剂。

表 2-4　酪蛋白等电点测定加样表

试剂	管号及加量						
	1	2	3	4	5	6	7
1mol/L 乙酸/mL	1.6	0.8	0	0	0	0	0
0.1mol/L 乙酸/mL	0	0	4.0	1.0	0	0	0
0.01mol/L 乙酸/mL	0	0	0	0	2.5	1.25	0.62
无离子水/mL	2.4	3.2	0	3.0	1.5	2.75	3.38
溶液 pH	3.5	3.8	4.1	4.7	5.3	5.6	5.9

（2）充分摇匀，然后向以上各试管依次加入 0.5%酪蛋白 1mL，边加边摇，摇匀后静置

5min，观察各管的浑浊度。

【结果与分析】

1. 蛋白质两性性质分析。解释在酪蛋白溶液中滴加酸碱过程中溶液的颜色变化及沉淀形成、消失、再沉淀、再消失的原因。

2. 酪蛋白等电点的测定。用一、+、++、+++等符号表示各管的浑浊度。根据浑浊度判断酪蛋白的等电点。溶液最浑浊管的 pH 即为酪蛋白的等电点。

【注意事项】

1. 缓冲液的 pH 必须准确。
2. 测定等电点时各种试剂的加入量一定要准确。
3. 加好每一种试剂必须混匀。

【思考题】

1. 该方法测定蛋白质等电点的原理是什么?
2. 为什么用酪蛋白作为测定蛋白质等电点的材料?

（张金桐）

实验六　酵母 RNA 的提取与鉴定

【实验目的】

1. 加深对 RNA 结构组成的认识。
2. 掌握变性 RNA 的提取方法及组成基团的检测。

【实验原理】

酵母核酸中 RNA 含量较多，一般在 2.67%～10.0%，而 DNA 含量仅为 0.03%～0.516%，因此，以酵母为材料分离提取 RNA 很容易，而且产率也很高。RNA 等电点偏低，可用稀碱溶液提取，以酸调节提取液的 pH，达到其等电点，再利用 RNA 不溶于乙醇的性质，加乙醇使其沉淀，即得 RNA 粗品。这种方法制备的核酸为变性 RNA，有不同程度的降解，主要用于制备单核苷酸。

核糖核酸分子上的磷酸酯键和糖苷键都能被酸水解，生成磷酸、戊糖和碱基，由酵母中提取的 RNA 的各种基团可采用下列反应鉴定。

（1）磷酸与钼酸铵试剂作用能产生黄色的磷钼酸铵［$(NH_4)_3PO_4 \cdot 12MoO_3$］沉淀。

（2）在酸性条件下，RNA 分子中的核糖基转变成 α-呋喃甲醛，后者与苔黑酚作用生成鲜绿色复合物，这种复合物在 670nm 波长处有最大光吸收。RNA 的浓度为 10～100μg/mL，其浓度与光吸收值成线性关系。

(3) 嘌呤碱与硝酸银能产生白色的嘌呤银化合物沉淀。

【器材】

1. 仪器：托盘天平（100g/0.2g），常温低速离心机（4000r/min），真空泵，电磁炉。

2. 材料：搪瓷盆，酒精灯，pH试纸（pH1～10），量筒（50mL、100mL），烧杯（100mL、200mL），抽滤瓶（500mL），布氏漏斗（Φ9cm），定性滤纸（Φ9cm），试管（18mm×180mm），吸量管（0.5mL、1mL、2mL、5mL），滴管，玻璃棒，酒精灯，活性干酵母。

【试剂】

1. RNA提取试剂

(1) 2g/L NaOH溶液。

(2) 36%乙酸（分析纯，AR）。

(3) 1mol/L HCl。

(4) 95%乙醇。

(5) 乙醚（化学纯，CP）。

2. RNA水解试剂

10%硫酸溶液。

3. 检测试剂

(1) 磷酸基团检测试剂：钼酸铵试剂（2.5g钼酸铵溶解于20mL无离子水，加入30mL 5mol/L H_2SO_4，以无离子水稀释至100mL）；氨基萘酚磺酸溶液（取195mL 150g/L $NaHCO_3$溶液，加入0.5g重结晶的氨基萘酚磺酸及5mL 200g/L Na_2SO_4溶液，热水浴搅拌使固体溶解，如不溶，可再滴加200g/L Na_2SO_4溶液，但不能超过1mL，制成10倍保存液，可于冰箱存放2～3周，用时稀释10倍）。

(2) 戊糖检测试剂：苔黑酚-$FeCl_3$试剂（将100mg苔黑酚溶于100mL浓盐酸中，再加入100mg $FeCl_3 \cdot 6H_2O$）；二苯胺试剂（称取1.0g重结晶二苯胺，溶于100mL冰醋酸中，再加入10mL过氯酸混匀。临用前加入1.0mL 1.6%乙醛溶液，配制合格的试剂应为无色溶液）。

(3) 嘌呤碱检测试剂：浓氨水；50g/L硝酸银溶液（贮于棕色瓶中）。

【操作步骤】

1. RNA的提取

(1) 称取6g干酵母粉于100mL烧杯中，加入2g/L NaOH溶液40mL，沸水浴搅拌提取30min，注意观察水分的蒸发量，及时补水到原刻度。

(2) 冷却后逐滴加入乙酸，调节提取液pH至6.0，4000r/min离心10min，弃沉淀（杂蛋白和酵母细胞残渣）。

(3) 将上清倒入200mL烧杯中，以36%乙酸和1mol/L HCl调至pH2.5～3.5（RNA的等电点），缓慢加入95%乙醇30mL，边加边搅拌，静置10min，使RNA沉淀完全。

(4) 用布氏漏斗以双层滤纸抽滤RNA沉淀。

(5) 沉淀用95%乙醇抽滤洗涤2次（每次约10mL），以除去溶于有机溶剂的杂质。

(6) 以无水乙醚抽滤洗涤2次（每次约10mL），洗涤时可用细玻璃棒小心搅动沉淀，以使RNA快速脱水。干滤渣即为RNA粗品，用作定性鉴定。

2. RNA的鉴定

称取上述RNA粗品0.5g，加5mL 10%硫酸，酒精灯加热至沸腾1～2min，将RNA水解。

(1) 磷酸基团的鉴定：取2支洁净干燥试管，按表2-5加样。其中，1为样品管，2为对照管。观察并记录实验现象。

表2-5　鉴定磷酸基团加样表

管号	试剂及加量			
	RNA水解液/滴	10%硫酸/滴	钼酸铵试剂/滴	氨基萘酚磺酸/滴
1	10	—	5	20
2	—	10	5	20

(2) 核糖及脱氧核糖的鉴定：取4支洁净干燥试管，按表2-6加样。其中，1和2为样品管，1′和2′为对照管。观察并记录实验现象。

表2-6　鉴定核糖及脱氧核糖加样表

管号	试剂及加量			
	RNA水解液/滴	10%硫酸/滴	地衣酚/滴	二苯胺试剂/滴
1	4	—	6	—
1′	—	4	6	—
2	20	—	—	30
2′	—	20	—	30

(3) 嘌呤碱的鉴定：取2支洁净干燥试管，按表2-7加样。其中，1为样品管，2为对照管。观察并记录实验现象。

表2-7　鉴定嘌呤碱加样表

管号	试剂及加量			
	RNA水解液/滴	10%硫酸/滴	浓氨水/滴	50g/L硝酸银/滴
1	20	—	5	10
2	—	20	5	10

【结果与分析】

根据观察到的实验现象，分析提取的RNA粗品中是否含有磷酸、核糖、脱氧核糖和嘌呤碱。

【注意事项】

1. 苔黑酚-$FeCl_3$试剂必须临用前配制。
2. 在乙醇沉淀RNA之前，需将离心后的上清液调至pH2.5～3.5，此为RNA的等电点，RNA易于沉淀。

3. 氨基萘酚磺酸如为暗红色，需重结晶，操作过程如下：100mL热水（90℃）中加入15g $NaHSO_4$ 及1g Na_2SO_4，加1g氨基萘酚磺酸，搅拌溶解，趁热过滤掉不溶杂质，滤液迅速冷却，再加1mL浓盐酸（12mol/L），有白色氨基萘酚磺酸针状结晶析出，过滤，依次用水、乙醇、乙醚洗涤，乙醚挥发后，将氨基萘酚磺酸保存于棕色瓶中。

【思考题】

1. 在本实验中，如何制备较高纯度的RNA？
2. 在本实验中，如何提高RNA的收率？

（张贺迎）

实验七 糖的呈色反应及还原糖的检测

【实验目的】

1. 加深对糖的性质的认识，学习鉴定糖类及区分酮糖和醛糖的方法。
2. 了解鉴定还原糖的方法及其原理。

【实验原理】

戊糖和己糖经浓无机酸处理脱水生成糠醛或羟甲基糠醛，后者在浓无机酸作用下，能与酚类化合物缩合生成有色物质。浓硫酸最常用，如用浓盐酸则必须加热。常用的酚类有α-萘酚、甲基苯二酚、间苯二酚和间苯三酚等。

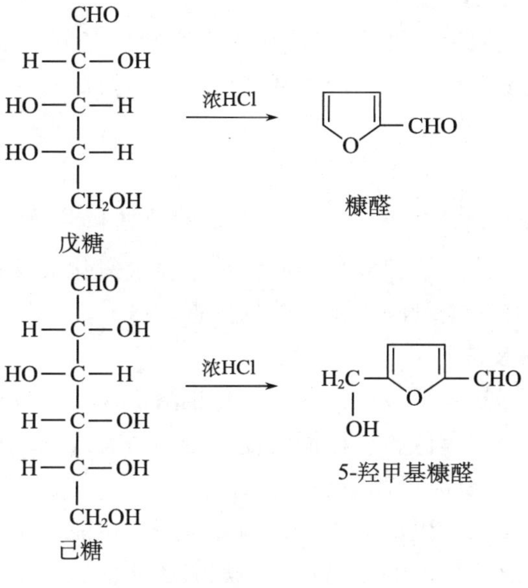

（一）糖的呈色反应

1. Molisch反应（α-萘酚反应）

糖在浓硫酸或浓盐酸作用下形成的糠醛及其衍生物与α-萘酚作用，形成紫红色复合物。

在糖溶液与浓硫酸两液面间形成紫环，故又称为紫环反应。自由存在和结合存在的糖均呈阳性反应。此外，各种糠醛衍生物、葡萄糖醛酸、丙酮、甲酸、乳酸等皆呈颜色近似的阳性反应。因此，阴性反应证明没有糖类物质的存在，阳性反应说明有糖存在的可能性，需要进一步通过其他糖的定性试验才能确定是否有糖的存在。

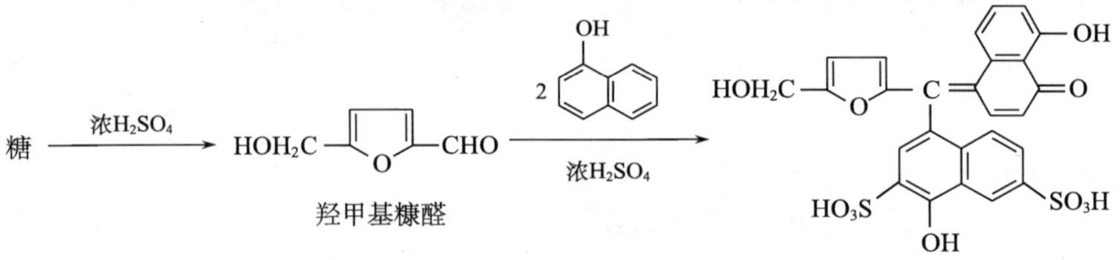

2. 蒽酮反应

糖在浓酸作用后形成的糠醛及其衍生物与蒽酮（10-酮-9，10-二氢蒽）反应生成蓝绿色复合物。该复合物在630nm有最大的吸收峰，在一定范围内，颜色深浅与糖含量成正比，该方法可用于测定几乎所有碳水化合物的含量，包括戊糖、己糖、多糖等。不同糖类与蒽酮试剂反应后的颜色深浅不同，果糖显色最深，葡萄糖次之，半乳糖和甘露糖较浅，五碳糖更浅。

3. Seliwanoff 反应（间苯二酚反应）

该反应是鉴定酮糖的特殊反应。在浓酸作用下，己酮糖脱水生成羟甲基糠醛。后者与间苯二酚结合生成鲜红色的复合物，反应较快。因为糠醛形成羟甲基糠醛较慢，醛糖在浓度较高或长时间煮沸时才产生微弱的红黄色或淡黄色。戊糖也能与 Seliwanoff 试剂反应，戊糖经酸脱水生成糠醛，与间苯二酚缩合生成灰绿色产物，但需要较长时间的煮沸。蔗糖被酸水解生成的果糖也能呈现明显的阳性反应。

4. Bial 反应（甲基间苯二酚反应）

戊糖与浓盐酸加热形成糠醛，在 Fe^{3+} 存在下，它与甲基间苯二酚（地衣酚）反应，形成蓝绿色溶液。己糖也能发生反应，但产生灰色或灰绿色沉淀。

（二）还原糖的鉴定

含有自由醛基（—CHO）或酮基（ $>C=O$ ）的单糖和二糖为还原糖。在碱性溶液中，还原糖能将金属离子（铜、铋、汞、银）还原，糖本身被氧化成酸类化合物。此性质常用于检验糖的还原性，并且常作为定量测定还原糖的依据。

1. Fehling 反应（费林反应）

费林试剂是含有硫酸铜与酒石酸钾钠的氢氧化钠溶液，是一种蓝绿色的弱氧化剂。硫酸铜与碱溶液混合加热，则生成黑色的氧化铜沉淀；若同时有还原糖存在，则生成黄色或砖红色的氧化亚铜沉淀。Fehling 反应可用于检测还原糖。

在碱性条件下，糖不仅能发生烯醇化、异构化作用，也能发生分解、氧化、还原或多聚作用等。由这些作用所形成的复杂混合物具有强烈的还原性。

为了防止铜离子和碱反应生成氢氧化铜或碱性碳酸铜沉淀，Fehling 试剂中加入了酒石酸钾钠，它与 Cu^{2+} 形成的酒石酸钾钠络合铜离子是可溶性的，该反应是可逆的，平衡后溶液中有一定浓度的氢氧化铜，在还原糖的存在下发生下列反应。

$$CuSO_4 + 2NaOH \longrightarrow Cu(OH)_2 + Na_2SO_4$$

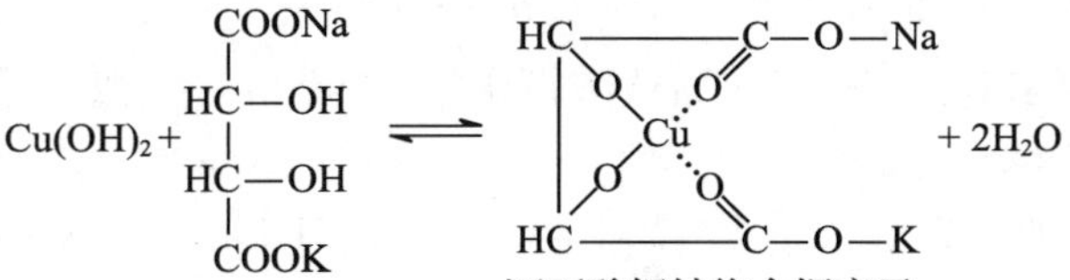

酒石酸钾钠络合铜离子

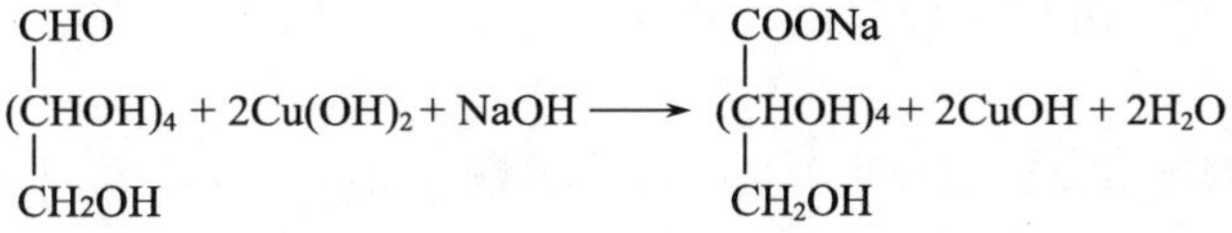

葡萄糖　　　　葡萄糖酸钠

$$2CuOH \longrightarrow Cu_2O\downarrow + H_2O$$

不稳定　　氧化亚铜（黄色和红色）

2. Benedict 反应

Benedict 试剂是由 Fehling 试剂改良而来，它利用柠檬酸作为 Cu^{2+} 的络合剂，能使具有自由醛基或酮基的糖类氧化，其本身则变成砖红色或黄色的 Cu_2O。其碱性比 Fehling 试剂弱，灵敏度高，干扰因素小，反应更稳定。

3. Barfoed 反应

这是在酸性溶液中糖还原 Cu^{2+} 的反应，但单糖和还原二糖的还原速度有明显的差异。单糖在 3min 内就能还原 Cu^{2+}，而还原二糖则需 20min。所以，该反应可用于区别单糖和还原二糖。当加热时间过长，非还原性二糖（如蔗糖）被水解也能呈现阳性反应。还原二糖浓度过高时，也会很快呈现阳性反应。

【器材】

1. 仪器：托盘天平（100g/0.2g），电磁炉。

2. 材料：搪瓷盆，烧杯，试管（18mm×180mm），试管架，吸量管（0.5mL、1mL、2mL、5mL），滴管。

【试剂】

1. 各种糖试剂：10g/L 阿拉伯糖，20g/L 阿拉伯糖，20g/L 葡萄糖，20g/L 果糖，20g/L 麦芽糖，20g/L 蔗糖，10g/L 淀粉。

2. Molisch 试剂：称取 2g α-萘酚，溶于 95%乙醇中并定容到 100mL。临用前新鲜配制，贮于棕色瓶中。

3. 蒽酮试剂：溶解 0.2g 蒽酮于 100mL 浓硫酸（AR，比重 1.84，含量 95%）中。临用前配制，贮于棕色瓶中。

4. Bial 试剂：将 1.5g 地衣酚溶解于 500mL 浓盐酸，加 20～30 滴 100g/L $FeCl_3$ 溶液。

5. Seliwanoff 试剂：溶解 50mg 间苯二酚于 100mL 盐酸溶液（36%浓盐酸：水＝1：2，

V/V）中。临用前配制。

6. Fehling 试剂：试剂 A，将 34.5g 硫酸铜（$CuSO_4 \cdot 5H_2O$）溶于 500mL 无离子水中。试剂 B，将 125g 氢氧化钠和 137g 酒石酸钾钠溶于 500mL 无离子水中，储于带橡皮塞瓶中。临用前将 A 和 B 等体积混合。

7. Benedict 试剂：溶解 85g 柠檬酸钠（$Na_3C_6H_3O_7 \cdot 11H_2O$）及 50g 无水碳酸钠于 400mL 水中，另溶解 8.5g 硫酸铜于 50mL 热水中。将硫酸铜溶液缓缓倾入柠檬酸钠-碳酸钠溶液中，边加边搅，如有沉淀，可过滤。本试剂可长期使用。如放置过久出现沉淀，可取用其上清液。

8. Barfoed 试剂：溶解 33.3g 中性、结晶的乙酸铜于约 400mL 无离子水中，加 3mL 冰醋酸，以无离子水定容至 500mL。临用前配制。

【操作步骤】

（一）糖的呈色反应

1. Molisch 反应

取 6 支试管编号，分别加入 1 滴各种糖液（本实验用阿拉伯糖浓度为 10g/L）和 2 滴 Molisch 试剂，摇匀，倾斜试管，慢慢加入 1mL 浓硫酸，小心竖直试管。注意：不要摇动试管，使糖液和硫酸分层，观察交界处颜色变化。

2. 蒽酮反应

取 6 支试管编号，分别加入 1mL 蒽酮溶液及各种糖液 4 滴（本实验用阿拉伯糖浓度为 10g/L），混匀，观察颜色变化。

3. Seliwanoff 反应

取 6 支试管编号，分别加入 1mL Seliwanoff 试剂及各种糖液 4 滴（本实验用阿拉伯糖浓度为 20g/L），混匀，一起放入沸水浴中，比较各管颜色变化及出现颜色的先后顺序。

4. Bial 反应

取 6 支试管编号，分别加入 1mL Bial 试剂及各种糖液 2 滴（本实验用阿拉伯糖浓度为 10g/L），混匀，一起放入沸水浴中，观察各管颜色变化的过程。

（二）还原糖的测定

1. Fehling 反应

取 6 支试管编号，分别加入 1mL Fehling 试剂 A 和 1mL Fehling 试剂 B，混匀，再分别加入各种糖液 4 滴（本实验用阿拉伯糖浓度为 20g/L），混匀，沸水浴 2～3min，冷却，观察沉淀和颜色变化。

2. Benedict 反应

取 6 支试管编号，分别加入 2mL Benedict 试剂及各种糖液 4 滴（本实验用阿拉伯糖浓度为 20g/L），沸水浴 3～5min，比较各管颜色变化过程。

3. Barfoed 反应

取 6 支试管编号，分别加入 1mL Barfoed 试剂及各种糖液 4 滴（本实验用阿拉伯糖浓度为 20g/L），沸水浴 3～5min，观察各管颜色变化，继续沸水浴 20min，比较各管颜色变化及顺序。

【结果与分析】

如实记录本实验所用糖液的几种呈色反应快慢及颜色深浅和沉淀多少，结合实验原理，分析实验现象及原因。

【注意事项】

1. Molisch 反应非常灵敏，10mg/L 葡萄糖或 1mg/L 蔗糖即能呈现阳性反应。过浓的果糖溶液，由于硫酸的焦化作用，将呈现红色及褐色而不呈紫色，需稀释糖液浓度。

2. 果糖的 Seliwanoff 反应十分迅速，呈鲜红色，而葡萄糖所需时间长，且只能产生黄色至淡红色。戊糖亦与 Seliwanoff 试剂反应，戊糖经酸脱水生成糠醛，与间苯二酚缩合生成绿色至蓝色产物。

3. Bial 反应中，如果遇到未知糖呈色不明显，可用 3 倍体积水稀释，并加入 1mL 戊醇，摇动，若醇液呈蓝绿色，即为阳性反应。

4. 酮基本身并没有还原性，只有在变为烯醇式后才显示还原作用。

5. 糖的还原作用生成氧化亚铜沉淀的颜色决定于颗粒的大小，Cu_2O 颗粒的大小又决定于反应速度，反应速度快时，生成的 Cu_2O 颗粒较小，呈黄绿色；反应慢时，生成的 Cu_2O 颗粒较大，呈红色。有保护胶体存在时，常生成黄色沉淀。实际生成的沉淀含有大小不同的 Cu_2O 颗粒，因而每次观察到的颜色可能略有不同。溶液中还原糖的浓度可以从生成沉淀的多少来估计，而不能依据沉淀的颜色来区别。

6. Barfoed 反应中产生的 Cu_2O 沉淀聚集在试管底部，溶液仍为深蓝色。应注意观察试管底部红色的出现，它与一般还原性实验不同，观察不到反应液由蓝变绿变黄或变红的过程。

【思考题】

1. 应用 Molisch 反应和 Seliwanoff 反应分析未知样品时，应注意些什么问题？

2. 举例说明哪些糖属于还原糖。

3. 如何证明牛乳中有双糖的存在？这种双糖是什么糖？请选用一些颜色反应来加以鉴定。

（张贺迎）

实验八 α-淀粉酶的激活剂、抑制剂及其特异性分析

【实验目的】

1. 理解酶的特异性，掌握酶的激活剂和抑制剂影响酶促反应速度的原理。

2. 加深对酶活力影响因素的认识。

【实验原理】

本实验以 α-淀粉酶对淀粉的作用为例，观察激活剂与抑制剂对酶活力的影响。

α-淀粉酶可将淀粉逐步水解成各种分子大小不同的糊精，最后生成麦芽糖和葡萄糖。变化过程如下：

淀粉→紫色糊精→红色糊精→麦芽糖＋葡萄糖

这些物质遇碘各呈不同的颜色。直链淀粉（即可溶性淀粉）遇碘呈蓝色；按分子从大到小的顺序，糊精遇碘可呈蓝色、紫色、暗褐色和红色；最小的糊精和麦芽糖、葡萄糖遇碘不呈现颜色。根据酶促反应产物遇碘所呈的颜色可判断 α-淀粉酶水解淀粉的程度，即酶促反应速度。在酶促反应系统中加入少量的激活剂或抑制剂，会影响酶促反应速度。

α-淀粉酶能水解淀粉生成具有还原性的麦芽糖、葡萄糖，但不能水解非还原性的蔗糖。Benedict 试剂可检测糖的还原性，以 α-淀粉酶分别作用于淀粉和蔗糖，以 Benedict 试剂检测反应产物的还原性，说明 α-淀粉酶的底物特异性。

【器材】

1. 仪器：电磁炉，恒温水浴锅。

2. 材料：试管（18mm×180mm），试管架，吸量管（2mL、1mL），搪瓷盆，漏斗，滤纸或脱脂棉，精密 pH 试纸（pH5.0～8.0）。

【试剂】

1. α-淀粉酶储备液：准确称取 1g 淀粉酶（粉剂），放入 50mL 烧杯中，加入 20mL 无离子水，边加边搅拌，使淀粉酶溶解，定容至 100mL，冰箱存放备用，使用前需稀释 20 倍。

2. 碘化钾-碘储备液：称取 20g 碘化钾及 10g 碘溶于 100mL 水中，使用前需稀释 10 倍。

3. Benedict 试剂：配制方法见本章实验七。

4. 0.2mol/L Na_2HPO_4 溶液。

5. 20g/L 蔗糖溶液。

6. 1g/L 淀粉溶液。

7. 10g/L 淀粉溶液。

8. 10g/L NaCl 溶液。

9. 10g/L $CuSO_4$ 溶液。

10. 10g/L Na_2SO_4 溶液。

【操作步骤】

1. 激活剂和抑制剂对 α-淀粉酶活性的影响

取 4 支洁净干燥试管编号，按表 2-8 加入试剂。观察并记录 4 支试管的颜色。

表 2-8　激活剂与抑制剂对 α-淀粉酶活性的影响

试剂	管号及加量			
	1	2	3	4
1g/L 淀粉溶液/mL	1.5	1.5	1.5	1.5
α-淀粉酶稀释液/mL	0.5	0.5	0.5	0.5
10g/L $CuSO_4$ 溶液/mL	0.5	—	—	—
10g/L NaCl 溶液/mL	—	0.5	—	—
10g/L Na_2SO_4 溶液/mL	—	—	0.5	—
无离子水/mL	—	—	—	0.5
摇匀，37℃恒温水浴保温 10min，冷却至室温				
碘化钾-碘溶液/滴	2～3	2～3	2～3	2～3

2. α-淀粉酶的底物专一性

取 3 支试管编号，按表 2-9 加入试剂。观察并记录 3 支试管的实验现象。

表 2-9　α-淀粉酶的底物专一性

试剂	管号及加量		
	1	2	3
α-淀粉酶稀释液/mL	1	1	1
10g/L 淀粉溶液/mL	3	—	—
20g/L 蔗糖溶液/mL	—	3	—
无离子水/mL	—	—	3
摇匀，37℃恒温水浴保温 15min			
Benedict 试剂/mL	2	2	2
沸水浴 2～3min			

【结果与分析】

1. 根据激活剂和抑制剂实验中 4 支试管的颜色，分析哪种离子是 α-淀粉酶的抑制剂，哪种离子是其激活剂，为什么？说明本实验第 3 管的意义。

2. 分析 α-淀粉酶底物专一性实验中 1 号试管出现砖红色沉淀的原因，2 号试管为什么没有砖红色沉淀出现？α-淀粉酶能专一性水解哪种物质？

【注意事项】

1. 如果激活剂和抑制剂的作用不明显，主要原因可能是 α-淀粉酶活性不够高，可以适当延长反应时间或降低 α-淀粉酶稀释倍数，然后再继续实验。

2. 少量的激活剂或抑制剂就会影响酶的活性，而且常有特异性。激活剂和抑制剂不是绝对的。有些物质在低浓度时为某种酶的激活剂，而在高浓度时则为该酶的抑制剂。例如，氯化钠在低浓度时为 α-淀粉酶的激活剂，达到 1/3 饱和度时就会抑制 α-淀粉酶的活性。

【思考题】

1. 激活剂可分为哪几类？本实验所用氯化钠属于哪一类？
2. 抑制剂与变性剂有何不同？举例说明。

（张　妍）

实验九　肌糖原的酵解作用研究

【实验目的】

1. 掌握糖酵解作用的原理和实验方法。
2. 了解糖酵解作用在糖代谢过程中的地位及生理意义。

【实验原理】

肌糖原的酵解作用是糖类为组织供给能量的一种方式。当机体突然需要大量的能量，而又供氧不足（如剧烈运动）时，则糖原的酵解作用可暂时满足有机体对能量的需求。肌肉组织中肌糖原的酵解作用包括磷酸化形成己糖磷酸酯，再降解形成丙糖磷酸酯、甘油酸磷酸酯等一系列中间产物，最后形成丙酮酸，再还原生成乳酸。该过程可以下列反应式表示：

$$1/n(C_6H_{10}O_5)_n + H_2O \longrightarrow 2CH_3CHOHCOOH$$

本实验通过检测乳酸的生成来观察肌糖原的酵解作用。可使用肌肉提取液或肌肉糜。使用肌肉提取液时，可在有氧条件下进行，因为催化酵解作用的酶系统全部存在于肌肉提取液中；使用肌肉糜时，必须在无氧条件下进行，因为三羧酸循环和呼吸链的酶系统集中在线粒体中。

糖原可用淀粉代替。本实验用乳酸的生成来检查淀粉的酵解作用。在无蛋白质与糖存在情况下，乳酸与硫酸共热生成乙醛，后者再与对羟基联苯反应产生紫罗兰色物质。该法比较灵敏，每毫升溶液含 1～5μg 乳酸即可检出。

【器材】

1. 仪器：恒温水浴锅，电子天平，制冰机。
2. 材料：试管（18mm×180mm），吸量管（5mL、2mL、1mL），滴管，量筒（10mL），玻璃棒，漏斗，滤纸，橡皮塞，研钵，手术剪，家兔。

【试剂】

1. 对羟基联苯试剂：称取对羟基联苯 1.5g，溶于 100mL 0.125mol/L NaOH 溶液，配成 1.5%的溶液（此溶液放置时间过长，会出现针状结晶，摇匀再用）。
2. 5g/L 糖原溶液（或淀粉溶液）。
3. 1/15mol/L 磷酸盐缓冲液（pH7.4）。

4. 200g/L 三氯乙酸溶液。
5. 氢氧化钙粉末。
6. 浓硫酸。
7. 饱和硫酸铜溶液。
8. 石蜡油。

【操作步骤】

1. 肌肉糜的制备

将兔处死，放血，立即割取背部和腿部肌肉，在低温条件下用剪刀把肌肉剪碎，以 1g∶2mL 的比例加入磷酸盐缓冲液，研钵中匀浆，制成肌肉糜。

2. 肌肉糜的糖酵解

取 4 支洁净干燥试管编号，1、2 号管为样品管，3、4 号管为空白管。按表 2-10 加入各种试剂操作。

表 2-10 家兔肌肉糜的糖酵解

试剂	管号及加量			
	1	2	3	4
肌肉糜/mL	2	2	2	2
200g/L 三氯乙酸溶液/mL	—	—	3	3
	混匀			
磷酸盐缓冲液/mL	1	1	1	1
5g/L 淀粉溶液/mL	1	1	1	1
	摇匀，各加石蜡油隔绝氧气，37℃恒温水浴保温 1.5h			
200g/L 三氯乙酸溶液/mL	3	3	—	—
	分别过滤，得各管滤液			
各管滤液/mL	5	5	5	5
饱和硫酸铜溶液/mL	1	1	1	1
氢氧化钙粉末/g	0.5	0.5	0.5	0.5
	搅匀，放置 30min，过滤，得各管滤液，为糖酵解产物			

3. 乳酸的测定

取 4 支洁净干燥的试管，按表 2-11 编号，1、2 号管为样品管，3、4 号管为空白管。按表 2-11 加入各种试剂操作。观察各管溶液颜色及深浅。

表 2-11 乳酸的测定

试剂	管号及加量			
	1	2	3	4
浓硫酸/mL	2	2	2	2
	冰浴，冷却			
糖酵解产物/滴	1～2	1～2	1～2	1～2
	摇匀，沸水浴 5min，冷却			
对羟基联苯/滴	2	2	2	2

【结果与分析】

观察 1、2 号管颜色变化，分析肌肉糜中可能含有哪些酶。催化淀粉发生了哪些反应。

【注意事项】

1. 切取肌肉时应戴乳胶手套。
2. 大量糖类和蛋白质等杂质存在，会严重干扰测定，应尽量除净这些物质。
3. 若对羟基联苯颜色较深，一定要用丙酮或无水乙醇重结晶纯化，使其呈白色。
4. 若显色较慢，则可将试管放入 37℃恒温水浴中保温 10min，再比较各管颜色。

【思考题】

1. 人体和动植物体中，糖的贮存形式是什么？实验时，为什么可以用淀粉代替糖原？
2. 3、4 号管加入肌肉糜后立刻加入三氯乙酸，实验结果如何？1、2 号管在保温结束后再加入三氯乙酸，实验结果如何？请解释原因。

（李　楠）

实验十　生物氧化作用研究

【实验目的】

了解生物氧化中几种氧化还原酶的作用原理及鉴定方法。

【实验原理】

生物体内各种代谢物的生物氧化作用（biological oxidation）是需氧细胞呼吸作用中的一系列氧化还原反应，又称为细胞氧化或细胞呼吸作用。在生物氧化过程中，生物物质经脱氢酶催化脱氢，氢通过电子传递链传递给氧生成水，释放出的能量使腺苷二磷酸（ADP）磷酸化生成腺苷三磷酸（ATP），这是异养生物体获取能量的主要途径。生物体中绝大多数氧化还原反应都是在脱氢酶及过氧化物酶等催化下进行，这些酶具有氧化还原特性，选择特殊的底物或受氢体进行反应，生成具有一定颜色的产物，即可鉴定酶的存在。

1. 脱氢酶

脱氢酶（dehydrogenase）在生物体内广泛存在。脱氢酶催化底物脱氢，氢一般经呼吸链传递，最终与氧化合成水。多数脱氢酶根据其底物命名，如苹果酸脱氢酶、异柠檬酸脱氢酶等。多数底物脱下的氢的天然受体是烟酰胺腺嘌呤二核苷酸（NAD^+）或烟酰胺腺嘌呤二核苷酸磷酸（$NADP^+$）[以下用 NAD（P）$^+$表示]，NAD(P)$^+$接受底物脱下的氢被还原生成 NAD(P)H。

$$底物+NAD（P）^{+} \xrightarrow{脱氢酶} 产物+NAD（P）H+H^{+}$$

另一些脱氢酶以黄素（FMN 或 FAD）为辅基，FMN 或 FAD 为受氢体，被还原形成 $FMNH_2$ 或 $FADH_2$。例如，琥珀酸脱氢酶、还原型烟酰胺腺嘌呤二核苷酸（NADH）脱氢酶和胆碱脱氢酶等。

在体外实验中，向反应体系加入甲烯蓝（氧化态为蓝色）作为受氢体，在一定温度下保温一定时间，如果甲烯蓝被还原成为无色甲烯蓝（即甲烯白），则说明反应体系中存在脱氢酶。

2. 过氧化氢酶

生物体在进行呼吸代谢的过程中会产生过氧化氢（H_2O_2），这种物质有比较强的氧化性，会伤害细胞中的正常生物大分子（如蛋白质和 DNA 等）。过氧化氢酶（catalase）又称接触酶，能将过氧化氢催化分解成对生物体无害的氧和水（$2H_2O_2 \longrightarrow 2H_2O+O_2$）。过氧化氢酶存在于所有已知动物的各个组织中，特别在肝脏中以高浓度存在。这是因为肝脏是动物体中最大的化工厂，要进行大量的分解合成代谢，产生 H_2O_2 的速度很快，所以需要高浓度过氧化氢酶来保护肝细胞。

$$H_2O_2 \xrightarrow{过氧化氢酶} H_2O + [O]$$

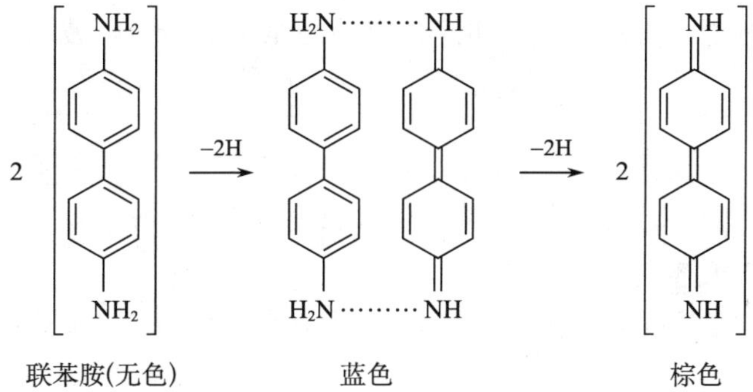

3. 过氧化物酶

过氧化物酶（peroxidase）广泛分布于动、植物组织内，在细胞代谢的氧化还原过程中起重要作用，如清除细胞内的有害物质 H_2O_2、保护酶蛋白及促进植物细胞木质素的形成等。一般老化组织中过氧化物酶活性较高，幼嫩组织中活性较弱。这是因为过氧化物酶能使组织中所含的某些碳水化合物转化成木质素，增加木质化程度。研究发现早衰减产的水稻根系中过氧化物酶的活性增加，所以过氧化物酶可作为组织老化的一种生理指标。

过氧化物酶是以铁卟啉为辅基的氧化酶，催化由 H_2O_2 参与的各种还原剂（如酚类、芳香胺和抗坏血酸等）的氧化反应，通过颜色变化可鉴定此酶的存在。

细胞内的过氧化物酶可以将联苯胺氧化成蓝色或棕色产物，蓝色为中间产物联苯胺蓝，很不稳定，可自然转变为棕色的联苯胺腙，通过产物颜色可以定性鉴定细胞内是否存在过氧化物酶。

$$4H_2O_2 \xrightarrow{\text{过氧化物酶}} 4H_2O + 4[O]$$

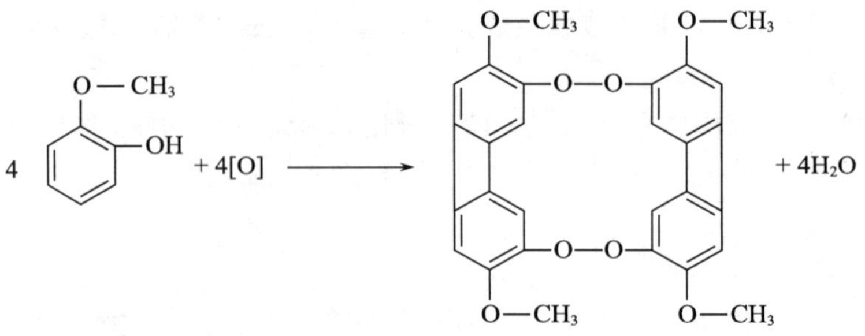

无色　　　　　　　　　　　　　　红棕色

以愈创木酚（邻甲氧基苯酚）和 H_2O_2 为底物，过氧化物酶催化底物 H_2O_2 放出新生态氧，使无色的愈创木酚氧化成红棕色的四邻甲氧基连酚。

【器材】

1. 仪器：天平（100g/0.2g），恒温水浴锅。

2. 材料：试管（18mm×180mm），试管夹，酒精灯，吸量管（1mL、5mL），量筒（10mL），滴管，石蜡油，研钵，单面切片，定性滤纸（Φ7cm），玻璃漏斗，马铃薯，新鲜鸡肝。

【试剂】

1. 0.02%甲烯蓝水溶液。

2. 1.5%愈创木酚溶液：1.5mL 愈创木酚溶液与 100mL 50%乙醇混匀，棕色试剂瓶保存。

3. 5mmol/L 联苯胺醋酸-醋酸钠溶液：在 200mL 容量瓶中，先加入 100mL 无离子水及 2.3mL 冰醋酸和 184mg 联苯胺，50～60℃水浴加热溶解，然后加入 5.45g 无水醋酸钠，待完全溶解后，冷却，加水定容到刻度线。

4. 6%过氧化氢溶液。

【操作步骤】

1. 脱氢酶的定性鉴定

（1）马铃薯去皮，称取 10～15g，切成小丁，分别装入 2 支试管中（1～2cm 高），其中一支试管加少许无离子水，在酒精灯上加热煮沸 5min，使酶失活，然后将水倒掉。

（2）分别向两支试管中加入 2～3 滴 0.02%甲烯蓝水溶液（不要加太多，马铃薯丁染上淡淡的蓝色即可），再加上一薄层石蜡油，以隔绝空气，同时注意不要摇动试管。

（3）室温或 37℃水浴保温，观察实验现象并记录。

2. 过氧化氢酶的定性鉴定

（1）取 2 支试管，加入少量鸡肝（2～3g），其中 1 支加入 5mL 无离子水煮沸 5min，使酶失活，将水倒掉。

(2) 向 2 支试管中分别加入 6%过氧化氢溶液 5mL，观察试管内鸡肝周围是否产生气泡。

(3) 将带火星的木条伸入试管口，观察木条能否复燃。

3. 过氧化物酶的定性鉴定

方法一：愈创木酚法。

(1) 称取 10～15g 马铃薯加无离子水 10mL 研磨，滤纸过滤，滤液即为过氧化物酶浸提液。

(2) 分别向 2 支试管中加入 5mL 的过氧化物酶浸提液，其中 1 支试管煮沸 5min，冷却后作为对照。

(3) 分别向 2 支试管中加入 10 滴 1.5%愈创木酚溶液，不断摇动试管（可 37℃水浴，并延长反应时间），观察试管颜色变化。

方法二：联苯胺法。

(1) 取 2 支试管，每管加入马铃薯小块 2～3 块（约 10g），再加入 5mL 无离子水，其中 1 支煮沸 5min 使酶失活。

(2) 待试管冷却后，向 2 支试管中加入 5mmol/L 联苯胺醋酸-醋酸钠溶液 5 滴，摇匀，再加 6%过氧化氢 10 滴，比较两管颜色变化。

【结果与分析】

1. 记录实验现象，并分析是否检测到脱氢酶、过氧化氢酶和过氧化物酶。

2. 愈创木酚氧化反应程度及产物颜色与过氧化物酶活力相关（反应由褐色变成红色、紫色或蓝色，在 470nm 处有最大吸收峰），颜色越深，说明氧化程度越彻底，过氧化物酶活力越强。

【注意事项】

1. 甲烯蓝的用量不能太多，否则会影响实验现象的观察。

2. 脱氢酶的定性鉴定时加入石蜡油的作用是隔绝空气，不得摇动试管，以防反应生成的甲烯白与空气中的氧接触被氧化成甲烯蓝，影响实验结果。

【思考题】

1. 简述生物氧化中各氧化还原酶的鉴定原理。

2. 脱氢酶的定性鉴定时若不加入石蜡油，会出现什么现象？为什么？

（鞠建松）

第三章　纸层析技术

纸层析（paper chromatography）是以滤纸为支持物的层析分离技术。该技术与近年来发展起来的亲和层析、等电聚焦、聚丙烯酰胺凝胶电泳等分离方法相比，具有操作简单、不需要特殊仪器设备等优点。该方法适用于氨基酸、肽类、核苷及核苷酸、糖、维生素、抗生素、有机酸等小分子物质的分离、定性及定量，在物质结构的研究、生物物质的分离、药物分析、药理检验等方面的应用都取得较为满意的结果。

第一节　纸层析基本原理

分配层析（partition chromatography）是利用混合物中各组分在两种不同溶剂中的分配系数不同而使物质分离的方法。分配系数（partition coefficient）是指一种溶质在两种互不相溶的溶剂中的溶解达到平衡时，该溶质在两种溶剂中的浓度之比。分配系数与溶质和溶剂的性质有关，同时受温度和压力的影响。不同物质因其在各种溶剂中的溶解度不同，而有不同的分配系数。在恒温恒压条件下，某物质在确定的层析系统中的分配系数为一常数。分配层析中应用最广泛的多孔支持物是滤纸，其次是硅胶、硅藻土、纤维素粉、淀粉和微孔聚乙烯粉等。

纸层析以滤纸为支持物，是最简单的液-液分配层析。滤纸一般能吸附22%～25%的水，其中6%～7%的水以氢键结合于滤纸纤维素的羟基，一般情况下较难脱去。在纸层析中以滤纸结合水为固定相（stationary phase），以与水不相混溶或部分混溶的有机溶剂为流动相（mobile phase）。随着流动相的移动，不同物质在固定相和流动相之间进行连续的、动态的分配，由于各种物质具有不同的分配系数，因此，具有不同的移动速度，从而达到分离目的。

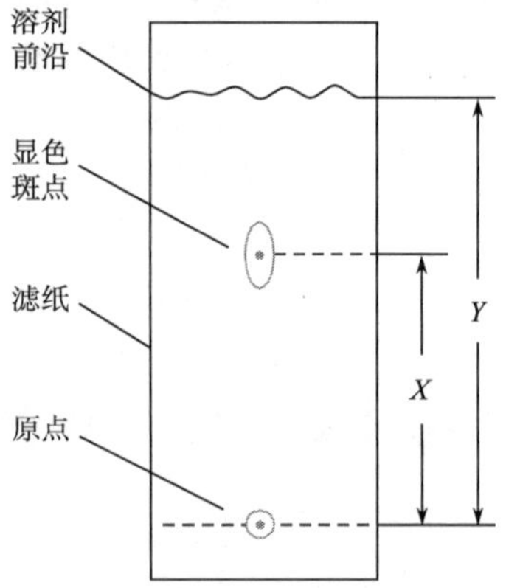

图 3-1　单向纸层析斑点示意图

物质分离后在图谱上的位置可用相对迁移率（rate of flow，R_f）来表示。R_f 值表示组分在流动相和固定相中运动的状况，R_f 值即显色斑点的中心与原点（点样中心）之间的距离与原点到溶剂前沿的距离的比值（图 3-1），以下式表示：

$$R_f = \text{展层后斑点中心与原点间距离}(X)/\text{原点与溶剂前沿间距离}(Y)$$

R_f 值取决于物质在两相间的分配系数及两相体积比。在特定的层析系统中，两相体积比是不变的，因此，R_f 值取决于分配系数 α，不同的物质分配系数不同，R_f 值也不同。R_f 与 α 之间的关系如下：

$$\alpha = \frac{A_I}{A_S}\left(\frac{1}{R_f} - 1\right)$$

式中，A_I 和 A_S 分别表示流动相体积和固定相体积。

此外，溶剂和溶质的性质、滤纸的性质、展层的温度等都对 R_f 值有一定的影响。

（张贺迎）

第二节　影响相对迁移率的主要因素

一、物质结构与极性对 R_f 值的影响

物质的结构与分子极性是影响 R_f 的主要因素。水的极性很强，极性物质就适宜进入水中，非极性物质容易进入非极性溶剂内，所以在水与有机溶剂两相间决定物质分配情况的主要因素是物质极性的大小。例如，酸性和碱性氨基酸的极性强于中性氨基酸，前者分配在水相中较多，R_f 值较小，后者分配在水相中较少，分配在有机溶剂中较多，R_f 值较大。碳链（—CH_2—）是非极性结构（疏水基），若分子中极性基团数目不变而碳链增长，则整个分子的极性就相应降低，更易溶于有机相中，R_f 值随之增大。

二、层析溶剂对 R_f 值的影响

同一物质在不同的溶剂系统中 R_f 值不同，选择溶剂时应考虑待分离物质在该溶剂系统中 R_f 值的差别应为 0.05～0.85，两个被分离物质的 R_f 值相差最好大于 0.05，否则得不到很好的分离。溶剂系统与分离物质之间，以及多元溶剂系统中各组分之间，都不应起化学反应。

溶剂系统中含水量对 R_f 值影响很大，因此要严格控制温度，使含水量恒定。一般亲水性物质或极性较大的物质采用与水不相混溶的有机溶剂加水混合作为流动相；中等极性物质采用疏水性有机溶剂与亲水性有机溶剂（如甲醇、甲酰胺等）混合作为流动相；对于有些疏水性物质或低极性物质（如高级脂肪酸）则可采用反相层析来分离。某些蛋白质还可采用盐溶液（如 100g/L 氯化钠）作展层剂，称为盐析层析。有人将缓冲液与可溶性有机溶剂配制成展层溶剂，对氨基酸进行分离获得较好的结果。在溶剂系统中加入少量的氯化钠可改变流动相和固定相中水的分布情况，可以加速碱性氨基酸的移动，排除样品中盐类对展层的干扰作用。

常用的展层溶剂有正丁醇、酚、三甲基吡啶、二甲基吡啶、甲苯等。这些溶剂对水的互溶性质见表 3-1。

表 3-1　常用溶剂对水的互溶性质

与水互溶的溶剂	与水不能互溶的溶剂
水	苯酚
甲酰胺	正丁醇
甲醇	正戊醇
醋酸	乙酸乙酯
乙醇	乙醚
异丙醇	氯仿
丙酮	苯
正丙醇	甲苯
叔丁醇	环已烷
	石油醚

溶剂系统中的试剂如纯度不够，需经纯化处理后才能使用，处理方法因溶剂性质不同而异，常用的处理方法有酸、碱反复抽提，水洗涤，干燥剂干燥，重蒸等。举例如下。

（1）苯酚：重蒸馏，收集180℃的馏分。

（2）乙酸：在冰醋酸中加入1%重铬酸钾，蒸馏，收集118℃的馏分。

（3）正丁醇：先后用2.5mol/L硫酸溶液和5mol/L氢氧化钠溶液洗涤，再用无水碳酸钾脱水，用磨口蒸馏瓶蒸馏，收集117℃的馏分。

三、pH对R_f值的影响

溶剂和样品的pH影响物质的解离，从而影响物质的极性和溶解度，改变其R_f值。溶剂的酸碱度增大使流动相的含水量增大，会增加极性物质的R_f值。就氨基酸而言，溶剂pH的改变对酸性和碱性氨基酸的R_f值影响较大，对中性氨基酸的R_f值影响较小。可用缓冲液处理滤纸和溶剂，使pH保持基本恒定，以避免或减少pH的变化对R_f值造成的影响。

四、展层温度对R_f值的影响

温度影响物质的分配系数，也影响滤纸纤维的水合作用即固定相的体积，还影响水在流动相中的溶解度。展层温度的改变，会使溶质的R_f值改变。对温度敏感的溶剂体系，在层析分离时，必须严格控制温度，使温度波动不超过±0.5℃。

但有些溶剂体系的组成不随温度变化而改变，其R_f值不随温度变化而变化。

五、滤纸的性质对R_f值的影响

不同型号的滤纸厚薄程度和纤维松紧度不同，结合水量不同，两相体积比不同，因此，同一种物质在不同型号滤纸上层析时得到的R_f值也不同。

滤纸的质量会严重影响层析效果。滤纸厚薄不均，含水量不一致，溶剂沿着纤维方向的流动就会紊乱，致使溶剂扩展不一致，溶剂前沿也不整齐，层析分离点畸形，影响R_f值的测定。

纸纤维中含有的金属离子（如Ca^{2+}、Fe^{2+}、Mg^{2+}、Cu^{2+}等）杂质也会影响层析分离。例如，金属离子含量很高时，能与被分离物质（如氨基酸等）形成络合物，常使层析点出现阴影，并影响该物质在两相溶剂中的分配，从而改变R_f值。为了消除滤纸中金属离子在层析过程中对被分离物质R_f值的影响，可以用0.01～0.4mol/L盐酸处理，再用水洗至中性。经上述处理后的滤纸会变脆，R_f值也会出现差别。因此，最好选用无需净化处理的滤纸。

六、展层方式

在其他层析条件完全相同时，采取不同的展层方式，即使是同一种物质，得到的R_f值也不相同。

按溶剂在滤纸上流动的方向不同，可分为上行法、下行法和环行法三种展层方式。

（1）上行法：将滤纸点样的一端向下放入溶剂中，溶剂因毛细作用由下向上流动。上行法操作简单，重现性好，是最常用的展层方法，但所需时间较长。上行法的R_f值较小。

（2）下行法：层析缸上部有一盛展层剂的液槽，滤纸点样一端浸入液槽，溶剂主要靠重力作用由上而下流动。下行法展层速度较快，R_f值较大，重现性差，斑点易扩散。

（3）环行法：又称水平法，样品点于圆形滤纸距圆心1cm左右的环形线（原线）上，

滤纸水平放置，溶剂由滤纸条引入圆心，不断向四周水平方向流动，展开的图谱呈弧形。环行法层析时，内圈比外圈小，限制了溶剂流动，R_f 值也较小。

（4）双向法：如果样品中组分数量较多，用一种溶剂系统难以将全部组分分离开时，可以将样品点在正方形滤纸的一角，先用一种溶剂系统展层，吹干溶剂，将滤纸旋转 90°，再用另一种溶剂系统展层。

（张贺迎）

第三节　实验部分

实验一　氨基酸的纸层析分离

【实验目的】

1. 进一步学习分配层析的原理。
2. 理解氨基酸的纸层析分离原理，掌握纸层析操作技术。

【实验原理】

纸层析法分离氨基酸是以滤纸作为惰性支持物的分配层析，以滤纸纤维上的羟基吸附的一层水为固定相，有机溶剂为流动相。流动相流经支持物时，与固定相之间连续冲刷，使被分离的氨基酸物质在两相间不断分配而得到分离。

纸层析中影响 R_f 值的因素很多，其中，物质的结构与极性是主要影响因素。

组成蛋白质的氨基酸根据其侧链的极性不同可分为非极性 R 基氨基酸、极性但不解离 R 基氨基酸、酸性氨基酸和碱性氨基酸。根据相似相溶原理，极性组分易溶于极性溶剂中，非极性组分易溶于非极性溶剂中，纸层析法分离氨基酸混合物时，非极性 R 基氨基酸的 R_f 值最大，极性但不解离 R 基氨基酸的 R_f 值居中，酸性和碱性氨基酸的 R_f 值与所选展层剂系统的酸碱性直接有关。

本实验在室温（25℃）条件下，采用上行单向层析法分离混合氨基酸。

【器材】

1. 仪器：电热鼓风干燥箱。
2. 材料：新华 1 号滤纸，层析缸，培养皿（Φ9cm），毛细管，微量进样器，一次性手套，针，线，裁纸刀，直尺，铅笔，量筒（50mL），吸量管（10mL），吹风机。

【试剂】

1. 展层剂：含有 3.3g/L 茚三酮的正丁醇∶80%甲酸∶水（V/V）=15∶3∶2。
2. 氨基酸溶液：Lys、Phe、Ala、Asp、Val、Pro 溶液（均为 5g/L）。
3. 待测样品液（5g/L）。

【操作步骤】

1. 滤纸的选择及处理

选用新华 1 号滤纸，戴上一次性手套，将滤纸裁剪成 15cm×20cm，在距滤纸短底边 2cm 处，用铅笔轻轻画一条线，于线上每隔 2.5cm 画“十”字，作为点样点。

2. 点样

定性分析可用普通毛细管点样，定量分析用微量进样器点样。吸取一定量的样品溶液，按从左到右依次是 Phe、Val、Pro、待测样品、Ala、Asp、Lys 的顺序点样（图 3-2）。必须在第一次样品干后再点第二次（可用吹风机冷风吹干），点样点的扩散直径控制在 0.5cm 之内。点样量与样品的性质、滤纸的厚度及长度有关。本实验采用新华 1 号滤纸，点样 5μL 为宜。将点好样的滤纸两侧比齐，用线缝好，使纸形成筒状（图 3-3）。注意缝线处纸的两边不能接触，以免边缘的毛细现象使溶剂沿两边移动较快而造成溶剂前沿不齐，影响 R_f 值。

图 3-2　纸层析点样示意图

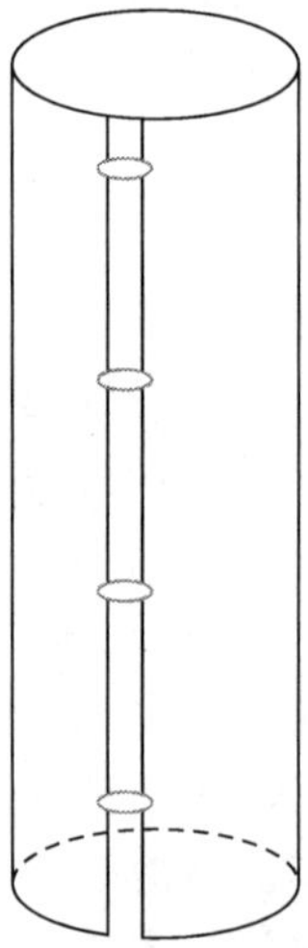

图 3-3　滤纸缝合后示意图

3. 平衡

将滤纸和层析缸用展层系统的蒸汽饱和称为平衡。缝好的滤纸筒直立在层析缸中，本实验展层剂中的有机溶剂不能与水完全混溶，可将展层剂盛于小烧杯中，放入层析缸，盖上层析缸盖子，使层析缸中的空气和滤纸为展层剂蒸汽所饱和，直至达到平衡，饱和时间一般为 0.5～1h。

4. 展层

将培养皿放入层析缸的底部，展层剂加入培养皿中，展层剂的厚度不超过 1cm，饱和后的滤纸筒点样端向下垂直浸入展层剂，注意必须使点样点在展层剂液面之上，盖紧层析缸的盖子。展层时要防止滤纸与滤纸、滤纸与容器壁贴在一起，防止滤纸歪斜。

5. 显色

当溶剂上行至距离滤纸的上沿约 1cm 时（2.5h 左右），从层析缸中取出滤纸，用铅笔在溶剂前沿做一标记，放入干燥箱中 60℃干燥 10min。氨基酸与茚三酮反应显现出紫红色斑点

（脯氨酸为黄色）。

【结果与分析】

1. 对层析图谱拍照。计算各标准氨基酸和待测样品各斑点的 R_f 值。
2. 待测样品中可能含有哪些氨基酸？混合氨基酸样品分离效果如何？对结果加以分析。

【注意事项】

1. 不要直接用手拿层析用滤纸，因为手表面汗液中的氨基酸、蛋白质类物质会影响显色结果。
2. 点样时要控制点样点的直径不超过 0.5cm，否则层析点扩散严重。
3. 层析环境（温度）尽可能保持恒定。

【思考题】

1. 分配层析法分离氨基酸的原理是什么？
2. 纸层析法分离氨基酸的影响因素有哪些？

（张贺迎）

实验二　纸层析法检测谷丙转氨酶活性

【实验目的】

1. 理解转氨基作用及其意义。
2. 掌握应用纸层析法鉴定氨基转移反应的方法。

【实验原理】

脱氨基作用是生物体内氨基酸降解的主要方式，包括氧化脱氨基、非氧化脱氨基、转氨基及联合脱氨基。转氨基作用是机体内氨基酸代谢的重要途径，是指在转氨酶催化下 α-氨基酸的氨基转移到另一个 α-酮酸上，形成新的 α-酮酸和新的 α-氨基酸的过程。

转氨酶在动物肝脏及豆类植物萌的发种子中含量丰富，其辅酶均为磷酸吡哆素，酶反应的最适 pH 为 7.4。生物体内分布最广、活力最强的转氨酶有两种：一种为谷氨酸-丙酮酸转氨酶，简称谷丙转氨酶（glutamic pyruvic transaminase，GPT）；另一种为谷氨酸-草酰乙酸转氨酶，简称谷草转氨酶（glutamic oxalacetic transaminase，GOT）。具体反应如下：

$$\text{谷氨酸}+\text{丙酮酸}\xrightleftharpoons{\text{GPT}}\alpha\text{-酮戊二酸}+\text{丙氨酸}$$

$$\text{谷氨酸}+\text{草酰乙酸}\xrightleftharpoons{\text{GOT}}\alpha\text{-酮戊二酸}+\text{天冬氨酸}$$

转氨基作用形成的氨基酸可以通过纸层析法检测。

本实验以α-酮戊二酸和丙氨酸为底物，加酶提取液保温后，在谷丙转氨酶的催化下产生谷氨酸，用纸层析法检测谷氨酸的出现，以证明转氨基作用。

【器材】

1. 仪器：电子天平，电磁炉，电热鼓风机，干燥箱，低速离心机，恒温水浴锅。

2. 材料：层析缸，平皿（Φ9cm），层析滤纸（新华1号），研钵，试管（5mL、10mL），试管架，吸量管（2mL、5mL），毛细管，搪瓷盆，吹风机，离心管，铅笔，直尺，发芽不超过24h的绿豆芽。

【试剂】

1. 0.1mol/L谷氨酸溶液。
2. 0.1mol/L丙氨酸溶液。
3. 0.1mol/Lα-酮戊二酸溶液（用NaOH调节pH至7.0～7.2）。
4. 0.1mol/L pH7.5磷酸缓冲溶液。
5. 0.1mol/L pH8.0磷酸缓冲溶液（含0.4mol/L蔗糖）。
6. 85%甲酸。
7. 正丁醇（含0.33%茚三酮）。
8. 5%三氯乙酸。

【操作步骤】

1. 酶液的制备

称取3g 25～28℃萌发不超过24h的绿豆芽放于研钵中，加入2mL pH8.0磷酸缓冲液研磨成匀浆，转入7mL离心管，用1mL pH8.0磷酸缓冲液冲洗研钵，液体一并转入离心管，每隔数分钟摇动1次，室温下提取5～10min，4000r/min离心10min，上清液即为含有转氨酶的粗酶液。

2. 氨基转移反应

取洁净干燥试管3支，按表3-2加入试剂及酶液，进行氨基转移反应。

表3-2 氨基转移反应加样表

试剂	管号及加量		
	1	2	3
0.1mol/L α-酮戊二酸/mL	0.5	0.5	0
0.1mol/L丙氨酸标准液/mL	0.5	0	0.5
酶液/mL	0.5	0.5	0.5
pH7.5磷酸缓冲溶液/mL	1.5	2.0	2.0
	混匀，37℃恒温水浴保温30min		
5%三氯乙酸/滴	3	3	3
	沸水浴10min，2000r/min离心15min，得上清液		

3. 纸层析

采用上行层析法进行展层。点样、平衡、展层及显色方法同本章实验一，点样顺序为谷氨酸、丙氨酸标准液及试管 1、2、3 的反应液。

【结果与分析】

1. 扫描（或画出）层析图谱。标明层析图上的各个斑点，并计算各自的 R_f 值。

2. 分析层析图谱中 1、2、3 号试管的反应液中有无谷氨酸生成，为什么？分析样品中 α-酮戊二酸和丙氨酸是否发生了转氨基作用。

【注意事项】

1. 为了防止滤纸被手上的汗液污染，操作时应戴手套。

2. 重复点样时可用吹风机的冷风吹干样品。

【思考题】

1. 滤纸为什么要在层析缸中密封饱和 30min？

2. 如何改进实验条件，以得到更好的纸层析图谱？

（杨致荣）

第四章　薄层层析技术

薄层层析（thin-layer chromatography，TLC）是将作为固定相的支持物均匀地铺在支持板（一般为玻璃板）上，形成薄层，将样品点在薄层上，以适宜的展层剂展层，来分离样品中各组分的技术。薄层层析广泛用于物质的定性、定量分析及分离制备等，已成功地应用于一些有机化合物（如氨基酸、肽、核苷酸、有机酸、糖脂和激素等）的分离。

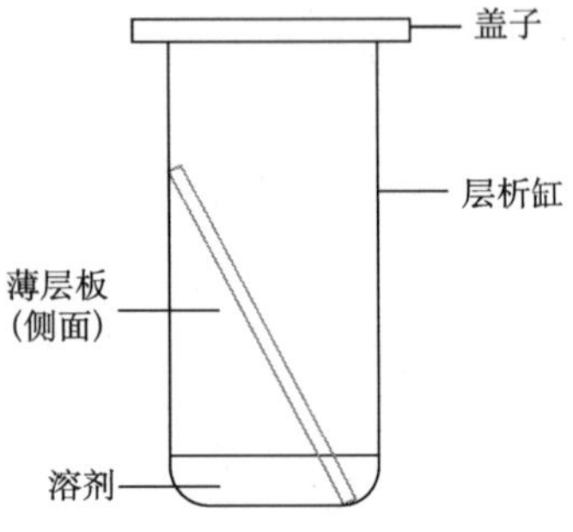

图 4-1　薄层层析示意图

根据固定相支持物的性质可以将薄层层析分为薄层吸附层析（支持剂是吸附剂）、薄层分配层析（支持剂是纤维素）、薄层离子交换层析（支持剂是离子交换剂）和薄层凝胶层析（支持剂是凝胶过滤剂）等。薄层层析装置如图 4-1 所示。

第一节　薄层层析原理

一、原理

薄层层析的原理主要包括吸附、分配、离子交换和凝胶过滤等作用。当样品组分在薄板上进行分离时这几种作用产生不同的影响，究竟以哪种作用为主，需视具体情况而定。例如，在吸附薄层层析中，样品组分具有不同的极性，不同组分与吸附剂和展层剂的亲和力不同，若组分与吸附剂亲和力强，则移动距离较近，留在靠近原点的位置；反之，组分与吸附剂亲和力弱，则移动距离较远，留在离原点较远的位置。

依据相似相溶原理，在同一薄板上，极性不同的组分在同一溶剂中的溶解度不同，溶解度越大，移动的速度越快；反之，溶解度越小，移动的速度越慢。展层的过程，即样品各组分得到分离的过程，也是一个吸附、解吸、再吸附、再解吸的连续过程。

实践证明，各种薄层层析均与其对应的柱层析原理相同，可选择不同的支持介质和不同的展层剂。

二、有限斑点容量问题

当样品中包含很多组分时，各个组分很难分开，尽管改变多种条件，总有些组分仍然难以分开，这是因为薄层层析是在一个有限的空间内进行，能分离开的组分是有限的，也就是能分离开的斑点容量是有限的。

在实践中，采用一些方法将待分离样品分为几个部分，再分别进行薄层层析，可以有效解决斑点容量有限的问题。例如，根据组分分子质量分布情况，选用某一分子质量截留值的滤膜将样品组分分为两组，再分别进行薄层层析。

（张贺迎）

第二节　固定相支持介质的选择

为了得到较好的分离效果，介质的选择是最关键的一步。

一、支持介质的性能

用于薄层层析的支持介质就其性质而论，可分为无机吸附剂（如氧化铝、硅藻土、磷酸钙等）和有机吸附剂（如硅胶、聚酰胺、纤维素和葡聚糖等）。吸附剂应具备的条件如下。

(1) 纯度高、杂质少。

(2) 结构均匀，有一定比表面积。颗粒越细，比表面积越大，吸附能力就越强。无机吸附剂颗粒直径为 0.07～0.1mm（150～200 目），有机吸附剂颗粒直径为 0.1～0.2mm（70～140 目），而高效薄层层析介质颗粒直径为 3～7μm。颗粒太粗，则展层速度太快，分离效果差；反之，颗粒太细则展层速度太慢，产生拖尾斑点。

(3) 稳定而具有一定机械强度，不与样品组分和展层剂发生化学反应。

(4) 有适当的吸附能力，容易用展层剂把样品组分从它的表面解吸下来。

二、支持介质的选择原则

介质的选择应从样品各组分的性质和支持介质的亲和力强弱两方面考虑。

1. 组分的溶解性

实践证明，水溶性的糖、氨基酸或脂溶性的脂肪、油、甾体类等都可用氧化铝、硅胶等吸附类材料进行薄层层析分离。若待分离样品为水溶性化合物，采用上述介质分离效果不好时，可使用纤维素或硅藻土；若待分离样品为脂溶性化合物，采用上述介质分离不成功，则可采用反相分配薄层层析。

2. 组分的酸碱性

被分离组分的酸碱性不同所选用的支持介质也不同。硅胶略带酸性，适用于酸性和中性物质的分离。碱性物质与硅胶作用，展层时易被吸附于原点或拖尾而分离效果差。氧化铝略带碱性，适用于碱性和中性物质的分离。

3. 组分的极性

若被分离组分的极性较大，应选择吸附能力较弱的介质；若被分离组分的极性较小，则选择吸附能力较强的介质。

无论选择哪一种介质，首先必须考虑被分离组分的酸碱性、分子质量大小与数量。同时也要考虑样品中其他组分的种类、数量、性质及与待分离组分性质的差异大小等，各种薄层层析的原理与其对应的柱层析原理相同，故各种支持介质的选择也与其基本相同。

三、几种常用支持介质

1. 硅胶

硅胶是一种略显酸性的物质，通常用于酸性和中性物质的分离。硅胶的吸附性能取决于其表面所含的硅醇基，硅醇基包括两种基本类型，活泼（reactive）型（Ⅰ）和游离（free）型（Ⅱ）。硅醇基的羟基能与极性化合物或不饱和化合物形成氢键。

硅胶的性能差别由比重、比表面积和孔径等参数决定。通常，硅胶的参数如下：

密度（g/cm^3）	0.3～0.5
比表面积（m^2/g）	300～500
孔径（nm）	2～15
表面的pH	5

硅胶按孔径大小可分为大孔硅胶和小孔硅胶，孔径大于15nm者为大孔胶。大孔胶（如20nm、50nm和100nm等）可用于分离大分子化合物（分子质量$5\times10^4\sim5\times10^6$Da）。大多数化合物可用小孔胶（孔径6nm）分离。

2. 纤维素

纤维素分子是葡萄糖以β-1，4糖苷键聚合而成的多糖，含有大量的羟基亲水基团，一般用于分离纯化亲水性化合物，如氨基酸、核苷酸衍生物和糖等。纤维素用于薄层层析的展层条件、显色反应与纸层析基本一致。

（1）天然纤维状纤维素（native fibrous cellulose）：通常用木材或废棉经化学处理而成，纤维较短，颗粒长50μm。此类纤维素分离效果不佳。

（2）微晶纤维素（microcrystalline cellulose）：是一种纤维素解聚产物，由排列得比较规则的微小结晶区域（一般占分子组成的85%以上）和分子排列杂乱的无定型区域（占分子组成的15%以下）组成，颗粒长20～40μm。与天然纤维素相比，展层的斑点更集中，R_f值较小，分离效果较好，是目前应用较广的一种。

（3）离子交换纤维素（ion exchange cellulose）：是纤维素的衍生物，即分子中一部分羟基的氢原子被阳离子或阴离子交换基团取代。其中以羧甲基（CM，阳离子型）和二乙基氨基乙基（DEAE，阴离子型）纤维素应用最广泛，主要用于分离鉴定生物大分子（如蛋白质、酶、多肽等）。

3. 凝胶

薄层层析常用的凝胶是以线性葡聚糖（又称右旋糖酐，dextran）与交联剂环氧氯丙烷交联（聚合）而成的一种凝胶，是脱水葡萄糖（anhydroglucose）的多聚体。交联剂的作用是促使葡聚糖单体之间互相在上下左右聚合成立体网状结构，凝胶网眼的疏密和大小均可通过调节交联剂和葡聚糖的比例及反应条件来控制。加入交联剂较少，则交联度较低，凝胶孔径较大，凝胶在水中的吸水膨胀性能较强；反之，加入交联剂较多，凝胶孔径较小，其吸水膨胀性能较弱。

在葡聚糖凝胶分子中，也可像纤维素那样引进离子交换功能基团（如DEAE和CM等），使它兼有分子筛作用和离子交换作用。DEAE-葡聚糖薄层层析主要用于蛋白质、肽、DNP-氨基酸、多糖和核苷酸的分析鉴定。

4. 聚酰胺

聚酰胺（polyamide，PA）是一类化学合成纤维，英文名为nylon，我国称为“锦纶”，如由己二酸与己二胺缩合成的聚酰胺66又称锦纶66。聚酰胺分子中都含有大量的酰胺基团，聚酰胺膜是将锦纶在涤纶片或玻片上涂一层薄膜制成，质地均匀紧密。聚酰胺薄层层析是1966年以后发展起来的一种层析方法，具有分辨率高，灵敏度好，操作方便，速度快等优点，目前已用于氨基酸及其衍生物、碱基、核苷、核苷酸、维生素B等的分析，特别适用于氨基酸衍生物（DNP-氨基酸、PTH-氨基酸）的分析。在蛋白质结构化学分析中，聚酰胺腈薄层层析与Edman-DNS法结合，成为一种顺序分析的超微量方法。

四、常用显色剂

薄层层析后的显色方式一般为喷雾显色，也可将显色剂加入展层剂中，展层后烘干显色。依据待分离物质的性质选择不同的显色剂。

1. 通用显色剂

(1) 重铬酸钾-硫酸：5g 重铬酸钾溶于 100mL 40%硫酸中。喷雾后加热到 150℃至斑点出现。

(2) 碘：薄层层析板放于碘蒸气中 5min（或用含 5%碘的氯仿溶液喷雾），取出置空气中待过量的碘蒸气全部挥发后，喷 1%淀粉水溶液，斑点转成蓝色。

(3) 硫酸：用 5%浓硫酸乙醇溶液，或 15%浓硫酸正丁醇溶液，或浓硫酸-醋酸（1∶1）溶液喷雾，然后空气中干燥 15min，再加热到 110℃至出现颜色。

2. 糖类显色剂

(1) 邻苯二甲基苯胺：用于检查还原糖。0.93g 苯胺，1.66g 邻苯二甲酸溶于 100mL 水饱和的正丁醇中，喷雾后 105℃加热 10min。

(2) 费林（Fehling）溶液：溶液Ⅰ为 34.7g 结晶硫酸铜（$CuSO_4 \cdot 5H_2O$）溶于 500mL 水中，溶液Ⅱ由 173.0g 酒石酸钾钠（$NaKC_4H_4O_6 \cdot 4H_2O$）和 50g 氢氧化钠溶于水，稀释至 500mL 而成。上述两种溶液如不清可过滤，临用前等体积混合。

3. 氨基酸显色剂

(1) 茚三酮：0.2g 茚三酮溶于 100mL 乙醇（或丙酮）中，喷雾后 110℃加热至斑点出现。

(2) 吲哚醌：用于检查氨基酸和一些肽。用 0.2%吲哚醌（isatin）丙酮溶液，含 4%醋酸，或用 100mL 1%吲哚醌丙酮溶液加 10mL 醋酸，喷雾后 100～110℃加热 10min。

(3) 1,2-萘醌-4-磺酸：用于检查氨基酸。新鲜制备 0.02g 1,2-萘醌-4-磺酸钠，溶于 100mL 5%碳酸钠中，喷雾后室温放置，不同氨基酸出现不同颜色。

（张贺迎）

第三节 实验部分

实验一 硅胶薄层层析法分离鉴定水果中的糖类物质

【实验目的】

1. 掌握薄层层析的实验原理及操作方法。
2. 学习利用薄层层析法分离鉴定糖类物质。

【实验原理】

硅胶是一种已添加了黏合剂（$CaSO_4 \cdot 2H_2O$）的硅胶粉，硅胶薄层层析主要是根据吸附剂对样品中各组分的吸附能力不同，造成各组分的移动速度不同，从而达到分离混合物的目的。

糖为多羟基化合物，具有较强的极性，在硅胶薄板上层析时，糖与硅胶分子有一定的吸附力。硅胶分子与糖的吸附力取决于糖的分子质量和羟基数目。不同的糖分子由于分子质量及羟基数的不同，其与硅胶分子间的吸附力不同，造成各种糖分子在展层过程中移动的距离不同，从而将各种糖分离出来。

糖类物质在各种水果中含量丰富，而且不同水果所含糖类物质的成分不同，因此，可以采用此方法对糖类物质进行分离。一般糖分子与硅胶的吸附力的大小为：三糖＞双糖＞己糖＞戊糖。

【器材】

1. 仪器：电热鼓风干燥箱，真空泵，电子天平，低速离心机。

2. 材料：层析缸，玻璃板（20cm×10cm），微量进样器（0.1mL），研钵，抽滤瓶，布氏漏斗，铅笔，直尺，离心管，玻璃漏斗，量筒（25mL），纱布，烧杯（50mL、100mL），硅胶 G，吹风机，水果。

【试剂】

1. 5g/L 羧甲基纤维素钠（CMC）。

2. 硅胶：硅胶 G∶CMC∶H_2O=2∶3.5∶1.5（$W/V/V$）。

3. 展层剂：氯仿∶乙醇=3∶2（V/V）。

4. 苯胺-二苯胺-磷酸显色剂：4g 二苯胺，4mL 苯胺及 20mL 85%磷酸溶于 200mL 丙酮。

5. 20g/L 标准糖溶液（葡萄糖、果糖、蔗糖）：以 75%乙醇溶解。

【操作步骤】

1. 水果中可溶性糖提取液的制备

取洗净的苹果（或其他水果）削去果皮，称 5g 果肉在研钵中研成匀浆，倒在双层洗净的纱布上包起，置于漏斗，用干净玻璃棒将果汁压出，取果汁 1mL 于离心管中，加无水乙醇 3mL，充分混匀后，3000r/min 离心 20min，上清液即为可溶性糖提取液。

2. 薄层的制备

洗净表面平整的玻璃板，晾干后用 95%乙醇擦洗以除去有机物杂质。将配好的硅胶在研钵中反复研磨成均匀的浆状物，抽气 15min 以除去气泡，铺板，自然晾干。

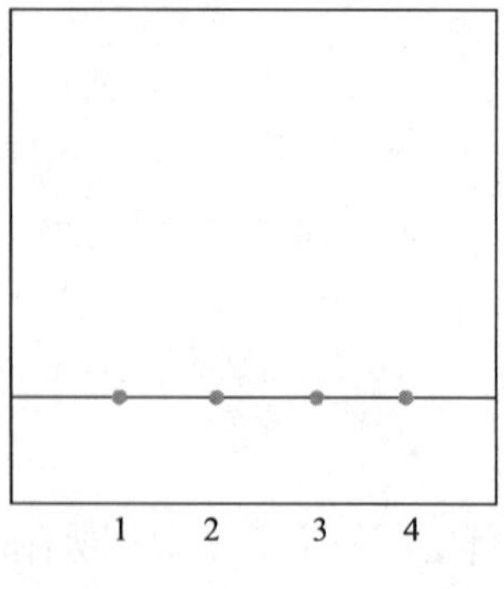

图 4-2　薄层层析点样示意图

1. 样品；2. 葡萄糖；3. 果糖；4. 蔗糖

3. 薄层的活化

将薄板放在烘箱中 80～110℃加热 60min，活化后，要立即使用，如果暂时不用则立即放入干燥器中，防止硅胶吸附空气中的水分。

4. 点样

沿薄板短边 2cm 处用铅笔画一直线，在直线上每隔 1～1.5cm 画“十”字（注意不要划破硅胶）点样点。分别吸取 5～10μL 样品液及标准糖溶液，点样（要求斑点小而圆，直径不超过 0.5cm）（图 4-2），待干备用。

5. 平衡饱和

以小烧杯盛展层剂，与点好样的硅胶板同时放入层析缸，盖上层析缸盖子，平衡 1h。

6. 展层

按 1∶10（V/V）将一定量的显色剂加入到新配制的展层剂中，混匀，将展层剂倒入培养皿内，放在层析缸底部，将平衡好的硅胶板点样端朝下浸入展层剂中，切记不要使展层剂没过点样线（图 4-3）。当溶剂前沿移动 17～18cm 时，将硅胶板取出，放在通风橱内晾干。

7. 显色

取出展层板，95℃烘干 25min 显色，取出冷却至室温即可观察。

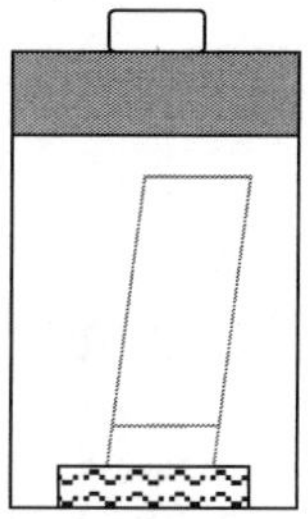

图 4-3　薄层层析展层示意图

【结果与分析】

1. 标准糖和样品斑点的 R_f 值计算。测量展层剂的前沿距离、样品斑点和标准糖的移动距离，计算各自的 R_f 值。

2. 苹果（或其他水果）中可溶性糖的鉴定。将样品各斑点的 R_f 值与标准糖 R_f 值进行比较，分析苹果（或其他水果）可能含有哪几种糖。

【注意事项】

1. 薄板要均匀，厚薄不匀的薄板会严重影响分离效果和 R_f 值。
2. 活化后的薄板不能放置太久，否则会因吸潮降低活性。
3. 样品溶液不应含盐，盐会引起严重拖尾现象。
4. 保证层析缸内有充足展层溶剂的饱和蒸汽。
5. 点样点不能浸泡在展层剂中。

【思考题】

1. 影响硅胶薄层层析中样品 R_f 值的因素有哪些？
2. 薄层层析板为何要进行活化？

（李　楠）

实验二　DEAE-纤维素薄层层析分离鉴定核苷酸

【实验目的】

1. 加深对薄层层析基本原理的认识，掌握薄层层析的操作方法。
2. 掌握 DEAE-纤维素薄层层析分离鉴定核苷酸的原理与方法。

【实验原理】

DEAE-纤维素即二乙基氨基乙基纤维素，其结构式如下：

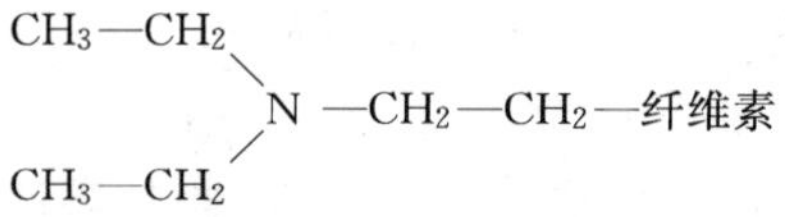

它是弱碱性阴离子交换纤维素，在 pH3.5 左右， 解离成 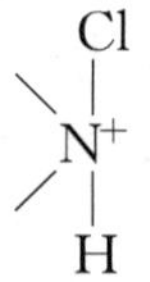 季胺型阳离子。

核苷酸的等电点在 pH2～3 之间，其在此 pH 下带负电荷，以离子键与 DEAE-纤维素结合，取代 Cl^-。各种核苷酸在 pH3.5 时带电量不同，因此，它们和 DEAE-纤维素的亲和力不同，利用这个特点可达到分离和鉴定核苷酸的目的。本实验原理属于薄层离子交换层析。

【器材】

1. 仪器：真空泵，电热鼓风干燥箱，紫外分析灯（254nm）。
2. 材料：铅笔，直尺，玻璃板（6cm×20cm），薄层层析缸，抽滤瓶，布氏漏斗，玻璃棒，毛细管，吹风机，干燥器，DEAE-纤维素，烧杯（500mL）。

【试剂】

1. 0.5mol/L 盐酸溶液。
2. 0.5mol/L 氢氧化钠溶液。
3. 0.025mol/L 盐酸溶液。
4. 10mg/mL AMP（0.25mol/L 盐酸配制）。
5. 10mg/mL ADP（0.25mol/L 盐酸配制）。
6. 10mg/mL ATP（0.25mol/L 盐酸配制）。
7. 混合核苷酸溶液（0.25mol/L 盐酸配制）。

【操作步骤】

1. DEAE-纤维素的预处理

称取 10g DEAE-纤维素，加无离子水浸泡 3h，抽干后用 4 倍体积的 0.5mol/L 氢氧化钠溶液搅拌 1h，抽干，用无离子水洗至中性。再用 0.5mol/L 盐酸溶液搅拌 1h，抽干，用无离子水洗至中性，备用。或在 60℃以下烘干，包装备用。

2. 铺板

预处理过的 DEAE-纤维素，在烧杯中加无离子水调成稀糊状，搅拌均匀后立即倒在干净的水平放置的玻璃板上，再用粗细均匀的玻璃棒由玻璃板的一端向另一端推进，推进操作应一次完成，推进速度力求均匀。采用在玻璃棒两端绕几圈胶布的方法控制所铺的薄层厚度。薄层的厚度是影响 R_f 值的一个重要因素，只有当薄层的厚度超过 0.15mm 时，才能得到比较恒定的 R_f 值，最厚可达 1.3mm，通常采用 0.25mm 的厚度。无黏合剂的吸附薄层厚度一般为 0.5～1.0mm。

铺板后在室温下放置 30min 以便吸附剂黏着，然后在 80℃干燥箱内烘干 60min，储存在干燥器中备用。

3. 点样

在距离 DEAE-纤维素板短边一端 2.0cm 处用铅笔轻轻画一条横线，在横线上每隔 1.5～2.0cm 画“十”字点样点。用毛细管吸取 5～10μL 样品溶液，分几次点样，每点一次后用吹风机冷风吹干，样品点的直径应控制在 2～3mm。应在 10min 内完成点样，以免薄层吸水影响层析效果。点样顺序为 AMP、ADP、ATP、混合核苷酸溶液。

4. 展层

在层析缸底部放置培养皿，皿内倒入 0.025mol/L 盐酸溶液（厚度约 1cm），再把已点样的薄板点样端朝下倾斜放入皿内，切勿使溶液没过点样点。当溶剂前沿推进到距薄板上端约 1cm 处，取出薄板，用铅笔标记溶剂前沿，放入干燥箱烘干。

将薄板放在波长 254nm 紫外分析灯下，观察层析斑点，并用铅笔将轮廓描出。

【结果与分析】

1. 根据铅笔描出的层析斑点，计算每一种核苷酸的 R_f 值和样品斑点的 R_f 值。
2. 分析样品中可能含有哪几种核苷酸。

【注意事项】

1. DEAE-纤维素用酸、碱处理后，都要用大量无离子水洗至中性。
2. 铺板前将 DEAE-纤维素调到合适浓度，铺板要均匀、厚薄合适。
3. 点样后，展层前，先将薄层在紫外灯下检查有无斑点，若无暗斑，才能进行展层。
4. 展层后应将 DEAE-纤维素回收，经过再生处理，可以反复使用。

【思考题】

1. 根据几种核苷酸的等电点和展层剂的 pH，分析在本实验条件下，几种核苷酸能否得到很好的分离？为什么？
2. 如何调整实验条件才能提高核苷酸的分离效果？

（张贺迎）

第五章　离子交换层析技术

离子交换层析（ion exchange chromatography，IEC）技术是根据物质的酸碱度、极性和分子大小的差异而达到分离的目的，是一种广泛应用于生物活性物质各纯化阶段和规模的层析技术。发展初期采用天然的有机化合物为材料，现多采用合成的不溶性高分子化合物为离子交换剂。由于此法具有分辨率高、交换容量大、设备简单等优点，目前已成为生物化学和分子生物学研究领域的基本技术之一。

第一节　离子交换层析原理

一、基本原理

离子交换层析的固定相是离子交换剂，流动相是具有一定 pH 和一定离子强度的电解质溶液。因此，离子交换层析包括吸附、吸收、穿透、扩散、离子交换、离子亲和力等物理化学过程，是这些过程综合作用的结果。

离子交换的过程可归纳为五个步骤：①溶液中的离子经扩散到达离子交换剂的表面；②这些离子透过离子交换剂表面扩散到离子交换剂的内部；③它们与离子交换剂上原有离子进行交换；④离子交换剂中原有离子自交换剂空隙中扩散出来，到达交换剂表面；⑤通过洗脱，被交换出来的离子扩散到溶液中去。

二、离子交换剂的结构与分类

（一）离子交换剂的结构

离子交换剂由水不溶性的基质和带电的功能基团通过共价键连接组成。带电的功能基团分为酸性基团和碱性基团两类，这些基团所吸引的阳离子或阴离子可以与水溶液中的阳离子或阴离子进行可逆的交换。因此根据可交换离子的性质将离子交换剂分为两大类：阳离子交换剂和阴离子交换剂。

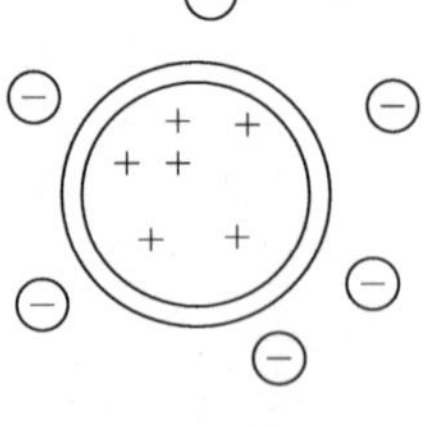
阴离子交换剂

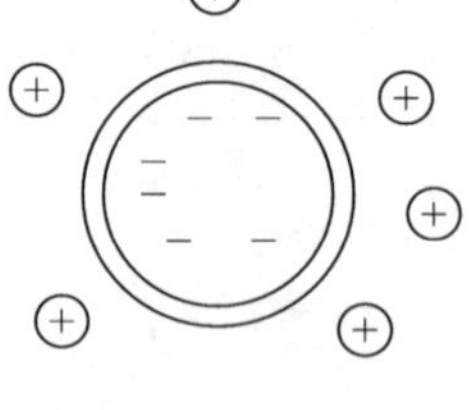
阳离子交换剂

离子交换剂的基质为高分子聚合物，具有网状、疏松多孔的结构，种类很多，通常可以分为两类：①化学原料合成的载体，如疏水性的聚苯乙烯型树脂（polyphenylethylene）、部分疏水性的聚异丁烯酸及聚丙烯酸树脂等；②天然原料加工成的载体，如纤维素（cellulose）类、葡聚糖凝胶（sephadex）类、琼脂糖凝胶（sepharose）类等。

生化实验中常用的离子交换树脂多为交联聚苯乙烯衍生物。例如，聚苯乙烯磺酸型阳离子交换树脂，是由磺化苯乙烯和二乙烯苯聚合而成的，苯乙烯形成直链，其上带有磺酸基，二乙烯苯作为交联剂，把直链交联起来形成网状，即得到不易破碎的、具有网孔结构的离子交换树脂。网孔的大小由交联度（即交联剂在单体中所占的比例）决定，交联度越小，网孔越大，离子交换剂的机械强度越小；交联度越大，网孔越小，机械强度越大。离子交换树脂多用于样品去离子，从废液中回收所需的离子和水的处理等。

离子交换树脂的基本性能包括溶胀性、密度、交换容量及稳定性。离子交换树脂的交换能力用交换容量表示，即每克干树脂或每毫升湿树脂所能交换的一价离子的毫摩尔数。选择使用离子交换剂时，尽量选用交联度高，且具有较高交换容量的交换剂。

（二）离子交换剂的分类

依据不同分类标准可将离子交换剂分为不同类别。若依据离子交换剂的性能可以分为阳离子交换剂、阴离子交换剂、氧化还原交换剂、选择性交换剂和吸附性交换剂等。以下主要介绍阳离子交换剂和阴离子交换剂。

1. 阳离子交换剂

具有阳离子交换功能基团的离子交换剂称为阳离子交换剂（cation exchanger）。依据带电基团的电离能力分为强酸型、中强酸型和弱酸型三类。强酸型含有磺酸基团（$—R—SO_3^-$），中强酸型含有磷酸根（$—PO_3H_2^-$）、亚磷酸根（$—PO_2H_2^-$）或磷酸基（HPO_4），弱酸型含有羧基（—COOH）或酚羟基（—OH）。这些交换剂在发生离子交换时的反应如下。

强酸型：$R-SO_3^- H^+ + Na^+ \rightleftharpoons R-SO_3^- Na^+ + H^+$

中强酸型：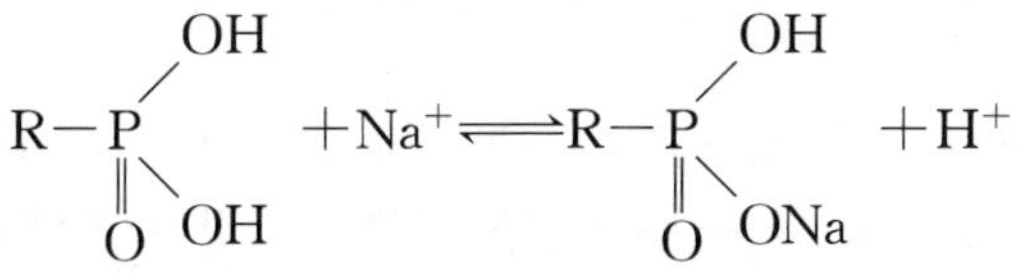

弱酸型：$R-COOH + Na^+ \rightleftharpoons R-COONa + H^+$

根据交换剂母体成分不同，常用的阳离子交换剂有阳离子交换树脂、阳离子交换纤维素、葡聚糖凝胶阳离子交换剂和阳离子交换纸等。

2. 阴离子交换剂

具有阴离子交换功能基团的离子交换剂称为阴离子交换剂（anion exchanger）。这类离子交换剂可分为强碱型、中强碱型和弱碱型三类。含有季胺［$-N^+(CH_3)_3$］为强碱型，含有叔胺［$-N(CH_3)_2$］、仲胺（$-NHCH_3$）、伯胺（$-NH_2$）类均为弱碱型，既含有强碱型基团，也含有弱碱型基团的交换剂为中强碱型交换剂。交换反应如下。

强碱型：$R-N^+(CH_3)_3OH^- + Cl \rightleftharpoons R-N^+(CN_3)_3Cl^- + OH^-$

弱碱型：$\begin{cases} R-N(CH_3)_2 + H_2O \rightleftharpoons R-N^+\ (CH_3)_2H + OH^- \\ R-N^+(CH_3)_2HOH^- + Cl^- \rightleftharpoons R-N^+(CH_3)_2HCl + OH^- \end{cases}$

根据交换剂母体的成分，常用的阴离子交换剂有阴离子交换树脂、阴离子交换纤维素、葡聚糖凝胶阴离子交换剂和阴离子交换纸等。

一些常用的离子交换剂见附录四。

三、离子交换剂的处理与保存

不同类型的离子交换剂由于所含杂质不同，处理方法也略有不同。这里介绍离子交换树脂和离子交换纤维素的处理与保存方法。

1. 离子交换树脂的处理、再生、转型与保存

新出厂的离子交换树脂常残存一些单体、合成的副产物及有机杂质等，使用前必须通过漂洗和酸、碱处理以除去杂质。

（1）将树脂先用无离子水浸泡漂洗干净，滤干。用80%～90%乙醇浸泡24h，洗去树脂内醇溶性物质，滤干。再用40～50℃的温水浸泡2h，洗涤数次，除去水溶性杂质和乙醇，抽干。

（2）用4倍树脂量的2mol/L HCl溶液浸泡2h，大量无离子水洗至中性，抽干。

（3）用4倍树脂量的2mol/L NaOH溶液浸泡2h，大量无离子水洗至中性，抽干，备用。

用过的离子交换树脂恢复原有性状的方法叫再生。一般用0.5～1mol/L酸、碱反复处理，也可用1mol/L NaCl溶液再生。再生时不需要每次都用酸、碱反复处理，有时只要转型即可。转型就是根据需要，用适当的试剂使离子交换树脂成为所需类型。如希望阳离子交换树脂带Na^+，就用NaOH浸泡；如希望带H^+，就用HCl浸泡；如希望阴离子交换树脂带Cl^-，就用HCl处理；如希望带OH^-，就用NaOH处理。

使用过的离子交换树脂必须经过再生才能保存。阴离子交换树脂Cl^-型比OH^-型稳定，故用HCl溶液处理后，水洗至中性，在湿润状态低温密封保存。阳离子交换树脂Na^+型较稳定，故用NaOH溶液处理后，水洗至中性，在湿润状态低温密封保存。如果长期保存可加入适量的叠氮化钠等防腐剂。

2. 离子交换纤维素的处理与保存

商品的离子交换纤维素往往也混有杂质，在使用前必须用酸、碱处理。阳离子交换纤维素和阴离子交换纤维素都可采用碱-酸-碱的顺序反复洗涤。将干纤维素粉末轻撒在0.5mol/L NaOH溶液中（15mL NaOH溶液/g干粉）自然沉降（不要搅拌，以避免纤维素吸留气泡），浸泡1h后，烧结漏斗抽滤，重复用NaOH溶液浸泡洗涤至滤液无色，大量水洗至中性，抽滤。加入0.5mol/L HCl溶液浸泡0.5h后抽滤，再用水洗至中性，抽滤。再用0.5mol/L NaOH溶液浸泡0.5h后抽滤，最后用大量水洗至中性，备用。

离子交换纤维素可以在无离子水中密封保存。

四、离子交换技术的操作

（一）交换剂的选择

选择离子交换剂需考虑以下因素：待分离物质的荷电性质、待分离物质的分子大小、所处的环境、稳定性，以及被分离物质的数量等。例如，待分离物质带正电荷，则选择阳离子交换剂；反之，选择阴离子交换剂。

（二）离子交换柱

离子交换柱一般为圆柱体，材料可以是玻璃、塑料或不锈钢等，柱两端有螺扣，上面嵌着尼龙网，用以阻止离子交换剂堵塞缓冲液流经的硅胶管。交换柱也可以用一般的滴定管代替，管的底部垫上玻璃纤维或多孔聚乙烯等。离子交换柱的型号常用内径×柱高（cm×cm）

表示（图 5-1）。离子交换柱的长短对蛋白质的分离影响不是很明显，因此，交换柱一般都选用短粗型，径高比为 1∶15 或 1∶30 均可。

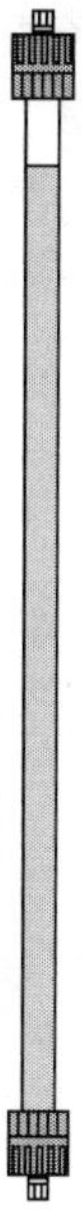

图 5-1 层析柱

（三）离子交换剂装柱

离子交换剂处理好之后，可以用浮选法弃去细小颗粒，以免在层析过程中堵柱。将柱垂直夹在铁架台上，内装至少 1/3 柱高的水或缓冲液，关闭水止，在柱的上端插一个漏斗，最好使漏斗颈没入水面，在漏斗中加入充分溶胀好并经抽气处理的离子交换剂，不断搅拌，使之缓慢下沉，下沉约 1cm 高时，打开水止，使流速约为 0.2mL/min，一直搅拌漏斗内的离子交换剂，使之沉降到所需的柱床体积。由于柱内装水，离子交换剂的下沉借助了水的浮力，因此，能在柱内沉降均匀，不会有气泡和“节”的产生。

（四）平衡

层析柱装好以后，取下漏斗，安装柱上端的螺扣，将硅胶管与蠕动泵连接，使起始缓冲液以一定速度泵入层析柱，使流入液和流出液的速度一致。当流出液 pH 与流入液完全一致时即为平衡完毕，关闭柱下端的水止。

（五）样品上柱

样品上柱之前需将柱子用缓冲液充分平衡，使所采用的交换剂带上希望的可交换基团。对样品也需进行同样的处理，使样品带上能吸附在离子交换剂上的基团。例如，用强酸型阳离子交换树脂分离氨基酸混合物时，在上样之前，都要使树脂和氨基酸混合液带上正电荷。

拧开柱上端的螺扣，用滴管吸出柱床上面的缓冲液，仅剩余一薄层，以防空气进入柱床。沿层析柱内壁缓缓加入样品，不要搅动柱床。打开柱下端的水止，使样品进入柱床内，当样品即将完全进入柱床时，用 1～2mL 缓冲液冲洗柱壁，随即可加入较多的缓冲液洗脱。

（六）洗脱与收集

洗脱（elution）是指流动相携带组分在层析柱内向前移动并流出层析柱的过程。样品上柱之后，混合物中的各组分与离子交换剂的结合力不同，因而选择不同的洗脱液，采用不同的洗脱方式，理论上能将各个组分逐步洗脱下来。

1. 洗脱液

分离不同的物质所选用的洗脱液也不同，通常利用一种更活泼的离子把交换上的物质再交换出来。实验室常用的洗脱液有酸、碱或盐溶液等。改变洗脱液的 pH 或（和）离子强度，降低溶质分子与离子交换剂的亲和力，使原来紧密吸附的物质逐步进入有限的吸附平衡或解吸状态，从而被洗脱下来。

2. 洗脱方式

常用的洗脱方式有两种。①分段洗脱。用具有不同浓度或不同种类的洗脱液相继进行洗脱。这种方式适用于离子交换柱中吸附着几种组分的混合物（图 5-2）。②梯度洗脱。在洗脱过程中，使洗脱液的离子强度或 pH（或两者同时）发生连续的梯度的变化，从而使混合物中的各组分先后逐个地被洗脱下来（图 5-3）。这种洗脱方式适用于离子交换柱中吸附着数量较多、分离度差别较小、用分段洗脱方式难以分离的组分。

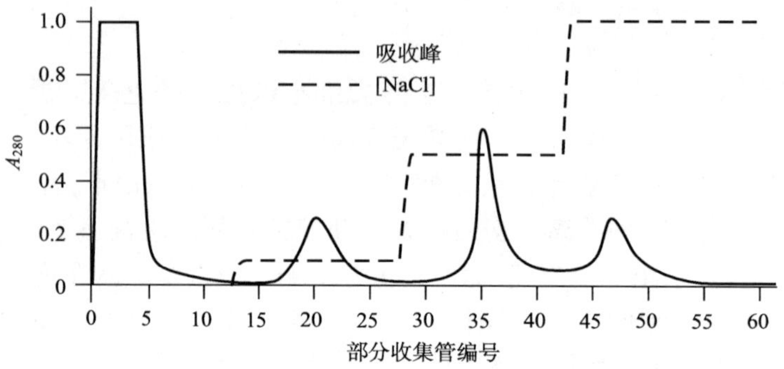

图 5-2　分段洗脱的洗脱液吸光曲线

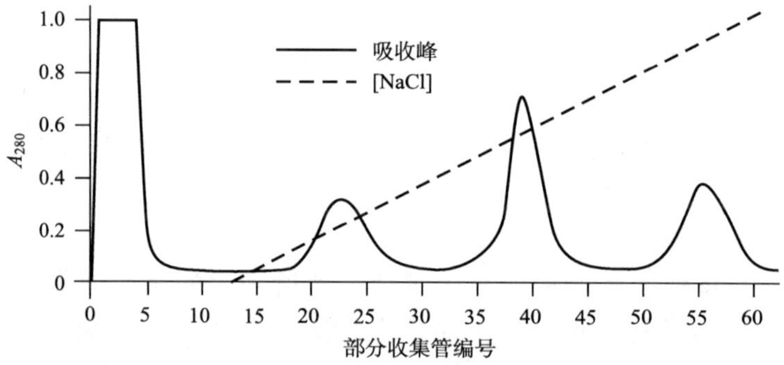

图 5-3　梯度洗脱的洗脱液吸光曲线

3. 收集

采用部分收集方式收集洗脱样品，也可手动收集样品。

（七）柱床的平衡

装好的层析柱经过一次样品分离之后，要用大量起始缓冲液对柱床进行平衡，一般使用 3～5 倍柱体积，以使离子交换剂携带所需的平衡离子，进行下一次分离。

（八）离子交换剂的回收和保存

离子交换剂暂时不使用时，必须处理，洗净蛋白质等杂质，用 0.02%叠氮钠平衡层析柱后，将整个柱子存放于 4℃。如果长期不使用，则取出柱内的离子交换剂，洗净杂质，再生后水洗至中性，加 0.02%叠氮钠于 4℃长期保存，也可干燥后室温保存。

五、离子交换剂的应用

（1）除去离子：如制备无离子水。又如为了不增加某些产品的灰分或离子，可用树脂中和过多的酸或碱而不引入另外的离子。

（2）改变成分：如用钾型阳离子交换剂将青霉素钠盐变成青霉素钾盐等。

（3）浓缩与提取：低浓度生物活性物质的浓缩，如抗生素、生物碱、维生素、蛋白质等。离子交换剂可用于浓缩蛋白质溶液。因为大多数蛋白质的等电点均低于8，因此，可在pH为8的弱离子强度溶液中被阴离子交换树脂吸附。用离子强度大的溶液可简单地将它们洗脱下来，达到浓缩目的。也可用于微量金属的回收。

（4）分离与纯化：电荷相反的物质、离子与非电解质、酸碱性强弱不同的物质，均可用离子交换法分离纯化。一般被分离的物质，若是小分子物质，如氨基酸混合物的分离，则采用离子交换树脂；若是大分子物质，如蛋白质、酶、核酸等的分离，则多选用离子交换纤维素、离子交换葡聚糖凝胶和离子交换琼脂糖凝胶。

（周艳芬）

第二节　核酸蛋白质检测仪的构造及使用

一、核酸蛋白质检测仪的构造

核酸蛋白质检测仪又称为紫外检测仪，是液相色谱实验中的一种检测器，与层析柱、蠕动泵、部分收集器和记录仪等即可组成一套完整的液相色谱装置。它是生物化学、分子生物学、基因工程、制药、化工、农业、食品等有关科研部门和生产单位在分离分析工作中不可缺少的设备。图5-4为层析法的全套设备及装置。核酸蛋白质检测仪是柱层析的关键设备，由监测机箱、电源机箱、记录仪三部分组成。

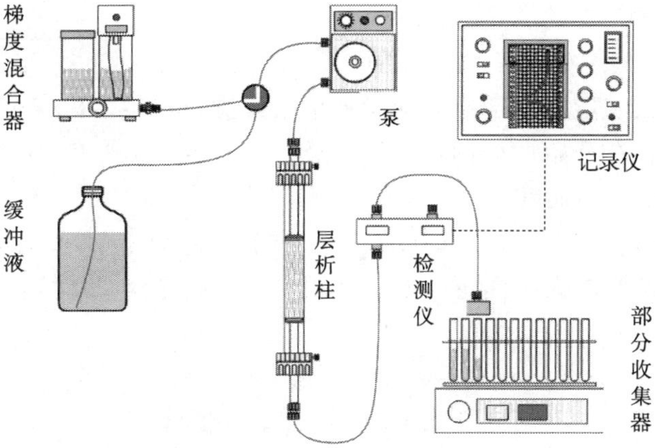

图5-4　层析法的全套设备

二、核酸蛋白质检测仪的使用

（一）准备工作

（1）按安装图把层析系统电路和液路连接好。缓冲液或样品经蠕动泵流向层析柱进口，经层析柱到出口，连接核酸蛋白质检测仪进口，经检测仪到出口，进入收集试管。

（2）把波长调到所需要的波长。在进行蛋白质分离时选用280nm波长。

（3）打开检测仪电源，检测仪预热30～60min。

（二）使用方法

（1）检测仪调试：仪器预热后，检查波长选用是否正确，进一步调试检测仪。

（2）把“灵敏度”旋钮调为“T100％”档，“T”指示灯亮，调节“光量”旋钮，数字面板表显示透光度输出信息号，使“T”数值为“100”（此时透光率 T 为 100％，显示屏显示“100”）。

（3）把“灵敏度”旋钮调为“0.5A”档。调节“调零”旋钮，使“A”为 0（此时吸光度 A 为 0，显示屏显示“0”）。

（4）根据实验要求，填装好层析柱后，调节到合适的流速，使缓冲液流过检测仪的“样品池”，并确保整个层析系统不出现气泡。这时，再重复步骤（2）使“T”数值为“100”，重复步骤 3 使“A”为 0。此时系统达到平衡，可进行实验操作。

（5）加样检测，同时连接部分收集器，并使收集器处于自动收集样品状态，每 2mL 收集一样品，可实现自动检测和样品的收集。

（6）当样品流过检测仪时，电脑或记录仪可根据样品浓度绘出图谱。若给出的图谱太小（即出峰太小），可调节“灵敏度”旋钮，调为“0.2A”档或“0.1A”档等（切记：加样品后不准调节“调零”旋钮和“光量”旋钮）。

（7）实验结束后，应将“灵敏度”旋钮旋回“T”档，关闭电源。

（8）对层析系统进行清洗。将洗脱液换成无离子水清洗层析系统 10min，直到检测仪显示“T”大于 100％，“A”小于 0。这样不会因样品池有污垢而影响仪器检测灵敏度和精度。

（三）注意事项

（1）安装完层析系统后，使用前必须对整个系统进行清洗，以保证系统的精度。

（2）系统平衡后，在开始加样前再调节一次“T”为 100％和“A”为 0 的基线，加样后不可再调节检测仪的所有旋钮。

（3）“灵敏度”旋钮“2A”至“0.05A”每一档均表示记录仪满量程读数。选取吸光度量程依据样品浓度和洗脱峰大小而定，通常选用“0.5A”档，即能满足一般实验需求。

（周艳芬）

第三节　实验部分

实验一　离子交换法制备无离子水

【实验目的】

1. 学习离子交换树脂的处理和装柱的方法，了解无离子水的制备原理。
2. 掌握离子交换层析的原理。

【实验原理】

不经过处理的水称为常水，含有许多杂质，包括地下及管道中的 Ca^{2+}、Mg^{2+}、Fe^{3+}、

Na^+等，消毒过程及空气中CO_2溶解带来的Cl^-、CO_3^{2-}，以及一些有机质、细菌等。科学实验和医药都需要纯净的水，甚至还需要无热源的水，因此，需对常水进行净化处理。

离子交换法制备无离子水在科研和医药上占有很重要的地位。一般采用强酸型阳离子交换树脂（H型）和强碱型阴离子交换树脂（OH型），自来水通过阳离子交换树脂时，金属阳离子与H^+发生交换，通过阴离子交换树脂时，阴离子与OH^-发生交换，产生的H^+和OH^-相互结合成水，只要控制一定的流速，自来水中的杂质离子可被除去，得到无离子水。

反应原理如下：

$$R-(SO_3H)_2+Ca^{2+}\longrightarrow R-(SO_3)_2Ca+2H^+$$

$$R-(N^+OH^-)+Cl^-\longrightarrow R-(N^+Cl^-)+OH^-$$

【器材】

1. 仪器：电导仪，蠕动泵。

2. 材料：玻璃棒，试管及试管架，漏斗，层析柱，蝴蝶夹，铁架台，量筒（10mL、50mL），烧杯（500mL），pH试纸，滴管，电导仪，强酸型阳离子交换树脂001×7（732型），强碱型阴离子交换树脂201×7（717型）。

【试剂】

1. 2mol/L HCl和2mol/L NaOH。

2. 甲基红指示剂：称取甲基红0.1g，溶解于250mL 60%乙醇。

3. 溴麝香草酚蓝指示剂：称取溴麝香草酚蓝0.1g，加0.1mol/L NaOH 1.6mL，无离子水定容至250mL。

4. 浓硝酸和80%乙醇。

5. 1%硝酸银。

6. 氨缓冲液：称6.75g氯化铵，加少量水溶解，再加浓氨水57mL，用无离子水定容至100mL。

7. 铬黑T指示剂：铬黑T 0.5g，盐酸羟胺4.5g，乙醇100mL。

【操作步骤】

1. 新树脂的处理

新出厂的树脂都是钠型或氯型，使用前必须转为H型和OH型。转型前需将新树脂浸泡于80%乙醇中24h，水洗，再浸泡于40℃无离子水中2h。阳离子交换树脂用酸转型，反应式为

$$R-SO_3Na+HCl\longrightarrow R-SO_3H+NaCl$$

阴离子交换树脂用碱转型，反应式为

$$R_4NCl+NaOH\longrightarrow R_4NOH+NaCl$$

两人一组，奇数组取17mL阳离子交换树脂，放于500mL烧杯中，加2倍树脂体积的80%乙醇，搅拌3h，回收乙醇，大量无离子水洗涤树脂。加2倍树脂体积2mol/L NaOH溶

液，搅拌0.5h，回收2mol/L NaOH溶液，大量无离子水洗涤树脂至略偏碱性。再加2倍树脂体积的2mol/L HCl溶液，搅拌0.5h，回收2mol/L HCl溶液，大量无离子水洗涤树脂至略偏酸性。

偶数组取25mL阴离子交换树脂，放于500mL烧杯中，80%乙醇处理同阳离子交换树脂，酸碱处理的顺序与阳离子交换树脂相反，最后水洗至pH略显碱性。

2. 装柱及制水

制备无离子水一般有两种装柱方法，一种是阳树脂-阴树脂法，另一种是阳树脂-阴树脂-混合树脂法。第二种方法通常用于处理水质较差的水。所用树脂为强酸型1号苯乙烯阳树脂（732型）和强碱型201号苯乙烯阴树脂（717型）。待处理的水必须先经过阳树脂柱，而后进入阴树脂柱。自来水若直接进入阴离子交换树脂柱，水中含有的大量Ca^{2+}和Mg^{2+}，就会与OH^-结合产生下列反应：

$$Ca^{2+}\text{或}Mg^{2+}+2OH^- \longrightarrow Ca(OH)_2\text{或}Mg(OH)_2$$

形成溶解度很小的沉淀吸附在树脂上，使阴树脂毒化。因此，在任何情况下，进入阴树脂的水都要预先经过阳树脂处理，切不可忽视。

阴树脂的交换速度较阳树脂慢，且交换容量较小，因此，装柱时阴树脂的量要比阳树脂的量大，一般以2∶1为宜。在商品纯水器装置中，经常是2个阴树脂柱与1个阳树脂柱相配。

将阳离子交换树脂柱下端与阴离子交换树脂柱上端以硅胶管相连，注意赶走管内气泡，以便阳离子交换树脂柱下端的水流入阴离子交换树脂柱。

将待处理的水用蠕动泵泵入阳离子交换树脂柱，再进入阴离子交换树脂柱，收集阴离子交换树脂柱下端的水，最初收集的约1倍柱体积的水为装柱时柱内的水，应弃去。当流出水pH为7时开始收集，为无离子水。

出水量的大小根据所需水的纯度加以控制。流速太大，离子交换不彻底，制备的水还含有一定浓度的离子；流速小，则水中离子在柱中交换的时间长，交换彻底，得到的水纯度较高。流速以4～5mL/min为宜。

3. 水质的检查

以自来水和制备水为材料，检测以下各项指标。

（1）水的酸碱度：合格的水pH应为6～8。采用pH试纸、甲基红指示剂及溴麝香草酚蓝指示剂检查。分别滴入1～2滴甲基红指示剂和溴麝香草酚蓝指示剂，记录各种水的颜色变化。

（2）Cl^-的检查：取自来水和制备水各1～2mL，分别加几滴浓硝酸，再加几滴硝酸银，观察是否浑浊。如无浑浊现象，说明水中Cl^-含量很低。

（3）检查Ca^{2+}、Mg^{2+}：取5mL制备水，加1mL氨缓冲液，摇匀，再加几滴铬黑T，观察颜色变化。颜色由紫红色变为天蓝色，说明水中Ca^{2+}、Mg^{2+}含量很低。

（4）比电阻检查：用电导仪检测制备水的比电阻，合格无离子水的比电阻应大于18MΩ/cm。

【结果与分析】

利用阴阳离子交换树脂对常水进行处理后，对制备水进行pH、Cl^-、Ca^{2+}和Mg^{2+}等检查，是否合格？分析其原因。

【注意事项】

1. 无论阴树脂还是阳树脂在转型后，务必用无离子水洗至中性，否则，制备的水酸碱度不合格。

2. 在装柱之前，根据阳树脂和阴树脂的交换容量计算两种树脂的用量，力求阳树脂和阴树脂的总交换容量一致。

3. 甲基红指示剂的变色范围为 pH4.4～6.2；溴麝香草酚蓝指示剂的变色范围为 pH6.2～7.6。

【思考题】

1. 制备无离子水时，为什么阴、阳离子交换树脂的用量不等？

2. 待处理的水为什么先经过阳树脂，后经过阴树脂？

（武金霞）

实验二　DEAE-Cellulose 柱层析分离纯化大蒜超氧化物歧化酶

【实验目的】

1. 掌握离子交换柱层析纯化生物大分子的原理与操作方法。

2. 掌握核酸蛋白质检测仪、紫外-可见分光光度计的使用。

【实验原理】

超氧化物歧化酶（superoxide dismutase，SOD，EC 1.15.1.1）是一种具有抗氧化、抗衰老、抗辐射和消炎作用的药用酶。它可以催化超氧阴离子（$O_2^- \cdot$）进行歧化反应，生成氧和过氧化氢。

$$2O_2^- \cdot + 2H^+ \longrightarrow O_2 + H_2O_2$$

过氧化氢酶（CAT）和过氧化物酶（POD）会将过氧化氢立即分解为完全无害的水。

SOD 广泛分布于各种生物体内，如动物、植物、微生物等。它是酸性蛋白质，耐热，在 pH7.6～9.0 稳定，低于 pH6.0 或高于 pH12.0 不稳定。

目前发现的 SOD 按其所含金属辅基不同可分为以下类型：

第一种含铜（Cu）锌（Zn）金属辅基，称为 Cu · Zn-SOD，是最常见的一种酶，呈绿色，主要存在于机体细胞浆中，相对分子质量为 32 000；

第二种含锰（Mn）金属辅基，称为 Mn-SOD，呈紫色，存在于真核细胞的线粒体和原核细胞内，相对分子质量为 40 000；

第三种含铁（Fe）金属辅基，称为 Fe-SOD，呈黄褐色，存在于原核细胞中，相对分子质量为 380 000。

大蒜细胞中含有较丰富的 SOD，通过组织或细胞破碎后，可用 pH7.8 的磷酸盐缓冲液提取。由于 SOD 不溶于丙酮，可用丙酮将其沉淀析出。SOD 丙酮沉淀物溶于 pH7.8 的磷酸缓冲液后，可采用 DEAE-Cellulose 阴离子交换柱层析得到进一步纯化。

SOD 催化清除 O_2^- ·的反应一般采用间接法测定，本实验采用邻苯三酚自氧化方法进行测定。在碱性条件下，邻苯三酚能迅速自氧化，释放出 O_2^- ·，生成带色的中间产物，反应开始后反应液先变成黄绿色，几分钟后转黄色，这是生成的中间产物不断氧化的结果。本实验测定的是邻苯三酚自氧化过程中的初始阶段，中间产物的积累在滞留 30～45s 后，与时间成线性关系，一般线性范围维持在 4min 内，中间产物在 325nm 处有强烈光吸收。当溶液中有 SOD 存在时，由于它能催化 O_2^- ·与 H^+ 结合生成 O_2 和 H_2O_2，从而阻止了中间产物的积累，通过计算即可求出 SOD 的酶活力。

酶活力单位定义：在 25℃恒温条件下，每毫升反应液中，每分钟抑制邻苯三酚自氧化率达 50%时所需的酶量定义为 1 个酶活力单位（U）。

【器材】

1. 仪器：低速离心机，部分收集器，核酸蛋白检测仪，紫外可见分光光度计。

2. 材料：研钵，吸量管（1mL、5mL），胶头滴管，玻璃棒，量筒（50mL），烧杯，G_3 漏斗，抽滤瓶，层析柱（1.0cm × 20cm），DEAE-Cellulose-52，烧杯（50mL、100mL、500mL），微量进样器，试管（18mm × 180mm），石英比色池（1cm），石英砂，水止，大蒜。

【试剂】

1. SOD 提取缓冲液：0.05mol/L pH7.8 磷酸缓冲液。

2. 氯仿∶无水乙醇（*V/V*）=3∶5。

3. −20℃预冷丙酮。

4. 柱层析平衡液：2.5mmol/L pH7.8 磷酸缓冲液（提取缓冲液稀释 20 倍）。

5. 柱层析洗脱液：在平衡液中加入 NaCl 溶液，使之终浓度分别为 0.05mol/L、0.1mol/L、0.15mol/L、0.2mol/L。

6. 1mol/L HCl。

7. 1mol/L NaOH。

8. 45mmol/L 邻苯三酚溶液：准确称取 56.8mg 邻苯三酚（AR），用 0.05mol/L HCl 定容至 10mL，于 4℃冰箱储存备用，测定前于 25℃水浴中预热 20min。

9. 100mmol/L 二乙三氨五乙酸：称取 2g 二乙三氨五乙酸溶于 30mL 无离子水中，定容至 50mL。

10. 10×Tris-HCl 缓冲液：30.3g Tris 溶于 300mL 无离子水中，加 62mL 2mol/L HCl 和 50mL 100mmol/L 二乙三氨五乙酸定容至 500mL，pH8.2。

11. 1×Tris-HCl 缓冲液（50mmol/L Tris-HCl，1mmol/L 二乙三氨五乙酸，pH8.2）：10×Tris-HCl 缓冲液用无离子水稀释 10 倍。

【操作步骤】

（一）SOD 的提取

1. 提取

称取 10g 大蒜瓣，置于研钵中，加适量石英砂研磨，使细胞破碎，再加入 10mL 0.05mol/L pH7.8 的磷酸盐缓冲液，继续研磨搅拌 20min，使 SOD 充分溶解到缓冲液中，装入 50mL 离心管中 5000r/min 离心 20min，弃去沉淀，得提取液，测量体积，存于 50mL 离心管中。

2. 有机溶剂沉淀去除杂蛋白

加入 2 倍提取液体积的氯仿-无水乙醇混合溶剂，搅拌 15min，5000r/min 离心 20min，去杂蛋白沉淀，取上清液，测量体积，存于 50mL 离心管中。

3. 有机溶剂沉淀 SOD

加入与上清液等体积的冷丙酮，搅拌 15min，SOD 凝聚，5000r/min 离心 20min，弃上层丙酮，沉淀为 SOD。加入 1.0mL 2.5mmol/L pH7.8 的磷酸盐缓冲液溶解 SOD。

（二）SOD 的纯化

1. DEAE-Cellulose-52 的处理

称 DEAE-Cellulose-52 干品 5～6g 置于烧杯中，用无离子水充分浸泡，浮选去除 1～2min 不下沉的细小颗粒，用 G_3 烧结漏斗抽干，滤饼再放入烧杯中，参照本章第一节处理，最后，将滤饼悬浮于层析柱平衡缓冲液中待用。

2. 装柱

（1）洗净层析柱，安装在铁架台的蝴蝶夹上，使柱垂直于地面。柱的下端连接硅胶管，关闭螺旋水止。柱内装入平衡液，微开螺旋水止，使缓冲液缓慢流出，赶走死区及硅胶管中的气泡，并与核酸蛋白质检测仪的样品入口连接，出口以废液杯收集，柱中保留少量缓冲液，关闭螺旋水止。

（2）在柱子的上端安插一根玻璃漏斗，将处理好的 DEAE-Cellulose-52 浆液倒入漏斗，不断搅拌下沉降，待沉降至床高约 1cm 时，部分旋松螺旋水止，使溶液缓慢流出去，注意流速不要过快。继续沉降至 10cm 以上的柱床体积即可。

3. 平衡

以平衡液进行平衡，务必不能干柱。流速维持在 1mL/min 左右，至流出液的 pH 与上柱平衡液完全相同，关闭柱下端水止。在平衡过程中，调节核酸蛋白质检测仪。先拨到“T”档，调节“光量”至“100”，再拨到“A”档（灵敏度为“0.5A”），调节“微调”旋钮至“0”。反复调节几次，最后 *A* 值显示为“0”，在层析过程中所有旋钮不能再动。

4. 上样

用滴管小心吸去柱床上面大部分液体，打开水止，使平衡液刚刚流入柱床表面，再关闭水止。用滴管小心地沿柱壁四周缓缓加入 0.5mL SOD 粗酶液，打开水止，使样品溶液刚刚进入柱床内，柱壁用少量缓冲液小心洗涤 2～3 次，进入柱床内，再加入平衡液，使液面高出床面 2～3cm。

5. 洗脱

(1) 先以3倍柱体积的平衡液洗脱。连接部分收集器，当 A 值急剧上升时开始收集，每管收集2mL，收集时随时观察并记录 A 值的变化。当 A 值下降到接近于0时，更换洗脱液，将 A 值最高的试管做标记，记为P1。

(2) 更换含0.05mol/L NaCl的洗脱液，一般洗脱2倍柱体积，若有吸收峰出现，同上方法收集，将 A 值最高的试管做标记，记为P2。

(3) 分别更换含有0.1mol/L、0.15mol/L、0.2mol/L NaCl的洗脱液，收集对应的洗脱峰，标记 A 值最高的试管，分别为P3、P4、P5。

将P1～P5试管洗脱液冰箱保存。

(4) 层析结束后，回收DEAE-Cellulose-52。以无离子水清洗核酸蛋白质检测仪的流通池。

(三) SOD活力测定（邻苯三酚法）

1. 邻苯三酚自氧化率的测定

取一支试管，加入4.5mL 0.1mol/L pH8.2 Tris-HCl缓冲液，25℃水浴20min，准确吸取10μL于25℃预热的邻苯三酚溶液加入试管中，迅速混匀，倒入1cm石英比色皿，在紫外分光光度计动力学模式下测量 A_{325} 的变化，每隔30s读数，测量181s。计算邻苯三酚的自氧化率，记为 A_0。自氧化率应控制在每分钟 A_{325} 变化0.070（±0.002），若不在此值左右，可增减邻苯三酚的量加以调整。

2. 酶活力测定

(1) 粗酶液活力测定：在另一支试管中，加入4.49mL 0.1mol/L pH8.2 Tris-HCl缓冲液，25℃水浴20min，先加入10μL粗酶液，混匀，再准确吸取10μL于25℃预热的邻苯三酚溶液加入试管中，迅速混匀，倒入1cm石英比色皿，在紫外分光光度计动力学模式下测量 A_{325} 的变化，每隔30s读数，测量181s。计算粗酶液作用下邻苯三酚的氧化率，记为 A_{crude}。应控制加酶样品后每分钟吸光度值的变化在0.035（±0.001）。

(2) 柱层析活性峰鉴定：按测定粗酶液活力的方法测定各个柱层析洗脱峰对邻苯三酚自氧化率的抑制作用。在加入10μL 25℃预热的邻苯三酚溶液之前，分别加入各个柱层析洗脱峰溶液10μL。计算在不同洗脱液作用下，邻苯三酚的氧化率，记为 A_{P1}、A_{P2}、A_{P3}、A_{P4}、A_{P5}。

【结果与分析】

1. SOD酶活力计算。根据SOD酶活力定义，SOD酶活力计算公式如下：

$$\text{样品中SOD酶活力 (U/mL)}=\frac{A_0-A_S}{A_0}\times100\%\div50\%\times V_{总}\div V_{样}\times n$$

式中，A_0 表示邻苯三酚的自氧化率；A_S 分别表示 A_{crude}、A_{P1}、A_{P2}、A_{P3}、A_{P4} 和 A_{P5}；$V_{总}$ 表示反应总体积，为4.51mL；$V_{样}$ 表示所用酶液体积，为0.01mL；n 表示稀释倍数，若取10μL粗酶液和柱层析各洗脱峰，对邻苯三酚的氧化率抑制过大，需稀释一定倍数，再取10μL测定。

2. 粗酶液SOD活力计算。将测定的 A_{crude} 带入公式，计算粗酶液活力。

3. 柱层析洗脱峰活性鉴定。将各个洗脱峰洗脱液测定的 A_{P1}、A_{P2}、A_{P3}、A_{P4}、A_{P5} 与

A_0 比较，分别代入公式，计算酶活力。分析哪个洗脱峰为 SOD？活性峰是否与杂蛋白峰完全分开？

【注意事项】

1. 溶液的 pH 严重影响邻苯三酚的自氧化率，一定要使 Tris-HCl 缓冲液的 pH 保持在 8.2。

2. 测定时酶样品的加样量小，一般为 10μL，切记不要加在试管壁上，务必混匀。

3. 当邻苯三酚加入试管混匀后，应立即放入石英比色皿中测定。

【思考题】

1. 为什么只能用间接法测定 SOD 活力？

2. 超氧自由基如何对机体活细胞产生伤害？为什么 SOD 具有抗衰老作用？

（武金霞）

第六章　凝胶过滤层析技术

凝胶过滤层析（gel filtration chromatography）又称为分子筛层析（molecular sieve chromatography）、排阻层析（exclusion chromatography）或凝胶层析（gel chromatography）。该技术是20世纪50年代末期发展起来的，是利用凝胶把物质按分子大小进行分离的纯化方法。与其他分离技术相比较，凝胶过滤层析具有一些较为突出的优势：①凝胶介质不带电荷，具有良好的稳定性，不与待分离物质发生反应，分离条件温和，回收率高，重现性好；②通常情况下，溶液中的各种离子、小分子、去污剂、表面活性剂、蛋白质变性剂等不会对分离产生影响；③应用范围广，能分离的物质相对分子质量的覆盖面宽，从几百到数百万，因此，适用于生物小分子物质和生物大分子物质的分离，如寡糖、寡肽、蛋白质、多糖、核酸等的纯化；④设备相对简单、易操作、分离周期短、连续分离时层析介质不需要再生即可反复使用。因此，凝胶过滤层析已成为生物化学分离纯化过程中最常用的手段之一。

第一节　凝胶过滤层析原理

一、基本原理

凝胶过滤层析所用介质是具有多孔网状结构的凝胶珠或颗粒。当凝胶颗粒状介质填充成层析柱时，在颗粒间存在大量间隙，只有直径小于颗粒网孔孔径的分子能进入凝胶颗粒内部，无法进入凝胶颗粒内部的分子将从颗粒间隙通过。因此，将待分离的混合物加入柱床，用大量的水或稀溶液洗脱，由于混合物各组分的大小和形状不同，在洗脱过程中，比凝胶颗粒网孔直径大的组分不能进入凝胶的网状结构而沿颗粒间隙先流出柱外，比凝胶颗粒网孔小的组分能不同程度地自由出入凝胶颗粒。因此，不同大小的分子由于所经过的路径不同而得到分离，大分子物质先被洗脱下来，小分子物质后被洗脱下来。其基本原理如图 6-1。

依据上述原理，凝胶过滤层析是按分子大小进行分离的，分子大小与物质的相对分子质量直接相关。每一种特定的凝胶介质都有特定的相对分子质量分级范围，分级范围是凝胶介质的重要参数。根据其分级范围，可以将溶质分子分为三类：相对分子质量大于分级范围上限的分子被称为全排阻分子，它们完全被排除在凝胶颗粒网孔外，从颗粒间隙中通过，所受阻力最小，流程也最短，会首先从层析柱中洗脱下来；相对分子质量低于分级范围下限的分子被称为全渗透分子，它们完全进入凝胶颗粒网孔内部，洗脱时所受阻力最大，流程也最长，最后从层析柱中洗脱出来；相对分子质量在分级范围内的分子被称为部分渗透分子，它们依据分子大小不同程度地进入凝胶颗粒内部，是该凝胶介质的有效分离对象。如果多种组分的相对分子质量均大于凝胶介质分级范围的上限，或均小于分级范围下限，它们就无法通过层析而分离。

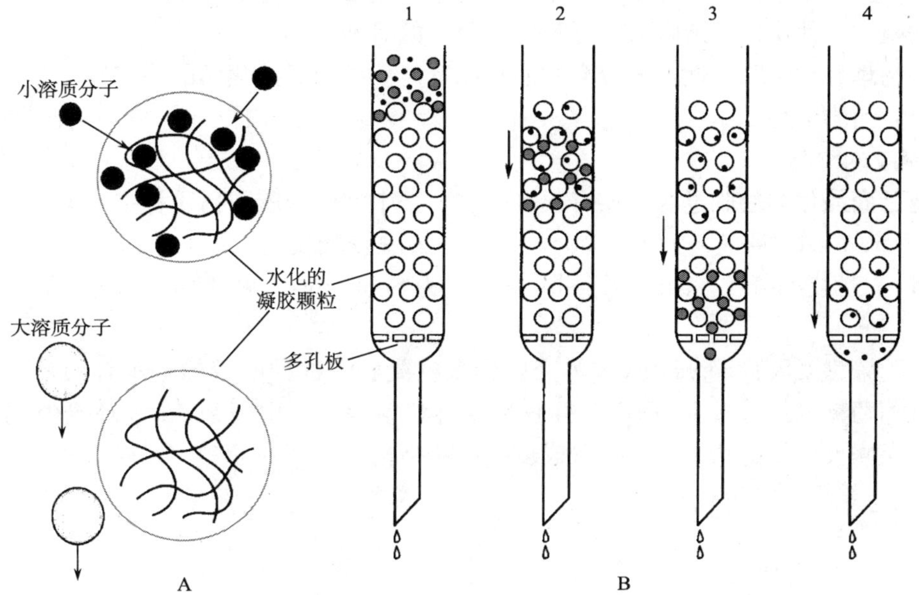

图 6-1　凝胶过滤层析分离原理

A. 小分子由于扩散作用进入凝胶颗粒内部而被滞留，大分子被排阻在凝胶颗粒外面，在凝胶颗粒之间迅速通过；B. ①蛋白质混合物上柱；②洗脱开始，小分子扩散进入凝胶颗粒内部而被滞留，而大分子则被排阻于颗粒之外并向下移动，大、小分子开始分开；③大、小分子完全分开；④大分子因行程较短，已被洗脱出层析柱，小分子尚在行进中

二、凝胶的性质和种类

1. 凝胶的性质

天然凝胶和人工合成的凝胶种类很多，但是能用于凝胶层析的种类需要具备一些基本特性。

（1）凝胶颗粒的粒度：凝胶介质的粒度是指溶胀后的凝胶水化颗粒的大小，用水化颗粒的直径来表示，用于层析的凝胶粒度一般为 5～400μm。凝胶颗粒的大小与分离效果直接相关，颗粒越细，分辨率越高，因为单位体积内凝胶颗粒数目多，但是可分离的样品量减少，流速也降低；凝胶颗粒越大，分辨率越低，但可分离的样品量提高。因此，大颗粒介质适合于中小规模的制备型分离。另外，凝胶颗粒的均匀程度对分离效果也有很大影响，颗粒直径越均一，分离效果越好。

（2）交联度和网孔结构：凝胶介质是具有三维网孔结构的颗粒，化学合成的凝胶网孔结构是通过交联剂将相邻的链状分子相互连接而成的。交联剂的用量决定凝胶颗粒的交联度，交联剂用量越大，交联度越高，凝胶颗粒的机械强度越高，网孔直径越小，能进入网孔的分子也越小；反之，交联剂用量越小，交联度越低，凝胶颗粒的机械强度越低，网孔直径越大，能进入网孔的分子也越大。因此，交联度决定了凝胶的分级范围。一般来说，一种类型的凝胶包含一系列具有不同交联度、有着不同分级范围的凝胶。例如，常用的交联葡聚糖凝胶 Sephadex 根据交联度不同可以分为 Sephadex G-10、G-15、G-25、G-50、G-75、G-100、G-150、G-200 等不同规格，可以分别用于分离不同分子质量的生物分子。

（3）机械强度：在凝胶层析操作时，层析柱承受的压力降和所采用的流速规定了凝胶层析介质必须具有足够的机械强度；否则，将会造成凝胶颗粒可逆或不可逆的压缩，增加柱床对液流的阻力，使流速逐渐降低，延长层析分离的时间。

（4）物理和化学稳定性：凝胶介质能长期反复使用而保持化学的稳定性，应能在较大的 pH 和温度范围内使用。

2. 凝胶的种类

目前已商品化的凝胶过滤介质有很多种类，其中常用凝胶包括 4 种主要类型，即葡聚糖凝胶（dextran gel，商品名为 Sephadex）、聚丙烯酰胺凝胶（polyacrylamide gel，商品名为 Bio-Gel P）、琼脂糖凝胶（agarose gel，商品名为 Sepharose）和由两种组分共同组成的复合凝胶。

（1）葡聚糖凝胶：Sephadex 称为交联葡聚糖凝胶，这种凝胶的基本骨架是葡聚糖，由许多右旋葡萄糖单位通过 1，6-糖苷键联结成链状结构，再由 3-氯-1，2 环氧丙烷作为交联剂，通过交联反应将链状结构连接形成多孔网状结构。

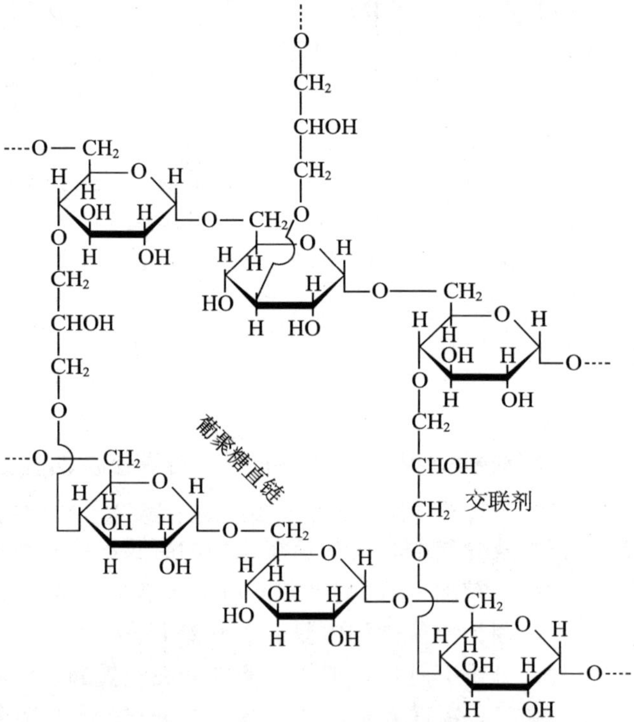

在合成 Sephadex 时，交联剂的用量决定了凝胶的交联度和网孔的大小，从而进一步决定了该介质的分级范围。Sephadex 凝胶按交联度不同，有一系列不同的型号，表示这些型号时采用 Sephadex G 加一个数字的方式，数字越小的介质交联度越大，分级范围越小，而数字越大的介质交联度越小，分级范围越大。Sephadex G-10 交联度最高，网孔最小，分级范围小于 700，只适合于分离一些小分子及对样品脱盐；交联度最低的是 Sephadex G-200，其网孔最大，分级范围为 5000～600 000。在交联度相同的情况下，根据凝胶颗粒的大小又可以分为粗、中、细、超细等不同规格。Sephadex G 系列凝胶的类型和部分性质见附录四。

（2）琼脂糖凝胶：琼脂糖凝胶是由琼脂中分离出来的天然凝胶，是中性链状分子，由 β-*D*-半乳糖和 3，6-脱水 *L*-半乳糖两种单糖交替连接而成，其中 β-*D*-半乳糖和 3，6-脱水 *L*-半乳糖之间通过 β(1-4) 糖苷键连接，而 3，6-脱水 *L*-半乳糖和 β-*D*-半乳糖之间通过 α(1-3) 糖苷键连接。琼脂糖在无交联剂时也能自发形成凝胶，当热的琼脂糖溶液进行冷却时，单个的链状分子之间会形成双螺旋，并进一步自发聚集形成束状结构，从而形成稳定的凝胶。

生产琼脂糖凝胶介质的厂商较多，其产品有着各自不同的生产过程和商品名称，但产品性质比较相似。例如，由安玛西亚公司开发生产的珠状琼脂糖，商品名为 Sepharose。其网孔结构是由琼脂糖形成束状结构后产生的，维持该结构的作用力是链状琼脂糖分子之间的氢键。由于没有交联剂的存在，决定凝胶颗粒网孔大小的因素是形成凝胶时琼脂糖的含量。根据琼脂糖含量不同，Sepharose 系列凝胶分为 Sepharose 2B、Sepharose 4B 和 Sepharose 6B 三种类型。Sepharose 的化学稳定性很好，适用于多数凝胶过滤所涉及的实验条件。总体来说，Sepharose 的机械强度较低，并且与琼脂糖的含量有关，Sepharose 6B 的机械强度高于 Sepharose 2B。Sepharose 的相对分子质量分级范围很宽，适合于分离相对分子质量差异很大、对分辨率要求不高的样品。各种琼脂糖凝胶介质见附录四。

(3) 聚丙烯酰胺凝胶：该凝胶是通过化学合成的微网孔介质，以丙烯酰胺（Acr）为单体，N，N'-亚甲基双丙烯酰胺（Bis）为交联剂，在催化剂存在的情况下聚合，经特殊工艺生成的球状网孔结构的凝胶珠。目前常见的聚丙烯酰胺凝胶是伯乐公司提供的 Bio-Gel P 系列凝胶，根据交联度不同，该系列凝胶分为 7 个型号，分别用 Bio-Gel P 后加一个数字表示，数字越大表示交联度越小，而数字越小则交联度越大。每个型号的凝胶又有不同粒径的规格，其部分参数见附录四。Bio-Gel P 系列凝胶在理化特性方面与 Sephadex G 系列比较接近，但 pH 稳定性不如 Sephadex G 系列凝胶，较强的酸或碱会造成酰胺键的水解。在 pH5.5～6.5 范围内可以承受高压灭菌。该系列凝胶可以在 SDS、尿素、盐酸胍、20％乙醇等溶液中安全使用。

(4) 复合凝胶：复合凝胶在结构上是由两种组分共同组成的。常见的有琼脂糖与葡聚糖组成的复合凝胶和琼脂糖与聚丙烯酰胺组成的复合凝胶。

琼脂糖与葡聚糖复合凝胶是将葡聚糖以共价键结合到交联度高的多孔琼脂糖珠上制备成的复合凝胶，商品名为 Superdex。这种复合凝胶的优点是颗粒状的琼脂糖有较多的交联键，增强了凝胶的机械强度。而葡聚糖凝胶又能进入琼脂糖的巨大孔道，增加了凝胶的选择性。

琼脂糖与聚丙烯酰胺复合凝胶是由琼脂糖、聚丙烯酰胺按不同比例制成的凝胶。聚丙烯酰胺作为其三维空间骨架，琼脂糖填充在骨架中间。由于聚丙烯酰胺凝胶的机械强度优于琼脂糖凝胶，因此，这类凝胶刚性好，孔径大，适合于生物大分子的分离纯化。Ultrol Gel AcA 系列是此类凝胶中最常用的，根据琼脂糖及聚丙烯酰胺的含量不同，可以分为 AcA22、AcA34、AcA44、AcA54 等类型。AcA 后面的两个数字分别表示凝胶中聚丙烯酰胺和琼脂糖的含量，数字越小表示两者的浓度越低，网孔越大，分级范围越宽。

三、凝胶介质的选择

实验中常用的各种凝胶，如葡聚糖、琼脂糖和聚丙烯酰胺等，都是具有三维网孔结构的高分子聚合物。混合物的分离程度主要取决于凝胶颗粒内部网孔的孔径和混合物相对分子质量的分布范围这两个因素。

与凝胶孔径大小直接相关的是凝胶的交联度，凝胶的交联度越高，孔径越小，反之孔径就越大，因此，交联度决定了能被凝胶排阻的物质相对分子质量的下限。在低交联度的凝胶上小分子物质不易被分离，大分子物质与小分子物质的分离也宜选用交联度高的凝胶，所以，如果实验目的是将样品中的大分子与小分子物质分离，一般选用具有较高交联度的凝胶。如果待分离的样品中组分很多时，选用既有全排出，又有全进孔的凝胶是非常理想的。在实验方案中究竟选择何种介质主要取决于分离目标的性质、样品的性质、实验操作条件等，由于对样品的性质认识不足，可以首先试用某种交联度的凝胶，根据目标的分离效果，进一步对凝胶介质进行选择。

凝胶颗粒的粗细与分离效果直接相关。一般可将凝胶的粒度分为三级：40～60 目属于粗粒，100～200 目属于细粒，250～400 目属于最细粒，其中以细粒的应用较多，因为它能使洗脱曲线的峰区变得对称和狭窄。粗粒的凝胶能使色层带散宽，且彼此重叠。使用最细粒的凝胶时，一般因洗脱阻力大会延长实验时间。

四、洗脱剂的选择

洗脱剂是指凝胶过滤层析中所用的流动相。一般情况下，非水溶性物质的洗脱都采用有机溶剂（如丙酮、甲醇）作为洗脱剂，水溶性物质的洗脱都采用无离子水或具有不同离子强度和 pH 的缓冲液。从理论上讲，如果所分离物质不带电荷，可以直接用无离子水进行洗脱，实际操作时，当对较大体积的样品进行脱盐时，可以用无离子水进行洗脱，但是绝大多数情况下考虑用缓冲液而不是无离子水作为洗脱剂，以免蛋白质由于介质离子强度极低而沉淀。

选择缓冲液时首先考虑 pH，大多数凝胶过滤在中性 pH 附近进行，因此，建议使用缓冲能力在 pH6.0～8.0 的水相缓冲系统，此系统对多数生物分子及介质都是适宜的。

为了使样品溶解，有时使用含盐的洗脱液，盐类的另一个重要作用是抑制交联葡聚糖和琼脂糖凝胶的吸附性质，但洗脱液中不宜含有硼酸盐，因为它能与凝胶发生吸附作用。洗脱液的离子强度对物质的分离有一定的影响。在洗脱碱性蛋白质时，洗脱液中含有一定浓度的无机盐，并随着盐浓度的增加移动加快，而许多等电点低于 pH7.0 的蛋白质的洗脱很少受离子强度变化的影响。

五、凝胶的再生和保存

一般情况下用于凝胶层析的载体不会与溶质发生任何作用，因此，在层析分离后，只要用洗脱液将凝胶柱平衡就可以进行下一次层析。上柱的样品必须用 0.45μm 的微孔滤膜过滤或离心，以防沉淀物质污染凝胶，对已沉积于凝胶柱床表面的不溶污染物，可以把表层凝胶挖去，再适当增补一些新的已溶胀好的凝胶，重新平衡。

如果整个凝胶柱均有微量污染，葡聚糖凝胶可用 0.2mol/L NaOH 和 0.5mol/L NaCl 混合液处理，聚丙烯酰胺凝胶和琼脂糖凝胶可用 0.5mol/L NaCl 处理。

凝胶柱经过若干次使用后，如果凝胶色泽改变，流速降低，柱床面有污染物等都表示需要再生处理。凝胶的再生是指用适当的方法除去凝胶的一些污染物，恢复其原来的性质。葡聚糖凝胶常用温热的 0.5mol/L NaOH 和 0.5mol/L NaCl 混合液处理，聚丙烯酰胺凝胶和琼脂糖凝胶可用 0.5mol/L NaCl 处理。

凝胶的保存可以采用以下两种方法。

(1) 湿态保存：经常使用的凝胶以湿态保存为宜，只要在其中加入适当的抑菌剂就可以放置数月。常用的抑菌剂有 0.02% NaN_3、0.002%双氯苯双胍己烷、0.01%～0.02%可乐酮（三氯丁醇）、0.005%～0.01%乙基汞代巯基水杨酸钠、0.001%～0.01%苯基汞代盐（醋酸盐、硝酸盐、硼酸盐）、0.1mol/L NaOH 和 20%乙醇等。若用层析柱形式保存，则用 2 倍柱体积的含有抑菌剂的溶液通过层析柱；若介质在柱外保存，可以直接将其浸泡于含抑菌剂的溶液中。

（2）干燥保存：长期不使用的凝胶可以采用干燥保存法。将凝胶用浮选法除去碎颗粒，大量水洗去盐和污染物，然后用逐步提高乙醇浓度的方法使凝胶缓慢皱缩（切不可突然皱缩以免引起结块），在60～80℃干燥或用乙醚快速干燥。

六、凝胶过滤层析操作技术

1. 凝胶的处理

商品凝胶是干燥的颗粒，使用前需将凝胶干颗粒浸泡于5～10倍的水中使之充分溶胀。溶胀是介质颗粒吸水膨胀的过程，膨胀度（得水值）与基质的类型、交联度及洗脱剂的种类等有关。通常自然溶胀需要24h甚至更长时间，加热可使溶胀加速，在沸水浴中将湿凝胶浆逐渐升温到接近沸腾，只需1～2h就可使凝胶充分溶胀，加热溶胀既可节约时间，又可消毒，并能将凝胶颗粒内部的气泡排除。在装柱前需用浮选法除去细小颗粒，并减压抽气排除气泡，以免细小颗粒影响流速，甚至堵柱。

现商品凝胶介质绝大多数是已溶胀好的，介质保存在适当的储存剂中形成悬浊液。这类介质一般不需预处理，使用前静置使介质沉降，倾去上清液，按湿胶∶洗脱剂（V/V）＝3∶1的比例添加洗脱液，搅匀后即可装柱。

2. 装柱

凝胶装柱的基本原则与前面叙述的离子交换剂的装柱相同，但凝胶颗粒要比一般的离子交换纤维素或离子交换树脂细得多，装柱时需要更加细心，才能装成均一的凝胶柱。

取一支层析柱，垂直固定于铁架台上，内装约1/3柱高的无离子水，底部出口连接好硅胶管，并用螺旋水止调节出水口流速。顶端插好一支长颈漏斗，使漏斗颈的外径比层析柱顶端的内径稍小，将调节好浓度的凝胶悬浮液倒入漏斗（最好计算出装柱所需的凝胶量，一次全部倒入漏斗），打开出口的螺旋水止，使流速维持在5～10mL/min，搅拌使凝胶颗粒缓慢向下沉降，待凝胶颗粒沉降到层析柱底部时，关紧出水口螺旋水止，使凝胶颗粒自然沉降1～2cm，再打开出水口螺旋水止，凝胶颗粒逐层水平式上升，直到所需高度为止。拔下漏斗，用小圆滤纸片盖在凝胶床的表面，用大量无离子水洗涤凝胶柱，然后再以3～5倍柱体积的实验用洗脱液洗涤凝胶柱。

3. 柱床的检查

用凝胶层析分离生物物质效果的好坏决定于填装的层析柱床是否均匀。使用前应检查装柱的质量。最简单的方法是肉眼观察层析床是否有节或有气泡，在层析柱的后面放一支垂直的日光灯，凝胶是一种半透明的介质，可以通过灯光直接观察柱床是否均匀；还可以在层析柱内加入大分子有色物质（如铁蛋白、蓝葡聚糖或印度墨水），观察色带的移动，如果色带狭窄、均匀、平整，说明层析柱装得均匀，如果色带出现歪曲、散乱、变宽时，必须重新装柱，以保证层析分离的效果。

4. 上样与洗脱

凝胶层析柱充分平衡以后就可以上样了。先使柱床上面的平衡液流至与凝胶面相切时关闭出水口水止，用滴管将待分离样品液沿层析柱的壁慢慢加入到柱床上，以防止溅起床面。打开水止，使样品渗入柱床，待样品液刚刚渗入柱床表面时，再次关闭水止，用滴管再次沿层析柱的壁慢慢加入1～2mL平衡液于柱床上，使平衡液从柱上端进入层析柱，柱下端液体出口连接检测仪流通池的进样口。打开水止，继续用平衡液平衡至基线，此时，更换洗脱液，对样品进行分离。在洗脱过程中，一定要保证柱床上部的液面高度不变，务必不要“干柱”。为了确保所有组分的洗脱，实验中通常会使用1.5～2倍柱体积的洗脱液来完成洗脱过程，可以用部分收集器收集分离的各组分。

5. 凝胶层析的影响因素

除了凝胶型号的选择、凝胶颗粒大小，以及洗脱剂的选择对分离效果有影响外，还有以下几个影响因素。

(1) 凝胶柱的选择：由于凝胶过滤介质对样品的选择性不如离子交换层析介质强，通常会选择径高比较大的或长而较细的层析柱。凝胶柱的长度与直径之比一般为10∶1或7∶1，对移动缓慢的物质，宜采用较长的柱子，如采用30∶1或40∶1。实验中所使用的层析柱长度多为10～150cm，直径为1～4cm。

(2) 样品液体积：样品液体积比其浓度对分离效果的影响更大。一般分析型样品液体积为凝胶柱床总体积的0.5%～5%，制备型样品液体积为15%～20%，样品液体积过大，分离效果不理想。

(3) 洗脱速度的影响：流速是影响分离效果的重要因素，所以洗脱时应维持流速的恒定。一般洗脱速度选择为0.5～3.5mL/min，具体数值要根据实验而定。洗脱速度过快会造成洗脱峰变形，而且由于过快的液体流速，经常造成凝胶颗粒之间变得很致密，以至于液体不能通过而堵柱。

(4) V_o和V_i：填装良好的凝胶柱V_o(外水体积) 和V_i(内水体积) 值的比率应为40%～60%。通常要求每次装好的层析柱必须进行V_o和V_i的测定，测定方法有重量法和过滤法。

重量法。V_i值为凝胶的总质量 (P) 与每克干凝胶的吸水量 (W_r) 的乘积，即$V_i = P \times W_r$凝胶颗粒间的外水体积V_o，可用此式计算：$V_o = V_t - V_i - V_g$，式中，V_t为总凝胶床体积，V_g为凝胶的干体积。

过滤法。实验室多采用此法测定V_o和V_i的值。将某些高分子质量物质，如血红蛋白、铁蛋白、印度墨水等流过凝胶柱，当洗脱液中发现这些物质流出时，洗脱液的体积就是V_o。

(周艳芬)

第二节　实验部分

实验一　分子筛过滤层析脱盐

【实验目的】

掌握分子筛过滤层析法脱盐的原理及基本操作方法。

【实验原理】

在生化物质的分离纯化过程中，经常用盐析的方法来分离蛋白质或浓缩样品液，此步操作使样品含有大量的盐 (如硫酸铵、氯化钠等)，这些盐类将影响随后的纯化，所以在后续操作前必须除去，此过程称为脱盐 (desalting)。与透析法脱盐相比较，分子筛过滤脱盐速度更快、更完全。分子筛过滤脱盐法的基本原理是利用被分离物质分子大小不同，以及固定相介质（凝胶）具有分子筛的特点，被分离物质中小分子的盐类进入介质的内部，而大分子蛋白质不能进入而存在于凝胶介质的颗粒间隙，从而将蛋白质和盐分开。

葡聚糖凝胶可分离的分子大小从几百到数十万，可根据被分离物质的分子大小及目的选择使用不同的型号（见附录四）。一般来说，Sephadex G-10、G-25 通常用于分离肽及脱盐；Sephadex G-75、G-200 用于分离各类蛋白质。因此，本实验选用 Sephadex G-25 作为脱盐介质。

【器材】

1. 仪器：电子天平，核酸蛋白质检测仪，记录仪，蠕动泵。

2. 材料：铁架台，蝴蝶夹，层析柱（1.0cm×30cm），硅胶管，水止，试管及试管架，烧杯（100mL），量筒（10mL），储液瓶（200mL），布氏漏斗，三角瓶，吸量管（1mL），胶头滴管。

【试剂】

1. 1%血红蛋白溶液。

2. 细胞色素 c-硫酸铜溶液：100mL 苯尼迪克特试剂中加 2.0g 硫酸铜。

3. 0.02%叠氮钠。

4. 0.5mol/L NaOH-0.5mol/L NaCl 混合液。

5. 蓝色葡聚糖-2000(10mg/mL)：称取 10mg 蓝色葡聚糖-2000 溶于 1mL 0.9%氯化钠溶液中。

【操作步骤】

1. 凝胶型号的选择及处理

选用 Sephadex G-25。称取 4g Sephadex G-25，加水溶胀 6h 以上（或沸水浴 2h），浮选法除去细小颗粒。

2. 装柱及平衡

将层析柱垂直固定于铁架台上，柱中加满水，柱的上部插一漏斗，将充分处理好的 Sephadex G-25 加入漏斗内，缓慢均匀搅拌漏斗中的凝胶悬浮液，同时打开柱子下部的出水口水止，使凝胶均匀沉降在层析柱内，凝胶面缓慢上升，自然沉降高度到 25cm 左右。用 3～5 倍柱体积的无离子水流过凝胶柱，以平衡凝胶柱。

3. 凝胶柱检查

以 0.5mL 蓝色葡聚糖-2000 通过层析柱，观察形成的色斑带是否整齐，若色斑带不整齐，重新装柱，直到符合要求。

4. 上样

脱盐时加样量一般不超过柱床体积的 25%～40%。打开柱下部的水止，使凝胶床上面的水流出（不要使凝胶表面干了），用吸量管量取 0.5mL 血红蛋白>0.5mL 细胞色素 c-硫酸铜溶液，混匀，小心加到凝胶表面上，不要搅动胶面，要沿柱壁滴加。打开水止，使样品渗入胶面，再用少量水洗一下凝胶表面和接触过的柱壁，使之流入柱床，在胶面上滴加水至 2cm 高。

5. 洗脱

用无离子水洗脱。控制流速为 0.5～1.0mL/min，连接部分收集器，每管收集 2.0mL，观察流出液的颜色变化，记录对应于每个收集管的 A_{280}，直至蓝色硫酸铜溶液完全洗脱下来。

6. 凝胶的洗涤及保存

将层析后的凝胶倒入烧杯中，用过量的无离子水漂洗，在布氏漏斗中抽洗，除去盐和其他可溶性杂质。如果凝胶仍有颜色，说明杂质未除尽，需用 0.5mol/L NaOH-0.5mol NaCl 混合液处理 0.5h，再用水洗涤至凝胶恢复原来的颜色。在凝胶中加入 0.02%叠氮钠湿态保存。

【结果与分析】

1. 在部分收集器上标记出对应于各种物质的收集管号，根据洗脱液流速，计算各自的洗脱体积。以洗脱体积为横坐标，以 A_{280} 为纵坐标绘制洗脱曲线。

2. 分析洗脱曲线，第一、第二及第三洗脱峰分别对应于什么物质？这些峰是否完全分开或有重叠？对结果进行分析，并提出改进建议。

【注意事项】

1. 凝胶的溶胀要彻底，装柱之前需沸水浴除去凝胶颗粒中的空气。

2. 注意样品的上样量与柱床体积的匹配。

3. 进行蛋白质样品脱盐时，由于蛋白质溶液去除电解质后溶解度显著下降，以致沉淀析出，从而吸附在柱上不能被洗脱下来。在实验过程中可以先使用含有挥发性盐类的缓冲液平衡层析柱，然后加入样品并用同种缓冲液洗脱，收集的样品可以通过冷冻干燥法除去挥发性的盐类。经常使用的挥发性盐类有甲酸铵、乙酸铵等。

【思考题】

1. 如果分离几种相对分子质量大于 20 000 的蛋白质，应选用什么型号的凝胶？

2. 哪些因素影响分子筛脱盐的效果？

（周艳芬）

实验二　分子筛层析法分离蛋白质及相对分子质量测定

【实验目的】

1. 加深理解分子筛层析法的基本原理。

2. 掌握用分子筛层析法测定蛋白质相对分子质量的原理和操作方法。

【实验原理】

有关分子筛层析法的原理参见本章理论部分。

以交联葡聚糖分离不同大小的蛋白质混合物时，对同一种类型的大分子化合物的洗脱特征与组分的相对分子质量有关，相对分子质量大的先被洗脱下来，相对分子质量小的后被洗脱下来。蛋白质的洗脱体积不直接取决于其相对分子质量，而是其斯笃克半径。如果蛋白质与一理想的非水化球体在相同的凝胶柱中具有相同的洗脱体积，则认为该蛋白质与此球体具有相同的斯笃克半径。因此，利用分子筛层析测定蛋白质相对分子质量时，待测蛋白质必须与标准蛋白质具有相同的分子形状（均接近球体），否则不能准确测定。

1966 年 Andrews 根据他的实验结果提出一个经验公式

$$V_e/V_o = a - b\lg M_r$$

式中，V_e 表示洗脱体积；V_o 表示凝胶柱的外水体积；M_r 表示相对分子质量；a，b 表示常数。

改变上式形式，得

$$\lg M_r = a/b - 1/b \times (V_e/V_o)$$

从上式可以看出，蛋白质相对分子质量的对数与其洗脱体积成线性关系，只要测得几种已知相对分子质量的标准蛋白质的 V_e，并以其相对分子质量的对数对 V_e 作图，可得一标准曲线，再在相同条件下测得待测蛋白质的 V_e，即可从图中查出或依据公式计算得出其相对分子质量的对数，再换算出其相对分子质量（图 6-2）。

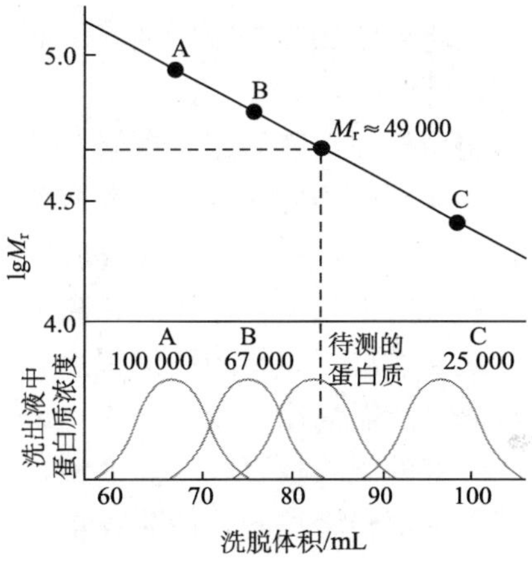

图 6-2　分子筛层析中洗脱体积与相对分子质量的关系

利用分子筛层析测定蛋白质的相对分子质量还有其他优点。一方面，待测样品可以是不纯的，只要初步纯化即可，根据待测样品的特有生物学活性即可确定其洗脱峰的位置和洗脱体积。另外，待测样品经过分子筛层析后依然保持其原有特性，没有被破坏，可以收集洗脱液进行其他研究。

【器材】

1. 仪器：电子天平，蠕动泵，部分收集器，核酸蛋白质检测仪，可见分光光度计，紫外分光光度计，真空泵。

2. 材料：层析柱（Φ2～2.5cm、长 50～60cm 或 Φ0.9～1.2cm、长 100～150cm），铁架台，蝴蝶夹，吸量管（1mL），烧杯（100mL），三角瓶（50mL）。

【试剂】

1. Sephadex G-50。

2. 0.9%氯化钠溶液（洗脱液）。

3. 标准蛋白质（细胞色素 c、卵清蛋白、牛血清清蛋白、γ-球蛋白，相对分子质量分别为 11 700、43 000、68 000、165 000）：称上述标准蛋白质各 5mg，分别溶于 0.5mL 0.9%氯化钠溶液，混合，为标准蛋白质溶液。

4. 蓝色葡聚糖-2000（10mg/mL）：称取 10mg 蓝色葡聚糖-2000 溶于 1mL 0.9%氯化钠溶液中。

5. 待测蛋白质样品（2mg/mL）：鸡血红蛋白（红色，相对分子质量约 64 500）和二硝基苯-胰蛋白酶（黄色，相对分子质量 24 000）各 2mg，溶于 1mL 0.9%氯化钠溶液中（两种蛋白浓度比为 1∶1）。

【操作步骤】

1. 凝胶的溶胀

根据层析柱的体积和所选用的凝胶的得水值（每克凝胶膨胀后的床体积），称取所需凝胶干粉 Sephadex G-50，加适量无离子水，室温充分溶胀 2～3d，或沸水浴溶胀 5h 除去颗粒中的空气。待溶胀平衡后，小心倾泻去掉细小颗粒（注意不要过分搅拌，以防颗粒破碎）。装柱前将溶胀的凝胶减压抽气 10min，以除尽凝胶中的空气。

2. 装柱

将层析柱垂直固定于铁架台，下端连接硅胶管并用水止夹紧，上端插入玻璃漏斗，使漏斗颈与层析柱刚好嵌合，不留缝隙。向漏斗中加入无离子水至柱高 1/3 处，打开柱下端的水止，排出适量水和柱下端及硅胶管中的气泡，柱内余 3～5cm 水时止住。

在凝胶中加适当体积的无离子水，用玻璃棒轻轻搅匀成浆状，一次倒入漏斗，缓慢搅拌下使之自然沉降。待凝胶沉积达 3～5cm 后，打开柱下端水止，继续搅拌漏斗中的凝胶，直至沉降到所需高度（以 Φ2～2.5cm 层析柱为例，装柱高度约为 40cm），关闭柱下端的水止。

装好的凝胶柱要求床面平整，外观均匀，无气泡，无断层。柱床表面如不平整，可用玻璃棒将局部轻轻搅起，使凝胶重新沉降。

在整个操作过程中注意不要使液面低于凝胶表面，否则将出现气泡和断层，影响液体在柱内的流动，影响分离效果。

3. 平衡

先用少量无离子水洗柱，柱床稳定后吸除上层无离子水。蠕动泵一端连接柱上端硅胶管，另一端连接洗脱液，调整泵的流速，保持为 0.5mL/min，使凝胶床表面保持 2cm 液层，平衡 20min 或 3 倍柱体积。

4. 凝胶床的检验及外水体积的测定

剪一片圆形滤纸放在凝胶柱床表面，防止加样时凝胶被冲起。用细滴管将 0.5mL 蓝色葡聚糖溶液慢慢加到凝胶床面中央，避免样品从柱壁滑下，待其正好流入柱床内时再加入少量 0.9%氯化钠溶液，使床面上液面高度不小于 3～5cm。打开蠕动泵，保持流速为 0.5mL/min，将部分收集器调整为每管收集 1mL，收集洗脱液（上完样后立即开始收集）。注意观察蓝色区带向下移动的情况，如果区带狭窄且均匀，说明凝胶柱均匀，可以使用。

在蓝色葡聚糖全部流出后，测定各管收集液的 A_{610}，蓝色葡聚糖的洗脱体积（从洗脱开始至 A_{610}最大值管的洗脱液体积）即为柱的外水体积 V_o。

5. 标准蛋白质的层析

用 2 倍柱体积洗脱液平衡凝胶柱。取标准蛋白质溶液 1mL，然后重复步骤 4 分别上样、洗脱、收集，以紫外分光光度计逐管测定 A_{280}，确定各标准蛋白质的 A_{280}最高值，计算出各标准蛋白质的洗脱体积 V_e。

6. 待测蛋白质样品的层析

用滴管吸取 0.5mL 待测样品（2mg/mL），小心加到凝胶床面中央，打开柱下端水止，待大部分样品进入胶床时，用滴管加入少量洗脱液，使剩余样品进入胶床，再加入 3～5cm 高的洗脱液，在洗脱过程中应始终保持该液面高度。

打开蠕动泵，调整洗脱液流速恒定（0.5mL/min），设定每管 2mL，以部分收集器收集洗脱液。可以观察到红色的鸡血红蛋白首先被洗脱下来，随后是黄色的胰蛋白酶。以紫外分光光度计逐管测定两种待测蛋白质的 A_{280}，找出 A_{280} 最高的管号，计算两种待测蛋白质的 V_e（也可比较两种待测蛋白质收集管的颜色深浅，找出颜色最深的管号，计算两种待测蛋白质的 V_e）。

用 2～3 倍柱体积的洗脱液继续清洗凝胶柱，直至柱内有色物质被全部洗脱干净，保留凝胶柱重复使用或回收凝胶。为了防止凝胶染菌，可在一次层析后加入 0.02%叠氮钠防腐，在下次层析前将防腐剂洗脱除去。

【结果与分析】

1. 凝胶柱外水体积测定。以 A_{610} 为纵坐标，以洗脱体积为横坐标（根据收集管的管号和每管 1mL 收集液计算洗脱体积），画出蓝色葡聚糖的洗脱曲线，求出 V_o。

2. 绘制标准曲线。根据各标准蛋白的 A_{280} 最高值、洗脱液流速和收集管数，计算各标准蛋白质的 V_e 和 V_e/V_o。以标准蛋白质相对分子质量的对数为纵坐标，以 V_e/V_o 为横坐标，绘制标准曲线。

3. 待测样品的分离及相对分子质量测定。以 A_{280} 为纵坐标，洗脱体积为横坐标，绘制鸡血红蛋白和胰蛋白酶的洗脱曲线，计算二者的 V_e/V_o，从标准曲线上查出对应的 $\lg M_r$，或根据标准曲线公式求出 $\lg M_r$，再计算出各自的 M_r。

【注意事项】

1. 装柱要均匀，流速不宜过快（本实验流速为 0.5mL/min），避免压紧凝胶；但也不宜过慢，使柱装得太松，导致层析过程中凝胶床高度下降。

2. 加样量不能太大，一般为柱体积的 1%～2%，不超过 5%。

3. 样品溶液的浓度和黏度要合适。浓度大，自然黏度增加。一个黏度很大的样品上柱后，样品分子因运动受限制，影响进出凝胶孔隙，洗脱峰形显得宽而矮，有些可分离的组分也因此重叠。

4. 鸡血红蛋白与二硝基苯-胰蛋白酶溶液最好临用前配制，否则可能区带不清。

5. 始终保持柱内液面高于凝胶表面，若干柱，则凝胶床混入大量气泡，影响液体在柱内的流动，导致分离效果不好，以至于必须重新装柱。

【思考题】

1. 简述葡聚糖凝胶层析分离样品的原理。

2. 葡聚糖凝胶层析操作时应注意哪些问题？

（鞠建松）

第七章　亲和层析技术

亲和层析（affinity chromatography）是利用生物分子与其配体间专一、可逆的结合作用而进行分离的一种层析技术。蛋白质、酶等生物大分子能和某些相对应的分子专一而可逆地结合，这种性质可用于对生物大分子的分离纯化。20 世纪 60 年代末，溴化氰活化多糖凝胶并偶联蛋白质技术的出现，解决了配基固定化的问题，使得亲和层析技术得到了快速的发展。目前，亲和层析是分离纯化蛋白质、酶等生物大分子最为特异而有效的方法，分离过程简单、快速，具有很高的分辨率，在生物分离中有广泛的应用。同时，它也可以用于某些生物大分子结构和功能的研究。

一、基本原理

生物分子间存在很多特异性的相互识别，如抗原与抗体、激素与其受体、酶活性中心与专一性底物或抑制剂、RNA 与其互补的 DNA 片段、多糖与蛋白质复合体之间等，都能专一而可逆地结合，这种结合力称为亲和力（affinity）。某些物质和生物大分子之间还有一些特异性作用，如染料和酶、植物凝集素和糖蛋白、金属离子和蛋白质表面的组氨酸等，这些相互作用可用于亲和层析。亲和层析分离的原理就是通过将具有亲和力的两个分子中的一个固定在不溶性基质上，利用分子间亲和力的特异性和可逆性，对另一个分子进行分离纯化。被固定在基质上的分子称为配基（ligand），配基和基质共价结合构成亲和层析的固定相，称为亲和介质（affinity matrix）。

亲和层析时首先选择与待分离的生物大分子有亲和力的物质作为配基。例如，分离酶可以选择其底物类似物或竞争性抑制剂为配基，分离抗体可以选择抗原为配基等。与配基共价结合的层析介质称为载体，如常用的 Sepharose 4B 等。分离时采用一定的化学方法把配基以共价键结合到含有活化基团的固相载体上，装柱、平衡，当含有待分离物质样品混合溶液通过亲和层析柱时，待分离的生物分子就与配基发生特异性的结合，从而滞留在固定相上，而其他杂质不能与配基结合，仍在流动相中，并随洗脱液流出，这样层析柱中就只有待分离的生物分子。通过改变洗脱条件，使待分离物质与配基解离而被洗脱下来。亲和层析的具体原理及过程如图 7-1。

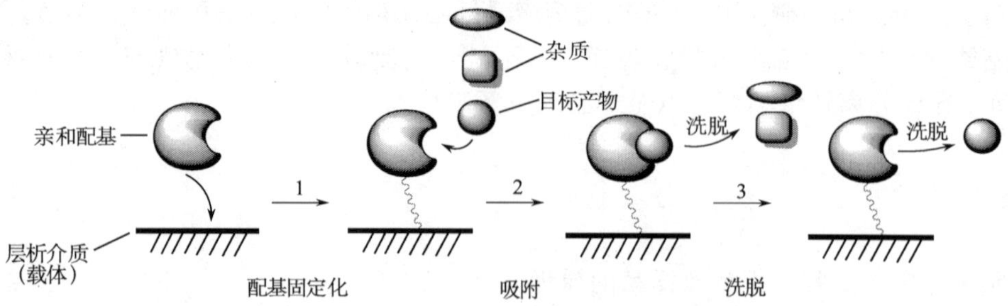

图 7-1　亲和分离过程示意图

1. 将层析配基固定在层析载体上；2. 待分离的目标产物与配基发生特异结合，杂质与目标产物分离；3. 改变洗脱条件，待分离物与配基解离目前，在亲和层析技术的基础上已形成多种检测方法，如免疫亲和层析、金属离子亲和层析、拟生物亲和层析及各种亲和层析联用技术（如亲和膜分离技术、电泳亲和层析技术等）。

利用亲和层析技术已成功地分离了单克隆抗体、人生长因子、细胞分裂素、激素、血液凝固因子、纤维蛋白溶解酶、促红细胞生成素等产品。

二、亲和介质的制备方法

亲和介质是将亲和配基通过化学键连接到层析介质（载体）上制备得到的。常用的层析介质并不能直接和配基通过化学键结合，一般需要活化或功能化，即引入反应基团。活化后的层析介质能通过反应基团和配基反应，从而制备出亲和介质。亲和介质的制备包括四步：①与被分离物特异结合的配基及层析介质的选择；②层析介质的活化或功能化；③活化层析介质和亲和配基的偶联，以及偶联结束后未发生偶联反应的反应基团的封闭或钝化；④洗涤去除未发生反应的配基及其他反应物。

（一）层析介质的选择与种类

1. 层析介质的选择

层析介质是配基吸附的基础，起着基础骨架作用。一般层析介质应具备以下几个条件。

（1）介质应不溶于水，且高度亲水，使得固相吸附时介质易与水溶液中的生物大分子接近，可保证被吸附物质的稳定性，有利于亲和对达到平衡。

（2）介质通透性好，具有多孔的立体网状结构，能使生物大分子自由通过，有利于配基与生物大分子的结合。

（3）介质理化性质稳定，在较宽的 pH、离子强度和变性剂浓度范围内能稳定工作。

（4）介质具有良好的机械性能，最好具有一定的颗粒形式，保持一定的流速，进而促使扩散速率低的生物大分子很快达到扩散平衡。

（5）介质具有较多的化学基团可供活化，或者能方便引入较多的化学活性基团，并在温和条件下能与大量的配基共价连接。

（6）介质的非特异吸附性小且化学性质呈惰性，对其他大分子物质的作用微弱。

（7）介质能抵抗微生物和酶的作用，且不被生物物质损坏，便于亲和固定相的使用和保存。

2. 层析介质的种类及衡量标准

随着亲和层析技术的发展及分离要求的提高，层析介质由原来的天然多糖类球形软胶发展为一些可以在高速流动下使用的硬质或半硬的细颗粒球形填充料。常见的层析介质有以下几种。

（1）多糖类：主要是葡聚糖（dextrin）、琼脂糖（agarose）（参见第二篇第六章）及纤维素（cellulose）（参见第二篇第五章）等制备的介质。

纤维素是自然界数量最大的生物分子材料，常作为制备固相酶和免疫吸附剂的载体，其与配基共价连接的方式主要有重氮法、叠氮法、缩合剂法和烷化法。纤维素来源充足且非常便宜，但因其结构紧密，均一性差、非特异性吸附能力强且具有空间位阻效应等缺点，一般不用来分离蛋白质，只用来分离核酸类物质。

（2）聚丙烯酰胺：参见第二篇第六章。

（3）无机基质：亲和层析可使用的无机基质主要有可控制孔径的多孔玻璃珠、陶瓷和硅胶等。无机基质有其本身的优点，它具有稳定的物理化学性质，机械强度高，不但能抵御酶及微生物的作用，还能耐受高温灭菌和剧烈的反应条件。但其亲水性不强，对蛋白质尤其是碱性蛋白质有非特异性吸附，且可供连接的化学活性基团也少。为利用无机基质的优点（如机械强度高），避免其缺点（如不易于功能化），目前很多基质采用涂层，即将容易功能化的介质（如多糖）包裹在多孔无机基质上，从而易于连接多种亲和配基。

衡量介质性能的标准有三个：专一性、容量及稳定性。专一性比容量及稳定性更重要，而应用于制备时介质的稳定性是最主要的指标，同时还有成本因素。对于不同的介质，这些要求不可能同时满足，应根据具体的分离要求来选择。

（二）配基的选择

亲和层析中，配基的选择主要依据待分离纯化混合物的理化性质和生物学性质，理想的配基应具备以下条件：①与被分离纯化的生物大分子具有足够大的亲和力，亲和势一般为 10^{-8}～10^{-4}；②配基与被分离的生物大分子的结合应为专一性结合，从而保证分离与纯化效果；③配基上必须具有与载体相偶联的化学基团，且尽量使偶联反应简单、温和。

可以作为配基的物质很多，如较小的有机分子、天然的生物活性物质等。根据配基的应用和性质，可将其分为两大类：特殊配基（special ligand）和通用配基（general ligand）。

1. 特殊配基

抗原的抗体、激素的受体、酶的专一抑制剂都是特殊配基。这类配基构成的亲和层析介质的选择特异性最高，分离效果好。但配基多是些不稳定的生物活性物质，在偶联时活性容易损失，价格昂贵且成本高。

2. 通用配基

NADH 作为脱氢酶类的亲和层析配基、ATP 作为激酶类亲和层析的配基、外源性凝集素作为糖蛋白质类亲和层析的配基等，这些配基都是通用配基。通用配基制成的亲和层析介质的选择性较低，但其应用范围广泛。

（三）介质的活化及偶联

层析介质的活化主要由介质本身的性质及稳定性决定。配基和层析介质的化学反应相对比较温和，尽可能保持配基和介质本身的性质，以保持目标产物和亲和介质之间特异性或专一性的作用。现介绍几种常用的介质活化方法。

1. 多糖基质的活化及偶联

（1）溴化氰法：多糖类基质的活化通常用溴化氰法（CNBr）。该方法所需时间短，但溴化氰是剧毒药物，活化需在通风橱内进行。具体活化偶联反应如下：

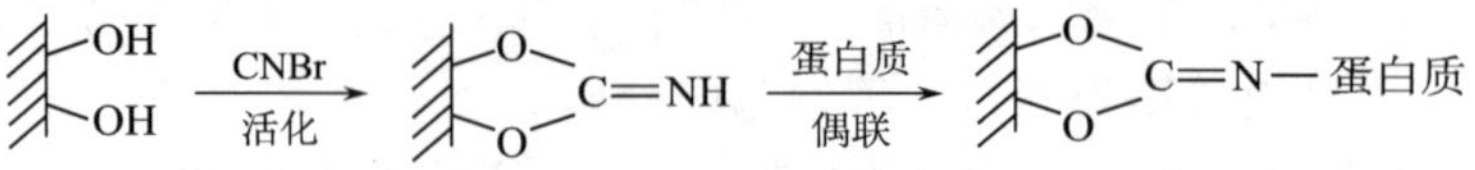

（2）三嗪法：二氯均三嗪或三氯三嗪可用于活化多羟基的介质。单氯三嗪基多糖复合物在 pH7.0～9.0 及 0～20℃条件下可与含有伯胺类的亲和配基偶联。具体活化偶联过程如下：

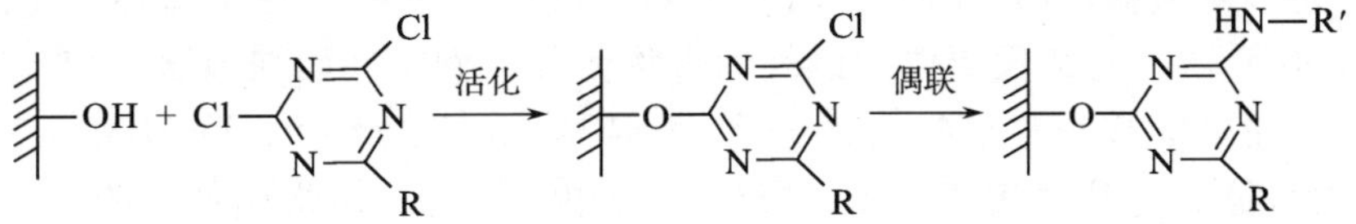

(3) 环氧化物法：环氧化物活化法包括单环氧化物活化法和双环氧化物活化法。单环氧化物活化常用氯代环氧丙烷做活化剂，双环氧化物活化常用二羟基正丁烷双缩水甘油醚做活化剂。在引入含有羟基或硫酸基的亲和配基时，环氧化物法非常有效。具体过程如下：

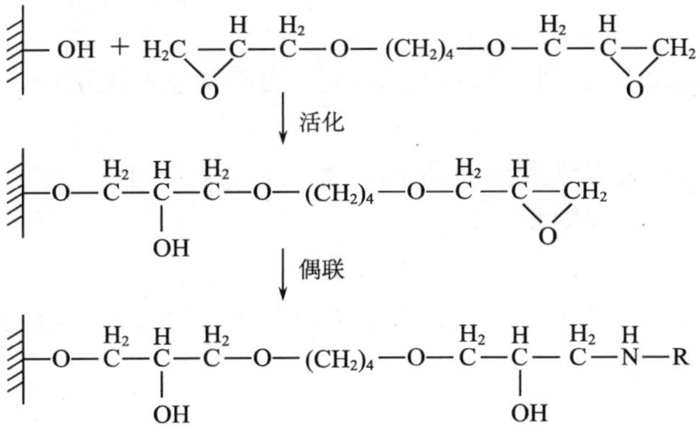

其中R为亲和配基

(4) 苯醌法：苯醌法是一种简单高效的偶联方法，可在较宽的 pH 范围内应用。具体活化及偶联反应如下：

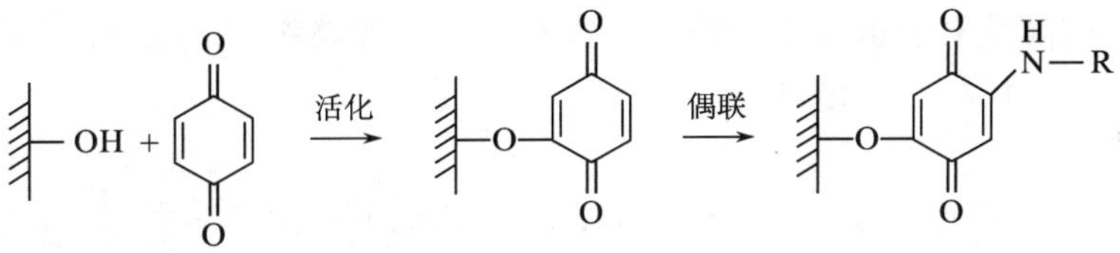

其中R为亲和配基

2. 聚丙烯酰胺类基质的活化及偶联

聚丙烯酰胺凝胶有大量的甲酰胺基，可以通过对甲酰胺基的修饰而对聚丙烯酰胺凝胶进行活化。一般有以下三种方式：氨乙基化作用、肼解作用和碱解作用。另外，在偶联蛋白质配体时，通常也用戊二醛活化聚丙烯酰胺凝胶。

3. 多孔玻璃及硅胶的活化及偶联

无机材料（如硅胶及多孔玻璃）的功能基化，必须用硅烷化试剂进行偶联反应。硅烷化试剂一端为有机功能活化基团，另一端为硅烷氧基。常见的硅烷如 γ-环氧基丙氧基-三甲氧基硅烷。硅烷化试剂将环氧基团引至无机材料上，以便进一步引入其他功能基团。

三、亲和层析的操作技术

（一）基本操作

1. 亲和介质的制备

以 Sepharose 4B 为例，首先将活化的 Sepharose 4B 和配基一起放入缓冲液中（常用

0.20～0.25mol/L 碳酸盐，pH8.0～10.0)，4℃缓慢搅拌过夜，使配基与活化的 Sepharose 4B 偶联形成亲和介质。若纯化蛋白质以外的生物大分子物质（如细胞器、细胞等），为防止亲和介质的形成影响配基与它们结合的亲和力，需在载体和配基之间引入一个适当长度的“手臂”来增大载体和配基之间的距离，以便与亲和物结合。通常用作“手臂”的是一些氨基化合物，如 1，6-乙二胺和 6-氨基乙酸等。

2. 装柱

亲和层析的柱不宜过大，一般选 1.5cm×15cm 的层析柱。装柱时，将亲和介质装入层析柱内，并用加样缓冲液平衡。

3. 吸附与解吸附

平衡好亲和柱后，缓慢加入样品，控制流速，用平衡缓冲液洗脱，更换洗脱液解吸附。

4. 再生

洗脱结束后，连续用大量洗脱液或高浓度盐溶液洗涤亲和柱，然后再平衡。平衡后继续使用或加入 0.02% NaN_3 于 4℃保存。

5. 结果分析

解吸附下来的蛋白质，可采用适当的方法进行纯度鉴定和活性测定。将纯度好的样品液透析、浓缩或冻干保存。

（二）注意事项

1. 加样体积

亲和层析中，上柱样品的体积和浓度对层析效果的影响取决于待分离物质和配基之间亲和力的大小。若待分离物质和配基之间的亲和力大，对于一定量的某样品来说，上柱样品体积的大小和浓度的高低对层析效果影响并不大；但若待分离物质和配基之间的亲和力弱，加样时，待分离物质应体积小、浓度高。

2. 流速

在亲和层析中，由于生物大分子和配基之间达到吸附平衡的速度很慢，所以流速的快慢会影响样品的吸附。当样品浓度高时，应用较低的流速，以免被分离物质不被吸附而随洗脱液流出；当样品浓度低时，可以使用较高的流速。

3. 温度

温度主要影响生物大分子和配基之间的亲和力大小，两者之间亲和力随温度的升高而降低。一般情况下，层析使用的温度为 0～10℃。

（杨致荣）

第八章　离 心 技 术

离心技术（centrifugation）是将含有微小颗粒的悬浮液置于离心管中，在离心管绕中心轴旋转的过程中会产生离心力，由于悬浮颗粒的密度及质量的差异而将其分离的技术。它是分离、提纯生物大分子（蛋白质、核酸、酶等）和细胞器等最常用的方法。随着离心技术的发展及离心设备的不断完善，采用离心技术分离、纯化及澄清生物样品已成为生命科学领域一项最基本的技术。

一、离心技术的基本原理

1. 离心力

质量为 m 的一个粒子（生物大分子或细胞器）在高速旋转下受到一个向外的离心力，这种力的大小取决于角速度（ω，以弧度/s 表示）和旋转半径（r）。此离心力（F）由下式定义，即

$$F = m \cdot r \cdot \omega^2 = m \cdot r \cdot \left(\frac{2\pi N}{60}\right)^2$$

式中，m 表示沉降粒子的有效质量（g）；ω 表示粒子旋转的角速度；r 表示粒子的旋转半径（cm）；N 表示离心机每分钟的转数（r/min）。

相对离心力（RCF）是指在离心场中作用于颗粒的离心力，相当于地球重力的倍数，单位是重力加速度“g”（980cm/s^2），以 g 的倍数或数字乘以“g”来表示，如 25 000×g，即表示相对离心力为 25 000。

相对离心力可用下式计算：

$$\text{RCF} = \frac{\omega^2 r}{980}$$

$$\omega = \frac{2\pi N}{60}$$

$$\text{RCF} = \left[\frac{2\pi N}{60}\right]^2 \cdot r \cdot m/(m \cdot g) = 1.119 \times 10^{-5} \times N^2 \cdot r$$

上述公式描述了相对离心力与转速之间的关系。只要给出旋转半径 r，则 RCF 和 N 之间可以相互换算。但是由于转头的形状及结构的差异，每台离心机的离心管，从管口至管底的各点与旋转轴之间的距离不同，所以在计算时旋转半径用平均半径“$r_{平均}$”代替：$r_{平均} = (r_{最大} + r_{最小})/2$，$r$ 的测量如图 8-1 所示。

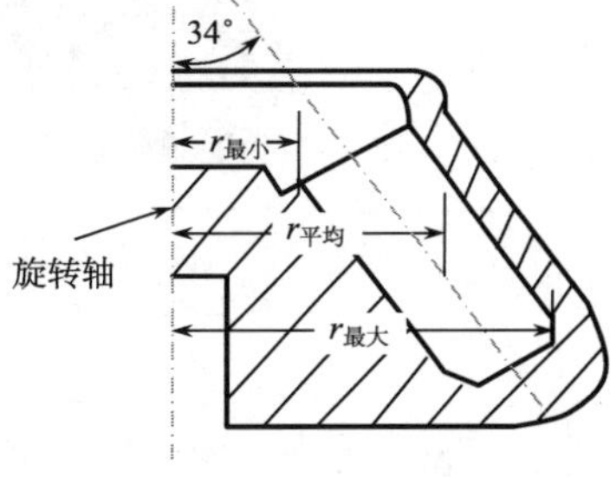

图 8-1　平均半径的计算

一般情况下，低速离心时常以转速“r/min”来表示，高速离心时则以“g”表示。计算颗粒的相对离心力时，应注意离心管与旋转轴中心的距离“r”不同，即沉降颗粒在离心管中所处位置不同，则所受离心力也不同。因此，超速离心时，通常用地心引力的倍数“×g”表示，因为它可以真实地反映颗粒在离心管内不同位置的离心力及其动态变化。科技文献中离心力的数据通常是指其平均值

($RCF_{平均}$)，即离心管中点的离心力。

2. 沉降速度

沉降速度（sedimentation velocity）是指在离心分离时，固相颗粒在一定的离心力场中，以中心轴向外辐射移动的速度。沉降速度取决于离心机所提供的向外的离心力场的大小，以及固相颗粒本身的物理特性和液相介质的物理特性（质量、形状、密度、黏度等）。

$$v=\frac{m(1-\overline{V}\rho)\omega^2 r}{f}$$

式中，v表示沉降速度；m表示沉降颗粒的实际质量；ρ表示液相介质的密度；f表示摩擦系数；$\overline{V}$表示偏微分比容。

3. 沉降系数

沉降系数（sedimentation coefficient）指单位离心力场下的沉降速率，即每单位重力的沉降时间，用s表示，其单位用Svedberg表示，简称S，度量单位为s。1S等于1×10^{-13}s。近年来，在生物化学、分子生物学中，常用沉降系数表示一些详细结构及分子质量还不清楚的生物大分子的大小。如原核生物核糖体包括30S及50S亚基，其中S表示沉降系数。

二、离心机的主要构造和类型

（一）主要构造

离心机的主要构造包括转头、驱动和速度控制系统、温控系统、真空系统四个部分。

1. 转头

不同离心机所用转头种类繁多，一般可分为五类：角式转头、水平式转头、垂直式转头、区带转头和连续流动转头（图8-2）。

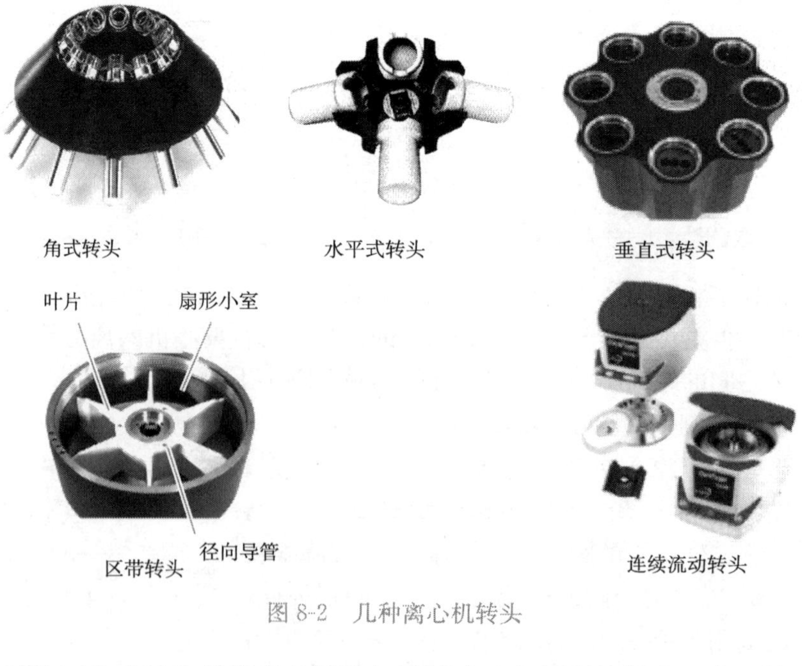

图8-2　几种离心机转头

（1）角式转头：角式转头是指离心管腔与转轴成一定倾角的转头。离心管腔的中心轴与旋转轴之间的角度为20°～40°，角度越大沉降越结实，分离效果越好。这种转头的优点是具有较大的容量，且重心低，运转平衡，寿命较长，颗粒在沉降时先沿离心力方向撞向离心管，然后再沿管壁滑向管底，因此管的一侧就会出现颗粒沉积，此现象称为“壁效应”。壁效应容易使沉降颗粒受突然变速所产生的对流扰乱，影响分离效果。

（2）水平式转头：这种转头是由吊着的4个或6个自由活动的吊桶（离心套管）构成。当转头静止时，吊桶垂直悬挂，当转头转速达200～800r/min时，吊桶荡至水平位置，这种转头最适合做密度梯度区带离心，其优点是梯度物质可放在保持垂直的离心管中，离心时被分离的样品带垂直于离心管纵轴，而不像角式转头中样品沉淀物的界面与离心管成一定角度，因而有利于离心结束后由管内分层取出已分离的各样品带。其缺点是颗粒沉降距离长，离心所需时间也长。

（3）垂直式转头：其离心管是垂直放置，样品颗粒的沉降距离最短，离心所需时间也短，适合用于密度梯度区带离心，离心结束后液面和样品区带要作90°转向，因而降速要慢。

（4）区带转头：区带转头无离心管，主要由一个转子桶和可旋开的顶盖组成，转子桶中装有十字型隔板装置，把桶内分隔成4个或多个扇形小室，隔板内有导管，梯度液或样品液从转头中央的进液管泵入，通过这些导管分布到转子四周，转头内的隔板可保持样品带和梯度介质的稳定。沉降的样品颗粒在区带转头中的沉降情况不同于角式转头，在径向的散射离心力作用下，颗粒的沉降距离不变。因此，区带转头的“壁效应”极小，可以避免区带和沉降颗粒的紊乱，分离效果好，而且还有转速高，容量大，回收梯度容易和不影响分辨率的优点，使超速离心用于制备和工业生产成为可能。区带转头的缺点是样品和介质直接接触转头，耐腐蚀要求高，操作复杂。

（5）连续流动转头：可用于大量培养液或提取液的浓缩与分离，转头与区带转头类似，由转子桶和有入口和出口的转头盖及附属装置组成，离心时样品液由入口连续流入转头，在离心力作用下，悬浮颗粒沉降于转子桶壁，上清液由出口流出。

2. 驱动和速度控制系统

大多数离心机的驱动装置是由水冷或风冷电动机通过精密齿轮变速，或直接用变频马达连接到转头轴构成。由于驱动轴的直径仅0.48cm，这样旋转中的细轴可有一个事实上的弹性弯曲，以适应转头的不平衡，而不至于引起振动或转轴损伤。但是离心管及内含物必须精密配平到相互之差不超过0.1g。除速度控制系统外，还有一个过速保护系统，以防止转速超过转头的最大规定转速。如果出现转速超过转头的最大规定速度，会引起转头的撕裂或爆炸。因此，离心腔总是用能承受此种爆炸的装甲板密闭。

3. 温度控制系统

超速离心机的温度控制是由安置在转头下面的红外线射量感受器控制，连续监测转头的温度。

4. 真空系统

对于超速离心机，当转速超过40 000r/min时，空气与旋转的转轴及转头之间的摩擦生热成为严重的问题，因此，必须增添真空系统。

（二）离心机的主要类型

根据不同的分类标准可将离心机分为不同类型。

按用途可分：医用离心机、制药离心机、化工离心机、食品离心机、血库离心机和酶标板离心机等；按容量可分：微量离心机、小容量离心机、大容量离心机和超大容量离心机；

按有无冷冻可分：冷冻离心机和常温离心机。根据转速高低，离心机可分为以下三类。

1. 普通离心机

也称为低速离心机，最大转速为6000r/min，最大相对离心力近6000×g，转子有角式和水平式，其转速不能严格控制，通常不带冷冻系统，于室温下操作，用于分离细胞、细胞碎片和培养基残渣等易沉降的大颗粒物质。

2. 高速离心机

最大转速为20 000～25 000r/min，最大相对离心力为89 000×g，分离形式也是固液沉降分离，通常用于微生物菌体、细胞碎片、大细胞器、硫酸铵沉淀和免疫沉淀物等的分离纯化工作，但不能有效地沉降病毒、小细胞器（如核蛋白体）或单个分子。高速离心机一般带有制冷装置和真空系统。

3. 超速离心机

转速可达50 000～80 000r/min，最大相对离心力可达510 000×g，分离的形式是差速沉降分离和密度梯度区带分离，离心管平衡允许的误差要小于0.1g。超速离心机除附有冷冻装置和真空系统外，还会附有一套光学系统，可以对固相颗粒沉降过程跟踪监测。超速离心机的出现，使生物科学的研究领域有了新的扩展，它能使过去仅在电子显微镜观察到的亚细胞器得到分级分离，还可以分离病毒、核酸、蛋白质和多糖等。

三、离心机的用途及操作注意事项

（一）离心机的用途

根据不同的目的可将离心机分为制备型离心机和分析型离心机。制备型离心主要是用于对生物样品的分离、纯化和制备。分析型离心机最终目的是利用已分离纯化的单一组分做各方面性质的分析研究。最常用的分析型研究主要是检测物质的分子质量、沉降系数、密度和纯度等。

（二）离心机的操作注意事项

高速离心机与超速离心机是生化实验教学和生化科研的重要精密设备，因其转速高，产生的离心力大，使用不当或缺乏定期的检修和保养，都可能发生严重事故，因此，使用离心机时都必须严格遵守操作规程。

（1）使用各种离心机时，必须事先在天平上精密地平衡离心管及其内容物，平衡时重量之差不得超过各个离心机说明书上所规定的范围。每个离心机不同的转头有各自的允许差值，转头中绝对不能装载单数的离心管，当转头只是部分装载时，离心管必须互相对称地放在转头中，以便使负载均匀地分布在转头的周围。

（2）装载溶液时，要根据各种离心机的具体操作说明进行。根据待离心液体的性质及体积选用适合的离心管，严禁使用显著变形、损伤或老化的离心管。有的离心管无盖，液体不得装得过多，以防离心时甩出，造成转头不平衡、生锈或被腐蚀，而制备型超速离心机的离心管，则常常要求必须将液体装满，以免离心时塑料离心管的上部凹陷变形。

（3）转头是离心机中需重点保护的部件，每次使用后，必须仔细检查转头，及时清洗、擦干，搬动时要小心，不能碰撞，避免造成伤痕，转头长时间不用时，要涂上一层上光蜡保护。每个转头各有其最高允许转速和使用累积时限，使用转头时要查阅说明书，不得过速使用。每一转头都要有一份使用档案，记录累积的使用时间，若超过了该转头的最高使用时限，则须按规定降速使用。

（4）若要在低于室温的温度下离心时，转头在使用前应放置在冰箱或置于离心机的转头室内预冷。

（5）离心过程中不得随意离开，应随时观察离心机上的仪表是否正常工作，如有异常的声音应立即停机检查，及时排除故障。

（杨致荣）

第九章　分光光度技术

利用物质所特有的吸收光谱来鉴定物质性质及其含量的技术，称为分光光度技术（spectrophotometry）。

分光光度法是对比色分析法的发展，比色分析法只限于可见光区，分光光度法可以扩展到紫外光区和红外光区。每种物质都具有其特异的吸收光谱，有些物质的溶液无色，对可见光无吸收作用，但可以吸收特定波长的紫外线或红外线，可以利用分光光度技术来定性鉴定和定量测定。

第一节　分光光度技术的原理

一、朗伯-比尔（Lambert-Beer）定律

朗伯-比尔（Lambert-Beer）定律是利用分光光度计进行比色分析的基本原理，这个定律是讨论有色溶液对单色光的吸收程度与液层厚度间的定量关系。当一束平行单色光照射到任何均匀非散射的介质（固体、液体或气体）时，光的一部分被吸收，一部分透过，一部分被器皿的表面反射，在实际测量时都是采用同样材料的比色皿，反射的强度基本一致。因此，溶液的透光强度越大，对光的吸收越小；透光度越小，则溶液对光的吸收越大。

1. 朗伯（Lambert）定律

当单色光通过一吸收光介质时，其光强度（透光度）随吸收光介质的厚度增长而呈指数减少，A 表示吸光度，b 表示液层厚度，则 $A=K_2b$（K_2 为比例常数，与入射光波长及溶液的性质和浓度有关）。由 Lambert 定律可知，当入射光的波长、吸光物质的浓度和溶液的温度一定时，溶液的吸光度与液层厚度成正比。

2. 比尔（Beer）定律

单色光通过一吸收光介质时，光强度（透光度）随该物质浓度增长而呈指数减少，比尔定律表示溶液的吸光度与溶液浓度之间的关系。$A=K_1C$（K_1 与入射光的波长及溶液的性质、液层厚度和温度有关），当入射光的波长、液层厚度和溶液温度一定时，溶液的吸光度和溶液的浓度成正比。

3. 朗伯-比尔定律

若同时考虑溶液的浓度 C 和液层厚度 b 对吸光度的影响，则将上述两定律合并为朗伯-比尔定律。

$$A=KCb$$

式中，K 是比例常数，与入射光的波长、物质的性质和溶液的温度等因素有关。此定律表示，当一束单色光通过均匀溶液时，其吸光度与溶液的浓度和厚度的乘积成正比。

4. 摩尔消光系数

摩尔消光系数（molar extinction coefficient）以 ε 表示，单位为 L/(mol·cm)，表示物质的浓度为 1mol/L，液层厚度为 1cm 时，溶液的吸光度。ε 是物质的特征常数，是鉴别化合物的重要数据。

5. 比消光系数

比消光系数（specific extinction coefficient）是指物质浓度为 10g/L，液层厚度为 1cm 时溶液的吸光度。常用于一些相对分子质量不易测得的生物大分子（如蛋白质、核酸等）的测定。

6. 百分消光系数

我国药典规定的吸收系数，是指溶液浓度为 1%，液层厚度为 1cm 时溶液的吸光度。

7. 朗伯-比尔定律的局限性

有时测得吸光度与浓度之间不呈现直线关系，就应注意选择合适的分光比色条件，才能得到准确的结果。

(1) 选择最适合的滤光片或入射光波长，使溶液对这种波长范围的光有最大的吸收，这样才能达到较高的灵敏度。同时，单色光的波长范围应该较窄，即单色光的纯度较高，这样才能较好地符合朗伯-比尔定律（严格说来，朗伯-比尔定律只适合单色光）。

(2) 测量时光吸收的大小应适当，过大过小都会带来较大的测定误差。通常光吸收的数值应控制在 0.05～1.0，可以通过调节溶液浓度和使用不同厚度的比色皿来解决。

(3) 测量时，根据不同情况选用不同的参比溶液。当显色剂、制备测试液时所用的其他试剂均为无色，且被测试液中又无其他有色离子存在时，可用无离子水作参比溶液；若显色剂为无色而被测试液存在其他有色离子时，应采用不加显色剂的被测试液作参比溶液；若显色剂与试剂均有颜色时，可将一份试液加入适当掩蔽剂，将被测组分掩蔽起来，使之不再与显色剂作用，显色剂及其他试剂均按试液测定方法加入，以此作为参比溶液，这样还可以消除一些共存组分的干扰。

二、实际测定时吸光度与物质浓度之间偏离朗伯-比尔定律的原因

在分光光度法分析中，通常固定吸收层的厚度不变，用分光光度计测量一系列标准溶液的吸光度，根据朗伯-比尔定律 $A=KCb$，吸光度与吸光物质的浓度成正比，故以吸光度为纵坐标，物质的浓度为横坐标作图，应得到一条通过原点的直线，称为标准曲线，或称工作曲线。但实际工作中，经常发现标准曲线不成直线的情况。特别是当吸光物质的浓度比较高时，明显地看到标准曲线向浓度轴弯曲（个别情况向吸光轴弯曲），这种现象称为偏离朗伯-比尔定律。在一般情况下，若偏离程度不是很严重，即标准曲线弯曲情况较轻微时，仍可用于定量分析，一旦出现严重弯曲，将不能再用，以避免造成误差。

偏离的原因主要有以下两个方面。

1. 由于非单色光引起的偏离

严格来说，朗伯-比尔定律只适用于单色光，但实际工作中所得到的入射光本质上仍是复合光。非单色光引起的偏离原因简单说明如下。

设有两种波长的单色光 λ_1 和 λ_2 通过溶液，依据朗伯-比尔定律，

对波长 λ_1 光的吸收为

$$A_1 = \log I_{01}/I_1 = \varepsilon_1 bC$$

对波长 λ_2 光的吸收为

$$A_2 = \log I_{02}/I_2 = \varepsilon_2 bC$$

设 λ_1 和 λ_2 的入射光强度一样，即 $I_0=I_{01}=I_{02}$，又设测量仪器（光电池或光电管）对它

们的灵敏度也一样，则它们的吸光度平均值为

$$A_3 = 1/2(A_1 + A_2) = 1/2(\varepsilon_1 + \varepsilon_2)bC$$

若是这样，平均吸光度与物质的浓度和液层的厚度成正比，即能符合朗伯-比尔定律，只不过常数总有所不同而已。但是，实际上的吸光度不是 A_3（$A_{平均}$）而是 $A_{测}$，它与入射光的总强度（$I_{01}+I_{02}$）和透过光的总强度（I_1+I_2）应呈如下关系：

$$A_{测} = \log(I_{01} + I_{02})/(I_1 + I_2)$$

那么，$A_{测}$ 与 A_3 并不相等，且 $A_{测}<A_3$，可用下述证明之。

令吸光物对波长 λ_2 单色光的吸收率较大，则入射光透过比色皿后 I_2 必小于 I_1，即

$$I_1 > I_2, I_1 - I_2 > 0$$

将上式平方，得

$$I_1^2 - 2I_1I_2 + I_2^2 > 0$$

则

$$I_1^2 + I_2^2 > 2I_1I_2$$

$$I_1^2 + 2I_1I_2 + I_2^2 > 4I_1I_2$$

将上述不等式两边分别去除 I_0^2，得

$$I_0^2/(I_1 + I_2)^2 < I_0^2/4I_1I_2$$

则

$$4I_0^2/(I_1 + I_2)^2 < I_0^2/I_1I_2$$

$$[2I_0/(I_1 + I_2)]^2 < I_0^2/I_1I_2$$

得

$$2\log 2I_0/(I_1 + I_2) < \log(I_0^2/I_1I_2)$$

$$\log 2I_0/(I_1 + I_2) < 1/2\log I_0^2/I_1I_2$$

$$\log[(I_{01} + I_{02})/(I_1 + I_2)] < 1/2[\log(I_0/I_1) + \log(I_0/I_2)]$$

$$A_{测} < 1/2(A_1 + A_2)$$

$$A_{测} < A_{平均}$$

故

$$A_{测} < A_3$$

由此可见，单色光的纯度较差，吸光物质的浓度越大，或吸收层厚度越大，则 $A_{测}$ 与 A_3 间差别就越大。这样容易使标准曲线在浓度增大时向浓度轴方向弯曲导致负偏离。

2. 由于溶液本身的因素

（1）由溶液折光指数的变化而引起。若考虑溶液折光指数的变化，那么朗伯-比尔定律应为

$$A = K'[h/(h^2 + I)^2]bC$$

式中，h 表示溶液的折光指数。在分光光度分析中，溶液的折光指数一般变化很小，故其影响可以忽略不计。

（2）由于介质不均匀引起的偏离。当被测试溶液是胶体溶液、乳浊液或悬浮物质时，入射光通过溶液后，除了一部分被测试液吸收外，还有一部分因散射现象而损失，使透光率减

小，因而导致实测吸光度增加，偏离朗伯-比尔定律。

（3）溶液浓度的影响。朗伯-比尔定律对于待测物质的溶液只在一定浓度范围内有效，在这一浓度范围内吸光度与浓度呈线性关系；高浓度时该定律无效。如果溶液的浓度超出了限定的范围，可将溶液稀释到朗伯-比尔定律有效的浓度范围之后测定，以测得的稀释液浓度乘以其稀释倍数即可确定该样品的浓度。

分光光度计的吸光度值刻度虽从 $0\rightarrow\infty$（无限大），而其准确度最高的范围一般在 0.2～0.8，测量时应调整试样的浓度，使测量的吸光度值在这个范围内，否则影响测量的准确度。

（4）物质在溶液中的化学变化的影响。物质在溶液中的化学变化包括离解（电离）、溶剂化、互变异构或形成络合物等。例如，尿嘧啶在 pH2.0 溶液中的吸收峰在 259nm，$\varepsilon=8.2\times10^3$；而在 pH12.0 溶液中吸收峰变为 282nm，$\varepsilon=6.2\times10^3$。这是在碱性环境中尿嘧啶转变为烯醇式形态所致。

物质在溶液中的状态与溶液的条件有关，如上述的互变异构现象的发生，是由于溶液的 pH 变化引起的，故在分光光度测定中，应十分注意保持测定液的 pH 恒定。

三、测定条件的选择

1. 入射光波长的选择

为使测定结果有较高的灵敏度，在一般情况下，入射光应选择被测物质溶液的最大吸收波长。若遇到干扰时，则可选另一灵敏度稍低，但能避免干扰的入射光。因此，选择适当波长不仅能提高分析的灵敏度，还能提高分析的准确度。

2. 控制适当的吸光度范围

一般应控制标准溶液和测试液的吸光度为 0.2～0.8，可从下列几方面加以考虑。

（1）控制溶液的浓度，如改变试样的称量或改变溶液的稀释度等。

（2）选择不同厚度的比色皿。

（3）选择适当的参比溶液。在吸光度测量时利用参比溶液来调节仪器的零点，可以消除由于比色皿壁及溶剂对入射光的反射和吸收带来的误差。

在实际工作中，有时标准曲线不通过零点，造成这种情况的原因很复杂，主要是由于参比溶液选择不当、比色皿厚度不等、比色皿放置位置不妥或比色皿透光面不清洁等引起。此外，溶液中吸光物质浓度不同、络合物组成发生改变、络合物离解度较大等，亦可能导致标准曲线下部弯曲，因而不通过零点。

（武金霞）

第二节　分光光度计的构造及使用

能从含有各种波长的混合光中将每一单色光分离出来并测量其波长及强度的仪器称为分光光度计。

一、一般构造

分光光度计是一种靠光栅或棱镜提供单色光的复杂而精巧的比色计，根据使用的波长范围不同可分为紫外光区、可见光区、红外光区及全波段分光光度计等。无论哪类分光光度计都配备有下列组成部分：光源、单色器、吸收池、检测器和测量装置。不同波长范围的组成部分材料是不同的，其基本结构如图 9-1。

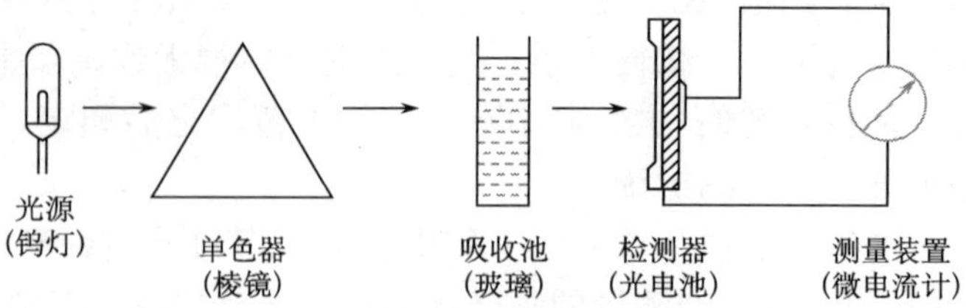

图 9-1　分光光度计各组分示意图

1. 光源

分光光度计上常用的光源有两种，即钨灯和氢灯（或氘灯）。在可见光区、近紫外光区和近红外光区常用钨灯，其发射连续波长范围为 320～2500nm。在紫外光区用氢灯或氘灯。氢灯内充有低压氢，在两极间施以一定电压来激发氢分子发出紫外光，其发射连续辐射光谱波长为 190～360nm。氘灯（即重氢灯）发射连续辐射光谱波长为 180～500nm。一般情况下，氘灯的辐射强度比氢灯大 3～5 倍，使用寿命也比氢灯长，因此，目前大多数紫外分光光度计的光源都使用氘灯。

2. 单色器

它是把混合光波分解为单一波长光的装置。多用棱镜或光栅作为它的色散元件。光波通过棱镜时，不同波长的光折射率不同。波长越短，传播速度越快，折射率则越大；反之，波长越长，传播速度越慢，折射率越小，因而能把不同波长的光分开。可见分光光度计使用玻璃棱镜，紫外分光光度计则使用石英棱镜或熔凝石英棱镜。

3. 吸收池

吸收池又称比色皿、比色杯、比色池，一般由玻璃、石英和溶凝石英制成，用来盛被测试的溶液。不同的检测波长可选用不同材料制成的比色皿。可见光区或近红外光区检测应选用普通光学玻璃比色皿，紫外光区检测应选用石英玻璃比色皿。

为保证吸光值测量的准确性，要求同一测量使用的比色皿具有相同的透光特性和光程长度。

4. 检测器

检测器是一种光电换能器，主要功能是将接收的光信号转变成电信号，再通过放大器将信号输送到显示器。常用的检测器有：光电池、光电管和光电倍增管。

5. 测量装置

一般常用的紫外分光光度计和可见分光光度计有三种测量装置，即电流表、波长分度盘和测量读数盘。现代的仪器常附有自动记录仪，可自动描出吸收曲线。

二、721 型分光光度计

此仪器给出波长范围为 360～800nm，在 410～710nm 灵敏、适用。使用方法如下（各调节部位见图 9-2）。

（1）灵敏度选择钮放在“1”档（如调不到“0”时，再选用较高的档）。

（2）转动波长选择钮，选用所需的波长。

（3）接通电源（指示灯亮）。

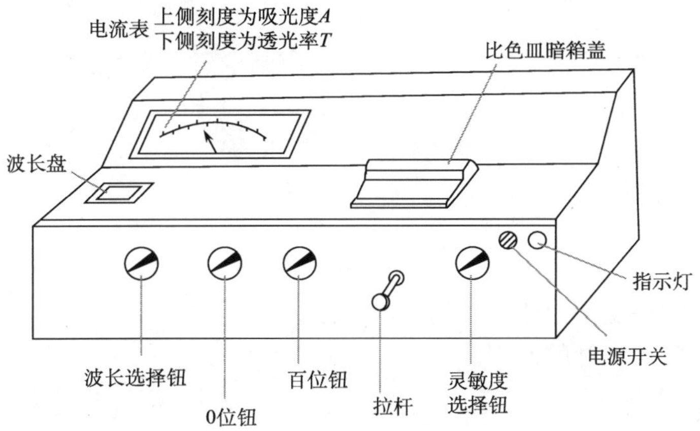

图 9-2　721 型分光光度计

（4）揭开比色皿暗箱盖，转动“0 位钮”，使电表指针对准 $T=0$ 处。

（5）将比色杯放入比色杯架上，使空白管对向光路，盖好比色皿暗箱盖，转动“百位钮”调准电表指针，使之指向 $A=0$（$T=100$ 处）。

（6）拉动比色皿座的拉杆，使测定杯进入光路，迅速从电表上读出光密度值，记录。测读过程中，随时将拉杆推回到原位，使空白杯进入光路，并转动“百位钮”，使指针回到 $A=0$ 处。

（7）比色完毕后，关上电源开关，取出比色杯，将比色皿暗箱盖盖好，清洗比色皿并晾干。

（8）注意事项。

a. 光电比色计属精密仪器，应精心爱护使用，要防震、防潮、防腐蚀。

b. 比色杯的好坏对光密度读数的影响很大，要保持比色杯的清洁干净，保护光学面的透明度，不能手握光学面，也不能用粗糙的物体接触光学面，比色杯中的液体应适量，不应过满，比色杯外壁的液体应用擦镜纸擦干，以防腐蚀仪器和影响读数。如比色液为强酸强碱，应尽快比色，以防破坏比色杯。

c. 比色时间应尽量缩短，以防光电系统疲劳。如需连续使用，中间应适当暂停使用，使之避光休息。

三、紫外-可见分光光度计

这类仪器（图 9-3）常用的波长范围为 220～800nm，少数仪器使用波长范围为 185～1100nm。

在低波长段一般采用的光源是氘灯或氢灯，高波长段采用的光源是钨灯或碘钨灯。单色器一般配棱镜或光栅。检测器大多数用光电倍增管。由于紫外-可见分光光度计的样品池和参比池共用一条光路，因此，要通过轮换参比池和样品池的位置来进行测定。

（武金霞）

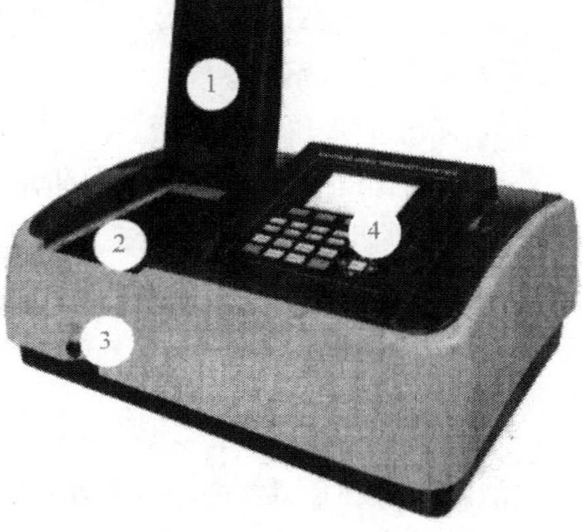

图 9-3　紫外-可见分光光度计

1. 测量室盖；2. 比色皿架；3. 拉杆；4. 操作键盘

第三节　实验部分

实验一　双缩脲法测定蛋白质含量

【实验目的】

1. 掌握双缩脲法测定蛋白质含量的原理和方法。
2. 学会可见分光光度计的使用。

【实验原理】

蛋白质双缩脲反应原理参阅第二篇第二章实验一。

蛋白质分子发生双缩脲反应所形成的紫红色络合物，该络合物颜色深浅与蛋白质的含量成正比，与蛋白质的分子质量及其氨基酸的组成无关，反应产物在540nm处有最大光吸收。当蛋白质浓度在一定范围内时，符合比尔定律。

该法测定蛋白质含量的灵敏度较低，浓度范围在1～10mg/mL，常用于蛋白质的快速测定。本实验利用双缩脲法测定面粉可溶性蛋白质含量。

【器材】

1. 仪器：电子天平，可见分光光度计，低速离心机，振荡器。
2. 材料：试管（18mm×180mm），吸量管（1mL、5mL、20mL），离心管，三角瓶（100mL），面粉。

【试剂】

1. 双缩脲试剂：取1.5g硫酸铜（$CuSO_4 \cdot 5H_2O$）和6.0g的酒石酸钾钠（$NaKC_4H_4O_6 \cdot 4H_2O$）溶于500mL无离子水中，在搅拌下加入300mL 10%NaOH溶液，用水稀释至1000mL，储存于试剂瓶。
2. 0.05mol/L KOH溶液。
3. 10mg/mL牛血清标准蛋白质溶液（用0.05mol/L氢氧化钠溶液配制）。
4. CCl_4 原溶液。

【操作步骤】

1. 标准曲线的绘制

取洁净干燥试管12支，分两组按表9-1准确加入各种试剂，进行平行操作。

表 9-1 标准蛋白质双缩脲反应加样表

试剂	管号及加量					
	1 (1′)	2 (2′)	3 (3′)	4 (4′)	5 (5′)	6 (6′)
标准蛋白质溶液/mL	0	0.2	0.4	0.6	0.8	1.0
无离子水/mL	1	0.8	0.6	0.4	0.2	0
蛋白质含量/mg	0	2	4	6	8	10
双缩脲试剂/mL	4	4	4	4	4	4
	充分混匀，室温下放置 30min					
$\overline{A}_{540}$	0					

721 型分光光度计预热 30min。用 1 (1′) 号管作为对照管，测定各管 540nm 处的吸光度值，平行样品间取平均值 $\overline{A}_{540}$。

2. 样品的测定

称取 0.3g 面粉两份，分别放入三角瓶中，各加 0.5mL CCl_4 和 5mL 0.05mol/L KOH，室温振荡 10min，4000r/min 离心 10min，取上清液，即为面粉可溶性蛋白质，测量体积，记为 $V_样$。各取 2 份面粉可溶性蛋白质溶液 1mL，分别加入 4mL 双缩脲试剂，混匀，室温放置 30min，测定 A_{540}，求平均值。

【结果与分析】

1. 绘制标准曲线。以 1～6 (1′～6′) 号管蛋白质含量 (mg) 为横坐标，对应的 $\overline{A}_{540}$ 为纵坐标，用 Excel 软件绘制标准曲线，得标准曲线方程。

2. 计算面粉样品可溶性蛋白质含量。以样品管 $\overline{A}_{540}$ 代入标准曲线公式，计算出测定液的蛋白质含量，记为 $W_样$ (mg)。

$$样品中蛋白质的百分含量\ (g/100g)=\frac{(W_样\times V_样)}{M_样\times 1000}\times 100$$

式中，$W_样$ 表示 1mL 面粉可溶性蛋白质溶液的蛋白质含量 (mg)；$V_样$ 表示 0.3g 面粉提取的可溶性蛋白质溶液的体积 (mL)；$M_样$ 表示面粉样品的质量 (0.3g)；1000 表示由毫克换算成克的系数；100 表示换算成 100g 样品。

【注意事项】

双缩脲反应产物应于显色后 30min 内比色测定。30min 后可有雾状沉淀发生，各管由显色到比色的时间应尽量一致。

【思考题】

1. 本实验中加入 CCl_4 有何作用?
2. 如果所测得样品的吸光度值太大该如何操作?

(武金霞 张金桐)

实验二　Folin-酚试剂法测定蛋白质浓度

【实验目的】

学习 Folin-酚试剂法测定蛋白质含量的原理和操作方法。

【实验原理】

Folin-酚试剂法（Lowry 法）是目前生化实验中常用的蛋白质含量测定方法之一。Folin-酚试剂由试剂甲与试剂乙组成。试剂甲由碳酸钠、氢氧化钠、硫酸铜及酒石酸钾钠组成，试剂乙由磷钼酸和磷钨酸组成。蛋白质分子中含有酪氨酸和色氨酸残基，能与 Folin-酚试剂起氧化还原反应。反应过程分为两步：首先，在碱性溶液中，蛋白质分子中的肽键与碱性铜试剂中的 Cu^{2+} 作用生成蛋白质-Cu^{2+} 复合物；然后，蛋白质-Cu^{2+} 复合物中所含的酪氨酸或色氨酸残基还原试剂乙中的磷钼酸和磷钨酸生成蓝色的化合物。该呈色反应在 30min 内即接近极限，并至少可稳定几小时，在一定浓度范围内，蓝色的深浅与蛋白质含量呈线性关系，故可用比色的方法确定蛋白质的含量。根据预先绘制的标准曲线即可求出未知样品中蛋白质的含量。

Folin-酚试剂法操作简便，灵敏度较高，可测定蛋白质浓度为 25～250μg/mL 的样品。此法也适用于测定酪氨酸、色氨酸含量。

此反应不足之处是受多种因素干扰。在测试时应排除干扰因素或做空白实验消除。由于试剂甲相当于双缩脲试剂，因此凡干扰双缩脲反应的基团（如—CO—NH_2、—CH_2—NH_2 和—CS—NH_2）、在性质上是氨基酸或肽的缓冲液（如 Tris 缓冲液）及蔗糖、硫酸铵、巯基化合物均可干扰 Folin-酚反应。此外，所测的蛋白质样品中，若含有酚类及柠檬酸，均对此反应有干扰作用。而浓度较低的尿素（0.5%左右）、胍（0.5%左右）、硫酸钠（1%）、硝酸钠（1%）、三氯乙酸（0.5%）、乙醇（5%）、乙醚（5%）和丙酮（0.5%）对显色虽无影响，但这些物质在所测样品中含量较高时，则需作校正曲线。若所测样品中含硫酸铵，则需提高碳酸钠-氢氧化钠浓度即可显色测定。若样品酸度较高，也需提高碳酸钠-氢氧化钠浓度 1～2 倍，这样即可纠正显色后色浅的弊病。

本实验采用 Folin-酚法测定鸡蛋清中蛋白质含量。

【器材】

1. 仪器：恒温水浴锅，可见分光光度计。
2. 材料：试管（18mm×180mm），试管架，吸量管（0.5mL、1mL），鸡蛋清。

【试剂】

1. 标准蛋白质溶液

250μg/mL 牛血清白蛋白溶液。

2. Folin-酚试剂

（1）试剂甲：①4%碳酸钠溶液；②0.2mol/L 氢氧化钠溶液；③1%硫酸铜溶液；④2%酒石酸钾钠溶液。临用前先将①与②等体积配制成碳酸钠-氢氧化钠溶液，③与④等体积配制成硫酸铜-酒石酸钾钠溶液，再将这两种试剂按 50∶1 的比例混合，即为 Folin-酚试剂甲。

（2）试剂乙：称取钨酸钠（$Na_2WO_2 \cdot 2H_2O$）100g、钼酸钠（$Na_2MoO_4 \cdot 2H_2O$）25g 置 2000mL 磨口回流装置内，加无离子水 700mL，85%磷酸 50mL 和浓盐酸 100mL，充分混匀，使其溶解。小火加热，回流 10h（烧瓶内加小玻璃珠数颗，以防溶液暴沸），再加入硫酸锂（$LiSO_4$）150g，无离子水 50mL 及溴水数滴。在通风橱中开口煮沸 15min，以除去多余的溴。冷却后定容至 1000mL，过滤即成 Folin-酚试剂乙储存液，此液应为鲜黄色，不带任何绿色。置棕色瓶中，可在冰箱长期保存。若此储存液使用过久，颜色由黄变绿，可加几滴液溴，煮沸数分钟，恢复原色仍可继续使用。试剂乙储存液在使用前应确定其酸度。以其滴定标准氢氧化钠溶液（1mol/L 左右），以酚酞为指示剂，当溶液颜色由红→紫红→紫灰→墨绿时即为滴定终点。该试剂的酸度应为 2mol/L 左右，使用前将之稀释至相当于 1mol/L 酸度。

3. 待测蛋白质溶液

稀释 400 倍的鸡蛋清溶液。

【操作步骤】

取 14 支洁净干燥试管，分两组按表 9-2 平行操作，进行标准曲线的绘制和样品的测定。

表 9-2　标准蛋白质和样品 Folin-酚反应加样表

试剂	管号及加量						
	1（1′）	2（2′）	3（3′）	4（4′）	5（5′）	6（6′）	7（7′）
标准蛋白质溶液/mL	0	0.2	0.4	0.6	0.8	1.0	0
无离子水/mL	1.0	0.8	0.6	0.4	0.2	0	0
蛋白质浓度/(μg/mL)	0	50	100	150	200	250	?
待测试样品/mL	0	0	0	0	0	0	1.0
Folin-酚试剂甲/mL	5.0	5.0	5.0	5.0	5.0	5.0	5.0
	混匀，于 20～25℃放置 10min						
Folin-酚试剂乙/mL	0.5	0.5	0.5	0.5	0.5	0.5	0.5
	迅速混匀，于 30℃（或室温 20～25℃）水浴保温 30min，以 1（1′）号管反应液为空白，测 A_{640}						
$\overline{A}_{640}$	0						

保温 30min 后，在 721 分光光度计上 640nm 处比色，以 1（1′）号管溶液调零，记录各试管的 A_{640}，平行样品间取平均值 $\overline{A}_{640}$。

【结果与分析】

1. 绘制标准曲线。以 1～6（1′～6′）号管 $\overline{A}_{640}$ 为纵坐标，对应的标准蛋白质浓度为横坐标，用 Excel 软件绘制标准曲线，得标准曲线方程。

2. 样品蛋白质浓度计算。依据 7（7′）号管的 $\overline{A}_{640}$，从标准曲线上查出或利用标准曲线公式计算测定液的蛋白质浓度，再根据稀释倍数求出鸡蛋清的蛋白质含量。

3. 分析两组平行操作出现误差可能的原因。

【注意事项】

1. Folin-酚试剂甲必须临用前配制，1d 内有效。

2. Folin-酚试剂乙在酸性条件下较稳定，而 Folin-酚试剂甲在碱性条件下与蛋白质作用生成碱性的蛋白质-Cu^{2+} 溶液。当 Folin-酚试剂乙加入后，应迅速摇匀（加一管摇一管），使还原反应发生在磷钼酸-磷钨酸试剂被破坏之前。

【思考题】

1. 说明 Folin-酚法测定蛋白质含量的优缺点。
2. 如何使用 Folin-酚法测定蛋白酶活力？

（武金霞）

实验三　紫外吸收法测定蚯蚓提取液的蛋白质含量

【实验目的】

1. 学习紫外吸收法测定蛋白质含量的原理。
2. 掌握紫外分光光度计的作用方法。

【实验原理】

由于蛋白质分子中的苯丙氨酸、酪氨酸和色氨酸残基的 R 侧链中的芳香族基团含有共轭双键，因此，蛋白质溶液具有紫外吸收的性质，在 280nm 处的紫外光区具有最大的吸收峰。在此波长处，蛋白质溶液的光吸收值（A_{280}）与其含量成正比，利用这一特性可定量测定蛋白质的含量。

利用紫外线吸收法测定蛋白质含量的优点是迅速、简便，不消耗样品，低浓度盐类不干扰测定。因此，在蛋白质和酶的生化制备中（特别是柱层析分离中）广泛应用。该方法的缺点是：①对于测定那些与标准蛋白质中酪氨酸和色氨酸含量差异较大的蛋白质有一定的误差；②若样品中含有嘌呤、嘧啶等吸收紫外光的物质，会出现较大的干扰。不同的蛋白质和核酸的紫外吸收是不同的，即使经过校正，测定结果也还存在一定的误差，但可作为初步定量的依据。

紫外吸收法可测定 0.1～0.5mg/mL 的蛋白质溶液。

【器材】

1. 仪器：紫外分光光度计，高速冷冻离心机。

2. 材料：试管（18mm×180mm），试管架，吸量管，石英比色皿，研钵，手术剪，容量瓶，赤子爱胜蚓。

【试剂】

1. 0.01mol/L pH8.0 磷酸盐缓冲液。

2. 标准蛋白质溶液：准确称取经微量凯氏定氮法定氮的干酪素，配制成浓度 1mg/mL 溶液。

【操作步骤】

1. 样品制备

称取两条赤子爱胜蚓（5g），剪碎，放入研钵中，加入 2.0mL 0.01mol/L pH8.0 磷酸盐缓冲液，匀浆，倒入 10mL 离心管中，再用 2.0mL 0.01mol/L pH8.0 磷酸盐缓冲液洗净研钵，合并入离心管。8000r/min 4℃离心 10min，上清液转移至 10mL 容量瓶，用相同缓冲液定容，即为蚯蚓蛋白提取液，稀释 10 倍用以测定蛋白质浓度。

2. 标准曲线制备及样品测定

取 18 支洁净干燥试管，分两组按表 9-3 进行平行操作。

表 9-3　标准蛋白质和样品紫外吸收测定加样表

试剂	管号及加量								
	1 (1′)	2 (2′)	3 (3′)	4 (4′)	5 (5′)	6 (6′)	7 (7′)	8 (8′)	9 (9′)
标准蛋白质溶液/mL	0	0.5	1.0	1.5	2.0	2.5	3.0	4.0	0
蚯蚓蛋白稀释液/mL	0	0	0	0	0	0	0	0	1
无离子水/mL	4	3.5	3.0	2.5	2.0	1.5	1.0	0	3
蛋白质浓度/(mg/mL)	0	0.125	0.25	0.375	0.50	0.625	0.75	1.0	?
$\overline{A}_{280}$	0								

按上表分别向每支试管内加入各种试剂，混匀。选用光程为 1cm 的石英比色杯，在 280nm 波长处分别测定各管的光吸收值 A_{280}，平行样品间取平均值 $\overline{A}_{280}$。若样品管的超出标准蛋白质的吸光值范围，应适当稀释，重新取 1mL 稀释液测定。

【结果与分析】

1. 绘制标准曲线。以 1～8（1′～8′）号试管 $\overline{A}_{280}$ 为纵坐标，以对应的蛋白质浓度为横坐标，Excel 软件绘出标准曲线，得标准曲线方程。

2. 计算样品的蛋白质含量。根据测定液 9（9′）号管的 $\overline{A}_{280}$，从标准曲线上查出或根据标准曲线方程求出测定液的蛋白质浓度，记为 $C_{样}$（mg/mL）。

$$\text{蚯蚓组织的蛋白质含量（mg/g）}=\frac{C_{样}\times 100}{5}\times n$$

式中，$C_{样}$ 表示 1mL 稀释蚯蚓蛋白液的浓度（mg/mL）；100 表示蚯蚓蛋白提取液的体积

(mL)；5 表示蚯蚓组织的质量 (g)；n 表示蚯蚓蛋白提取液的稀释倍数。

3. 分析结果产生偏差的原因。

【注意事项】

1. 紫外分光光度计为贵重仪器，使用时需多加注意。
2. 比色皿为石英材料，要小心拿放。
3. 为保证未知浓度的溶液的 A_{280} 在标准曲线范围内，样品溶液要稀释适当的倍数。

【思考题】

1. 紫外法测定蛋白质浓度有何优缺点？
2. 如果样品中含有干扰因素，如何对实验结果进行校正？

（武金霞）

实验四　考马斯亮蓝染色法测定蛋白质浓度

【实验目的】

学习和掌握考马斯亮蓝 G-250 法测定蛋白质含量的原理和方法。

【实验原理】

考马斯亮蓝 G-250 (Coomassie brilliant blue G-250) 为一种常用的蛋白质染色剂，在酸性游离状态下呈棕红色，最大光吸收在 465nm；当它与蛋白质结合后变为蓝色，该结合物在 595nm 波长下有最大光吸收。在一定蛋白质浓度范围内 (0～100μg/mL)，其蓝色结合物的光吸收值与蛋白质含量成正比，因此，可用于蛋白质的定量测定。

蛋白质与考马斯亮蓝 G-250 结合反应十分迅速，在 2min 左右达到平衡，且结合物在室温下 1h 内保持稳定。蛋白质-染料复合物具有很高的消光系数，因此，该法可测定微克级蛋白质的含量，是一种常用的对微量蛋白质进行快速测定的方法。

【器材】

1. 仪器：电子天平，可见分光光度计，低速离心机。
2. 材料：研钵，吸量管 (1mL、5mL)，容量瓶 (10mL)，量筒 (10mL)，试管 (18mm×180mm)，试管架，滴管，绿豆芽、大蒜等新鲜材料。

【试剂】

1. 标准蛋白质溶液：1mg/mL 牛血清白蛋白溶液。

2. 考马斯亮蓝 G-250 试剂：称取 100mg 考马斯亮蓝 G-250，溶于 50mL 95%乙醇中，加入 85%（*W*/*V*）磷酸 100mL，最后用无离子水定容到 1000mL，在常温下可放置 1 个月。

【操作步骤】

1. 待测样品液制备

称取 0.2g 绿豆芽下胚轴（或大蒜）于研钵中，加 2mL 无离子水研磨成匀浆，转移至离心管中，用 6mL 无离子水分次洗研钵并收集于同一离心管，放置 0.5～1h 以充分提取后，4000r/min 离心 20min，将上清液转入 10mL 容量瓶中，用无离子水定容至刻度，即为待测样品提取液。

2. 蛋白质含量的测定

取 14 支洁净干燥试管，按表 9-4 准确加入各试剂，分两组平行操作。

表 9-4　考马斯亮蓝法测定蛋白质浓度加样表

试剂	管号及加量						
	1（1′）	2（2′）	3（3′）	4（4′）	5（5′）	6（6′）	7（7′）
标准蛋白质溶液/mL	0	0.02	0.04	0.06	0.08	0.1	0
无离子水/mL	0.1	0.08	0.06	0.04	0.02	0	0
蛋白质含量/μg	0	20	40	60	80	100	?
待测样品/mL	0	0	0	0	0	0	0.1
考马斯亮蓝 G-250/mL	5	5	5	5	5	5	5
	混匀，室温放置 2min						
$\overline{A}_{595}$	0						

充分混匀，室温下放置 2min。用 1cm 光径的比色皿以 1（1′）号管为空白，在 595nm 波长下比色，记录各试管溶液的吸光度值 A_{595}，平行样品间取平均值 $\overline{A}_{595}$。

【结果与分析】

1. 标准曲线的绘制。以 1～6（1′～6′）号管的 $\overline{A}_{595}$ 值为纵坐标，对应的蛋白质含量为横坐标，利用 Excel 绘制标准曲线，得标准曲线方程。

2. 样品蛋白质含量计算。7（7′）号管为待测样品，根据其 $\overline{A}_{595}$ 值，在标准曲线上查得或按标准曲线方程计算 0.1mL 样品液中蛋白质的含量，并取其平均值 $X(\mu g)$。

按下式计算绿豆芽（或大蒜）中蛋白质含量：

$$\text{样品蛋白质含量（}\mu g/g\text{ 鲜重）}=\frac{X(\mu g)\times\dfrac{\text{提取液总体积（mL）}}{\text{测定时取样体积（mL）}}}{\text{样品鲜重（g）}}$$

式中，提取液总体积为 10mL；测定时取样体积为 0.1mL；样品鲜重为 0.2g。

【注意事项】

1. 光吸收的测定需在 1h 内完成。最好在试剂加入后的 5～20min 内测定完成，因为在这段时间内颜色是最稳定的。各管从加入试剂到测定完成的时间亦应保持相同。

2. 测定中，蛋白质-染料复合物会有少部分吸附于比色皿上，实验证明此复合物的吸附量是可以忽略的。由于石英比色皿吸附的染料不易清洗，应用玻璃比色皿。测定完样品后可用乙醇将比色皿清洗干净。

【思考题】

1. 待测样品的 A_{595} 值应处于标准曲线范围内，若测定结果不符合要求，请给出实验改进方案。

2. 与其他方法相比，考马斯亮蓝测定蛋白质含量的优点是什么？

（张　妍）

实验五　花椰菜 DNA 的提取与二苯胺法测定 DNA 的含量

【实验目的】

1. 熟悉 SDS 法分离提取植物总 DNA 的原理和方法。

2. 掌握二苯胺显色法测定 DNA 含量的原理和方法。

【实验原理】

1. 破碎细胞

利用液氮研磨使组织和细胞破碎。

2. DNA 的提取

核酸在细胞中都是以与蛋白质结合的状态存在的，用 DNP（DNA-蛋白质复合物）和 RNP（RNA-蛋白质复合物）表示。将 DNA 与蛋白质分离是提取 DNA 的关键，此外还要去除 RNA 杂质，并防止 DNase 对 DNA 的降解。

（1）加入 EDTA 抑制 DNase：EDTA（乙二胺四乙酸）为金属离子螯合剂，它能螯合 Mg^{2+} 和 Ca^{2+}，而 Mg^{2+} 和 Ca^{2+} 是 DNase 的辅因子，所以 EDTA 可以降低 DNase 的活性。

（2）除去 RNA：RNA 能在室温条件下被稀碱水解成核苷酸，DNA 对碱较稳定，所以常用 pH8.0 的提取液将 DNA 与 RNA 分开；在稀盐（如 0.14mol/L NaCl）溶液中，DNP 溶解度小，RNP 溶解度大，在浓 NaCl 溶液（如大于 1mol/L）中，DNP 溶解度大，RNP 溶解度小，可利用适当浓度的 NaCl 溶液将 DNA 和 RNA 分开。

（3）除去蛋白质：SDS 使蛋白质变性沉淀与 DNA 分开；用有机溶剂（氯仿）沉淀蛋白质并去除脂类。

（4）收获 DNA：DNA 不溶于乙醇，用冰冷的乙醇使 DNA 沉淀析出。

3. 二苯胺法测定 DNA 含量

在酸性溶液中，DNA 分子中的脱氧核糖转化为 ω-羟基-γ-酮基戊醛，它与二苯胺试剂作用生成蓝色化合物，该化合物在 595nm 时具有最大吸收峰，且 DNA 含量为 40～400μg 时，样品的 A_{595} 值与 DNA 浓度成正相关。因此，此法可用于测定 DNA 含量。

除DNA外，脱氧木糖、阿拉伯糖也有同样反应，其他多数糖类，包括核糖一般无此反应。

【器材】

1. 仪器：电子天平，恒温水浴锅，冰箱（−20℃），高速冷冻离心机，可见分光光度计。

2. 材料：离心管（5mL，带盖），取液器（50μL、100μL、500μL、1000μL），量筒（10mL），精密pH试纸（pH5.0～8.0），研钵，烧杯，玻璃棒，试管（18mm×180mm），试管架，吸量管（1mL、2mL、5mL），花椰菜。

【试剂】

1. DNA提取液

（1）1mol/L Tris-HCl（pH7.5）：称取12.11g Tris，加80mL超纯水搅拌溶解后，用HCl调pH至7.5，超纯水定容至100mL。

（2）0.5mol/L EDTA（pH8.0）：称取18.61g EDTA · Na_2，加80mL超纯水搅拌溶解，用NaOH调pH至8.0，超纯水定容至100mL。

（3）吸取20mL 1mol/L Tris-HCl（pH7.5），10mL 0.5mol/L EDTA（pH8.0），加入8.2g NaCl，定容至100mL。此即为DNA提取液。

2. DNA提取用其他试剂

氯仿-异戊醇混合液（24∶1，*V*/*V*），20%SDS，95%乙醇（置于冰箱冷藏室预冷），70%乙醇，石英砂。

3. DNA标准溶液

称取适量小牛胸腺DNA钠盐（经定磷法确定其纯度），以0.01mol/L NaOH溶液溶解配制成200μg/mL（若测定RNA样品中DNA含量时，要求RNA样品中DNA含量不低于40μg/mL）。

4. 二苯胺（diphenylamine）试剂

使用前称取1.0g重结晶二苯胺，溶于100mL冰醋酸（AR）中，再加入10mL过氯酸（60%以上），混匀备用。临用前加入1.0mL 1.6%乙醛溶液，配制成的试剂应为无色溶液。

【操作步骤】

1. SDS法提取DNA

（1）称取−20℃冰冻花椰菜0.5g于预冷研钵中，加少许石英砂，再加入500μL DNA提取液、50μL 20% SDS，研磨成浆状，转移至5mL带盖离心管中，再用500μL DNA提取液及100μL 20% SDS洗净研钵，洗液一并倒入离心管中，混匀后65℃水浴保温15min（不断轻轻摇动）。

（2）加入等体积氯仿-异戊醇液，轻轻颠倒混匀15min。

（3）10 000r/min离心5min，离心管内分为3层，用移液器小心移取上层清液1mL于另一个离心管中。

(4) 加入2倍体积预冷的95%乙醇，轻轻颠倒混匀后，静置，至DNA析出，10 000r/min离心10min，弃上清液，留沉淀。

(5) 加入1mL 70%乙醇漂洗，10 000r/min离心5min，弃上清液，留沉淀。

(6) 将沉淀适当风干，溶于4mL 0.01mol/L NaOH溶液中。

2. DNA标准品及样品的二苯胺反应

取16支洁净干燥试管，分两组按表9-5平行操作。

表9-5　标准曲线制作及样品测定加样表

试剂	管号及加量							
	1 (1′)	2 (2′)	3 (3′)	4 (4′)	5 (5′)	6 (6′)	7 (7′)	8 (8′)
DNA标准溶液/mL	0	0.2	0.4	0.8	1.2	1.6	2.0	0
无离子水/mL	2.0	1.8	1.6	1.2	0.8	0.4	0	0
DNA含量/μg	0	40	80	160	240	320	400	?
待测液/mL	0	0	0	0	0	0	0	2.0
二苯胺试剂/mL	4.0	4.0	4.0	4.0	4.0	4.0	4.0	4.0
	混匀，60℃水浴保温1h							
$\overline{A}_{595}$	0							

冷却后，以1 (1′) 号管溶液调零，测定其余各管的A_{595}，平行样品间取平均值$\overline{A}_{595}$。若样品管的A_{595}超出标准DNA溶液的吸光度值，需将样品DNA溶液稀释一定倍数，再取2mL测定。

【结果与分析】

1. 标准曲线绘制。以1～7 (1′～7′) 号管DNA含量为横坐标，对应的A_{595}平均值为纵坐标，Excel绘制标准曲线，得标准曲线方程。

2. 样品DNA含量计算。根据测得样品8 (8′) 号管的$\overline{A}_{595}$值，从标准曲线上查出或根据标准曲线方程计算出对应的DNA含量，记为$M_{样}$(μg)。

$$\text{花椰菜DNA含量}\ (\mu g/g)=\frac{M_{样}}{2}\times 4\div 0.5\times n$$

式中，$M_{样}$表示测定样品溶液DNA含量 (μg)；2表示测定时取样体积 (mL)；4表示提取的DNA总体积 (mL)；0.5表示所用花椰菜质量 (g)；n表示稀释倍数。

【注意事项】

1. 提取DNA的实验材料不要太多，加入氯仿-异戊醇溶液后要充分混匀，否则蛋白质变性不完全。

2. 第 (3) 步离心后形成3层，上层清液为DNA、异戊醇和水，中层为蛋白质沉淀，下层为氯仿。用微量移液器吸取上清液时勿将沉淀及氯仿吸入以免带入杂质。

3. 整个操作过程中，动作要轻缓，不能太用力，以防止机械作用造成DNA降解。

4. 待测样品溶液的 A_{595} 值应该在标准曲线范围内，如果超出范围需要调整样品液浓度。

5. 二苯胺试剂仅能与嘌呤核苷酸中的脱氧核糖反应，因此，测定的可靠性受到不同来源的 DNA 中嘌呤与嘧啶核苷酸比例变化的限制，为提高测定准确度，应使用经纯化的其含磷量已知的小牛胸腺 DNA 作为标准样品进行校正。

【思考题】

1. 在提取过程中应如何防止 DNA 分子的降解与断裂？
2. 待测样品中含有哪些物质会对测定产生干扰？

（武金霞　张　妍）

实验六　植物组织中可溶性糖含量的测定（蒽酮比色法）

【实验目的】

1. 学习蒽酮比色定糖法的原理。
2. 掌握植物组织中可溶性糖含量的测定方法。

【实验原理】

糖类物质是构成植物体的重要组成成分之一，而可溶性糖主要指能溶于水及乙醇的单糖和寡聚糖，作为营养物质在植物代谢中起重要作用，如合成纤维素、转化并组成核苷酸、分解形成有机酸、转化为氨基酸等。植物在个体发育的不同时期，可溶性糖含量不同。不同生长条件、不同成熟度都可以影响植物体内可溶性糖含量。测定可溶性糖的含量在研究植物糖类代谢、评价植物营养状况、分析农产品品质等方面都有重要的意义。

糖类在较高温度下遇浓硫酸脱水生成糖醛或羟甲基糠醛，进一步与蒽酮试剂缩合产生蓝绿色物质，该蓝绿色物质在可见光区 620nm 波长处有最大光吸收。当含糖量在 150μg/mL 以内时，糖溶液与蒽酮反应生成的颜色深浅与糖含量成正比。

蒽酮比色法测定的是样品中全部可溶性碳水化合物的总量，包括单糖及在测定条件下可水解为可溶性单糖的寡糖和多糖。该法具有灵敏度高，简便快捷，适用于微量样品的测定等优点。

【器材】

1. 仪器：电子天平，可见分光光度计，恒温水浴锅。

2. 材料：吸量管（1mL、2mL、5mL），容量瓶（50mL），量筒（10mL），烧杯（100mL、500mL），大试管（20mm×200mm），试管架，漏斗，滤纸，剪刀，塑料薄膜，橡皮筋等，洋白菜叶、豆芽菜、柑橘等新鲜植物材料。

【试剂】

1. 100μg/mL 葡萄糖标准液：准确称取已在 80℃烘箱中烘至恒重的葡萄糖 10mg，溶于蒸馏水，并定容至 100mL。

2. 蒽酮试剂：称取 100mg 蒽酮，溶于 100mL 98%硫酸溶液中，盛于棕色瓶中，临用前配制。

【操作步骤】

1. 可溶性糖的提取

称取 0.3g 洋白菜叶（或豆芽菜、柑橘），剪碎，转入大试管中，加入 10mL 无离子水，塑料薄膜封口置沸水浴中提取 20min，冷却后过滤，滤液收集于 50mL 容量瓶中，用无离子水冲洗试管及残渣，滤液一并转入容量瓶中，定容至刻度，摇匀备用。

2. 可溶性糖的定量测定

取 14 支洁净干燥试管，按表 9-6 准确量取各溶液，平行操作。

表 9-6　标准糖及样品的蒽酮反应加样表

试剂	管号及加量						
	1 (1′)	2 (2′)	3 (3′)	4 (4′)	5 (5′)	6 (6′)	7 (7′)
100μg/mL 葡萄糖标准液/mL	0	0.2	0.4	0.6	0.8	1.0	0
无离子水/mL	2.0	1.8	1.6	1.4	1.2	1.0	0.8
葡萄糖含量/μg	0	20	40	60	80	100	?
待测样品/mL	0	0	0	0	0	0	0.2
	立即混匀，放入冰浴中						
	沿管壁缓缓加入蒽酮试剂						
蒽酮试剂/mL	5.0	5.0	5.0	5.0	5.0	5.0	5.0
	充分混匀，同时置沸水浴中煮沸 10min，取出冷却至室温						
$\overline{A}_{620}$	0						

【结果与分析】

1. 标准曲线的绘制。以 1～6（1′～6′）号管的葡萄糖含量为横坐标，对应的 A_{620} 平均值为纵坐标，利用 Excel 绘制标准曲线，得标准曲线方程。

2. 样品可溶性糖含量计算。根据 7 号管和 7′号管 A_{620} 平均值，在标准曲线上查得或按标准曲线方程计算 0.2mL 样品液中糖的含量，记为 $X(\mu g)$。

按下式计算洋白菜（或豆芽菜、柑橘）中可溶性糖含量：

$$\text{样品可溶性糖含量（}\mu g/100g\text{ 鲜重）}=\frac{X(\mu g)\times\dfrac{\text{提取液总体积（mL）}}{\text{测定时取样体积（mL）}}}{\text{样品鲜重（g）}}\times 100$$

式中，提取液总体积为 50mL；测定取样体积为 0.2mL；样品质量为 0.3g。

【注意事项】

1. 提取可溶性糖后的残渣切勿混入容量瓶，因为材料中的纤维素、半纤维素等会与蒽酮试剂反应，引起误差。

2. 在冰浴条件下加入蒽酮，以防止发热影响颜色反应。

3. 待测样品的 A_{620} 值应处于标准曲线范围内，若测定结果不符合要求，请给出改进方案。

【思考题】

1. 为何在冰浴条件下加入蒽酮试剂？

2. 测定植物组织中可溶性糖含量有什么意义？

（张　妍）

实验七　兔肝转氨酶活力测定

【实验目的】

1. 了解转氨酶在代谢过程中的重要作用及其在临床诊断中的意义。

2. 掌握分光光度法测定转氨酶活力的原理和方法。

【实验原理】

生物体内广泛存在的氨基转移酶也称转氨酶（transaminase），能催化 α-氨基酸的 α-氨基与 α-酮酸的酮基互换，生成相应的酮酸和氨基酸。转氨酶的种类很多，广泛存在于有机体的各种组织中，在肝脏、心脏、肾脏等组织中的谷丙转氨酶（glutamic pyruvic transaminase，GPT）和谷草转氨酶（glutamic oxalacetic transaminase，GOT）的活性较高。在正常新陈代谢过程中，血清中只含有少量转氨酶。当肝脏、心脏、肾脏等器官病变导致肝炎、心肌梗死等病患时，由于组织细胞坏死使得大量转氨酶释放到血液中，从而引起血清中转氨酶活力显著升高，因此，测定血清转氨酶活力对某些疾病的临床诊断具有重要的参考价值。

本实验以丙氨酸和 α-酮戊二酸为底物，经谷丙转氨酶作用生成谷氨酸及丙酮酸，丙酮酸与 2，4-二硝基苯肼反应生成丙酮酸 2，4-二硝基苯腙，后者在碱性溶液中呈现棕色（30min～2h 内色度稳定），其吸收光谱为 439～530nm，在 520nm 有最大吸收峰，可用于测定丙酮酸 2，4-二硝基苯腙的生成量或丙酮酸的消耗量，由此计算转氨酶的活力（1μmol 丙酮酸代表 1.0 单位酶活力）。其反应过程如下：

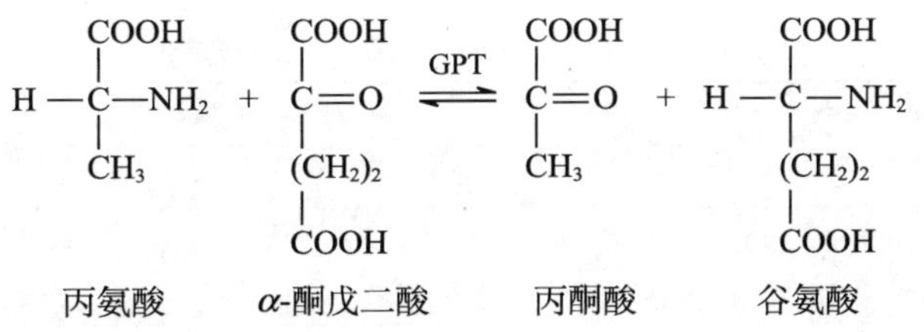

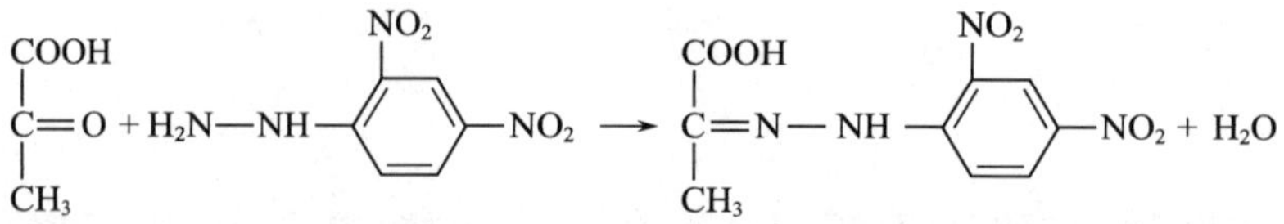

丙酮酸　　2,4-二硝基苯肼　　丙酮酸-2,4-二硝基苯腙

【器材】

1. 仪器：恒温水浴锅，可见分光光度计，高速冷冻离心机。

2. 材料：试管及试管架，注射器，玻璃匀浆器，离心管，移液器（0.1mL、1mL、5mL），家兔。

【试剂】

1. 0.1mol/L 磷酸盐缓冲液（pH7.4）。

2. 2.0mmol/L 丙酮酸钠标准液：称取分析纯丙酮酸钠 11mg 溶解于 50mL 上述磷酸缓冲液内（现用现配）。

3. 谷丙转氨酶底物：称取分析纯 α-酮戊二酸（2mmol/L）29.2mg 及 *L*-丙氨酸（100mmol/L）0.89g 溶于 50mL 上述磷酸缓冲液中，用氢氧化钠或盐酸溶液调整 pH 至 7.4，加入磷酸缓冲液定容至 100mL，加入数滴氯仿防腐，溶液在冰箱内可保存一周。

4. 2，4-二硝基苯肼（1mmol/L）：称取 2，4-二硝基苯肼 20mg，先溶于 50mL 2mol/L 盐酸中，然后再加入无离子水定容至 100mL。

5. 0.4mol/L 氢氧化钠溶液。

【操作步骤】

1. 样品制备

（1）兔血清制备：从兔的四肢静脉抽血，放入离心管中，室温下凝固，析出血清，2000r/min 离心 20min，取淡黄色上清液，为兔血清。冰箱保存。

（2）兔肝转氨酶粗酶液制备：称取新鲜兔肝，按 1∶1（质量体积比）比例加入 0.1mol/L 磷酸盐缓冲液（pH7.4），冰浴下研磨或匀浆 30min，将匀浆转移到离心管，4℃条件下，6000r/min 离心 20min，弃沉淀，上清液即为转氨酶粗酶液。

所有实验组共用 10g 兔肝，制备兔肝转氨酶粗酶液，测量体积，记为 $V_{肝}$（mL），用前稀释 20 倍。

2. 标准曲线的绘制

取 12 支洁净干燥试管，按表 9-7 中所列的次序加入各种试剂，平行操作。

表 9-7　丙酮酸钠标准液反应加样表

试剂	管号及加量					
	1（1′）	2（2′）	3（3′）	4（4′）	5（5′）	6（6′）
丙酮酸钠标准液/mL	0	0.05	0.10	0.15	0.20	0.25
pH7.4 0.1mol/L 磷酸盐缓冲液/mL	0.60	0.55	0.50	0.45	0.4	0.35

续表

试剂	管号及加量					
	1 (1′)	2 (2′)	3 (3′)	4 (4′)	5 (5′)	6 (6′)
丙酮酸钠/μmol	0	0.1	0.2	0.3	0.4	0.5
	各管摇匀后，置37℃水浴，保温5min					
2，4-二硝基苯肼/mL	0.50	0.50	0.50	0.50	0.50	0.50
0.4mol/L NaOH/mL	5.00	5.00	5.00	5.00	5.00	5.00
	各试管摇匀后，于37℃保温30min，以1（1′）号管为空白，测定其他管 A_{520}					
$\overline{A}_{520}$	0					

3. 酶活力的测定

取6支试管标号如下：S管为兔血清对照管，1和1′为兔血清样品管；H管为兔肝转氨酶粗酶液对照管，2和2′为兔肝转氨酶粗酶液样品管。按表9-8加入各种试剂。

表9-8 兔血清和兔肝样品测定加样表

试剂	管号及加量					
	S	1	1′	H	2	2′
谷丙转氨酶底物/mL	0.5	0.5	0.5	0.5	0.5	0.5
	37℃水浴保温10min，使试管内外温度平衡					
血清/mL	0	0.1	0.1	0	0	0
兔肝转氨酶粗酶液/mL	0	0	0	0	0.1	0.1
	各管摇匀后，于37℃水浴保温60min					
2，4-二硝基苯肼/mL	0.5	0.5	0.5	0.5	0.5	0.5
血清/mL	0.1	0	0	0	0	0
转氨酶粗酶液/mL	0	0	0	0.1	0	0
0.4mol/L 氢氧化钠/mL	5.0	5.0	5.0	5.0	5.0	5.0
	充分摇匀后，37℃静置30min					
A_{520}	0			0		

以S管调节 A_{520} 为0，测定兔血清样品管1和1′的 A_{520}，计算平均值。以H管调节 A_{520} 为0，测定兔肝转氨酶粗酶液样品管2和2′的 A_{520}，计算平均值。

【结果与分析】

1. 标准曲线的绘制。以丙酮酸的微摩尔数为横坐标，对应的 A_{520} 平均值为纵坐标，Excel绘制标准曲线，得标准曲线方程。

2. 酶活力计算。酶活力单位定义：1min内催化丙氨酸形成1μmol丙酮酸所需的酶量，定义为1个酶活力单位（U）。

（1）依据兔血清样品管的 A_{520}，从标准曲线查出或根据标准曲线公式计算出样品中丙酮酸的微摩尔数，记为 $P_{血清}$。

$$每100mL血清中转氨酶的活力单位（U/100mL）=\frac{P_{血清}}{0.1\times t}\times 100$$

式中，$P_{血清}$ 表示样品 A_{520} 所对应的丙酮酸的微摩尔数；0.1表示测定时所用血清的量为

0.1mL；t 表示反应时间，本实验为 30min；100 表示换算成 100mL 血清。

(2) 依据兔肝转氨酶粗酶液样品管的 A_{520}，从标准曲线查出或根据公式计算出样品中丙酮酸的微摩尔数，记为 $P_{肝}$。

$$每克兔肝转氨酶的活力单位\ (U/g)=\frac{P_{肝}}{0.1\times t\times 10}\times V_{肝}\times 20$$

式中，$P_{肝}$ 表示样品 A_{520} 所对应的丙酮酸的微摩尔数；10 表示兔肝的质量 (g)；0.1 表示测定时所用转氨酶粗酶液的体积，本实验为 0.1mL；$V_{肝}$ 表示 10g 兔肝所得粗酶液体积 (mL)；t 表示反应时间，本实验为 30min；20 表示兔肝匀浆液的稀释倍数。

【注意事项】

1. 本实验酶促反应体系中血清和肝匀浆液的加样量较少，一定要将酶液与底物溶液充分混匀，否则会导致酶促反应不完全。

2. 测定酶活力时应注意使各反应管保持相同 pH 和保温时间，以保证实验结果可靠。

3. 转氨酶只能作用于 α-*L*-氨基酸（*L*-天冬氨酸，*L*-丙氨酸），对 *D*-氨基酸无催化作用。由于 α-*DL*-氨基酸比 *L*-氨基酸价格低廉，因此有些实验室采用 α-*DL*-氨基酸。如果采用 α-*DL*-氨基酸，则需按 α-*L*-氨基酸的用量加倍。

4. 2，4-二硝基苯肼是有机溶剂，提前加入可能会抑制酶的催化反应，因此，要按照实验所要求的步骤加入各种试剂，以免影响反应结果。

【思考题】

1. 简述转氨酶在代谢过程中的重要作用及在临床诊断中的意义。

2. 分光光度法测定转氨酶的原理是什么？

（鞠建松　武金霞　周艳芬）

实验八　酵母发酵过程中无机磷的利用（定磷法）

【实验目的】

1. 了解发酵过程中无机磷的作用及磷酸化检测方法，通过直观地观察发酵现象，把糖的分解代谢与能量转化规律联系起来。

2. 掌握定磷法的原理和操作技术。

【实验原理】

糖的分解代谢是多数生物获得能量的重要方式。酵母细胞能使蔗糖和葡萄糖发酵，发酵过程中葡萄糖经磷酸化作用生成磷酸酯，进一步转化为磷酸丙糖等各种中间代谢物，发酵过程需消耗无机磷。无机磷与钼酸形成的磷钼酸络合物能被 α-1，2，4-氨基萘酚磺酸钠还原成钼蓝，钼蓝在 660nm 有最大光吸收，在一定范围内，660nm 处的吸光度值与无机磷的量呈线性关系。因此，可通过测定发酵前后反应液的吸光度，来测定发酵过程中无机磷的消耗。

【器材】

1. 仪器：恒温水浴锅，721 型分光光度计，冰箱。

2. 材料：研钵，三角瓶（50mL），试管（18mm×180mm），玻璃漏斗，吸量管（0.5mL、1mL、5mL），定性滤纸（Φ7cm），活性干酵母。

【试剂】

1. 5%三氯乙酸。

2. 3mol/L 硫酸和 2.5%钼酸铵等体积混合液。

3. 磷酸盐溶液：称取 120.7g $Na_2HPO_4 \cdot 12H_2O$（或 $Na_2HPO_4 \cdot 2H_2O$ 60g）和 20g KH_2PO_4 溶解于无离子水中，定容至 1000mL（Na_2HPO_4 浓度为 0.34mol/L，KH_2PO_4 浓度为 0.15mol/L），放冰箱中储存备用，临用时稀释 4 倍。

4. α-1，2，4-氨基萘酚磺酸溶液：将 0.25g α-1，2，4-氨基萘酚磺酸、15g 亚硫酸氢钠及 0.5g 亚硫酸钠溶于 100mL 无离子水中，使用前稀释 3 倍。

5. 标准磷溶液：将 KH_2PO_4 在 110℃烘箱中烘干 2h，冷却后准确称取 0.1098g，用无离子水溶解，定容至 1000mL，成为 25μg/mL 无机磷的标准磷溶液。

【操作步骤】

1. 标准磷的测定

取 12 支洁净干燥试管编号，按表 9-9 顺序加入试剂，分两组平行操作。

表 9-9　标准磷测定加样表

试剂	管号及加量					
	1（1′）	2（2′）	3（3′）	4（4′）	5（5′）	6（6′）
标准磷溶液/mL	0	0.2	0.4	0.6	0.8	1.0
含磷量/μg	0	5	10	15	20	25
无离子水/mL	3.0	2.8	2.6	2.4	2.2	2.0
硫酸-钼酸铵混合液/mL	2.5	2.5	2.5	2.5	2.5	2.5
α-1，2，4-氨基萘酚磺酸钠溶液/mL	0.5	0.5	0.5	0.5	0.5	0.5
	充分混匀后，37℃水浴保温 10min					
$\overline{A}_{660}$	0					

以 1（1′）号管溶液调 A_{660} 为 0，测定其他各管溶液的 A_{660}，平行样品间取平均值 $\overline{A}_{660}$。

2. 酵母发酵

称取一定量的干酵母粉，按 1g∶1mL 的比例加入磷酸盐缓冲液，调成酵母泥，冷冻保存。

称取 6g 冰冻的酵母泥和 1g 蔗糖，放入研钵内研碎。加入 5mL 无离子水和 5mL 稀释的磷酸盐溶液，研磨均匀。将匀浆转移至 50mL 三角瓶中，并立即取出 0.5mL 均匀的悬浮液，加入到已盛有 3.5mL 三氯乙酸溶液的试管中摇匀，作为试样 1，即发酵时间为 0 的样品为对照。将盛有匀浆液的三角瓶放入 37℃恒温水浴中，每隔 30min 取出 0.5mL 悬浮液，立即加入已盛有 3.5mL 三氯乙酸溶液的试管中，摇匀。共取 3 次，分别作为试样 2、3、4。将每个试样用滤纸过滤，得无蛋白质滤液，备用。

3. 酵母发酵后无机磷的测定

取 5 支干燥洁净的试管编号，1 号管（试样 1）为对照，2、3、4 号管（试样 2、3、4）为样品管，5 号管为空白管，以无离子水代替无蛋白质滤液。按表 9-10 加入各种试剂。

表 9-10　酵母发酵后无机磷测定加样表

项目	管号及加量				
	1	2	3	4	5
发酵时间/min	0	30	60	90	—
无蛋白质滤液/mL	0.1	0.1	0.1	0.1	—
无离子水/mL	2.9	2.9	2.9	2.9	3.0
硫酸-钼酸铵混合液/mL	2.5	2.5	2.5	2.5	2.5
α-1，2，4-氨基萘酚磺酸钠溶液/mL	0.5	0.5	0.5	0.5	0.5
	充分混匀后，37℃水浴保温 10min				
A_{660}					0

以 5 号管溶液调 A_{660} 为 0，测定其他各管溶液的 A_{660}。

【结果与分析】

1. 绘制标准曲线。以表 9-9 中 A_{660} 为纵坐标，含磷量为横坐标，以 Excel 软件绘制标准曲线，得回归方程。

2. 测定发酵过程中无机磷的消耗。将表 9-10 中试样 1、2、3、4 的 A_{660}，代入回归方程，计算各试样的无机磷含量。以试样 1 的无机磷含量为 100%，计算酵母发酵 30min、60min 和 90min 后消耗无机磷的百分数。以发酵时间为横坐标，以无机磷消耗（发酵时间为 0 时的无机磷为 100%）为纵坐标，绘制无机磷消耗曲线。

【注意事项】

在本实验中，应控制酵母的用量及磷酸盐的稀释倍数，使光吸收值在适当的范围内。

【思考题】

1. 影响实验结果准确度的因素有哪些？
2. 无机磷最终都转化为哪些有机磷？无机磷消耗速度受哪些因素影响？

（李　楠）

第十章 电泳技术

带电粒子在电场的作用下向着与其电性相反的电极移动的现象称为电泳（eletrophoresis）。电泳是在外电场存在下，利用分子携带净电荷不同以分离混合物的一种实验技术。电泳技术可用于氨基酸、肽、蛋白质、核苷酸等生物分子的分析分离和制备。

第一节 电泳的基本原理

一、电荷的来源

任何物质由于其本身的解离作用或表面上吸附其他带电质点，在电场中就会向一定的电极移动。作为带电颗粒可以是小的离子，也可以是生物大分子，如蛋白质、核酸、病毒颗粒、细胞器等。以蛋白质分子为例，组成蛋白质的氨基酸带有可解离的氨基（$-NH_3^+$）和羧基（$-COO^-$）及侧链基团，蛋白质分子是典型的两性电解质，在一定的 pH 条件下就会解离而带电荷。带电的性质和带电荷的多少取决于蛋白质分子的性质及溶液的 pH 和离子强度。在某一 pH 条件下，蛋白质分子所带的正电荷数恰好等于负电荷数，即净电荷为零，此时蛋白质质点在电场中不移动，溶液的这一 pH，称为该蛋白质的等电点（isoelectric point，pI）。如果溶液的 pH 大于 pI，则蛋白质分子会解离出 H^+ 而带负电荷，此时蛋白质分子在电场中向正极移动；如果溶液的 pH 小于 pI，则蛋白质分子结合一部分 H^+ 而带正电荷，此时蛋白质分子在电场中向负极移动。

二、泳动度

不同的带电颗粒在同一电场中的运动速度不同，其泳动速度用泳动度（或称迁移率，mobility）来表示。

泳动度是指带电颗粒在单位电场强度下的泳动速度。可用以下公式计算：

$$U=\frac{v}{E}=\frac{\frac{d}{t}}{\frac{V}{l}}$$

式中，U（也可以用 m 表示）表示泳动度（$cm^2/V\cdot s$）；v 表示颗粒泳动速度（cm/s）；E 表示电场强度（V/cm）；d 表示颗粒泳动的距离（cm）；l 表示滤纸有效长度，即滤纸与两极溶液交界面间的距离（cm）；V 表示实际电压（V）；t 表示通电时间（s 或 min）。

电泳后通过测量 V，t，d，l，即可计算出被分离物的泳动度。

带电颗粒在电场中的泳动速度与本身所带净电荷的数量、颗粒大小和形状有关。一般来说，所带的净电荷数量越多，颗粒越小、越接近球形，则在电场中泳动速度越快；反之则越慢。已知一被分离的球形分子在电场中所受的力 F 为

$$F=EQ$$

式中，E 表示电场强度，即每厘米支持物的电位降；Q 表示被分离物所带净电荷。

根据 Stoke 定律，一球形分子在液体中泳动所受的阻力（摩擦力）F'为

$$F' = 6\pi r\eta v$$

式中，η表示介质黏度；r表示分子半径；v表示分子移动速度。

当平衡时，$F=F'$。合并上述两式，得

$$EQ = 6\pi r\eta v$$

则
$$v = \frac{EQ}{6\pi r\eta}$$

由于
$$U = \frac{v}{E}$$

得
$$U = \frac{Q}{6\pi r\eta}$$

由上式可见，泳动度与球形分子、介质黏度和颗粒所带电荷有关。

三、影响泳动速度的外界因素

被分离物质泳动速度除受其本身性质影响外，电场强度、溶液 pH、溶液的离子强度、电渗现象等也对电泳造成影响。

1. 电场强度

电场强度是指每厘米的电位降，也叫电位梯度或电势梯度。电场强度对泳动起着重要的作用。电场强度越高，带电颗粒泳动越快。

(1) 常压（100～500V）电泳：其电场强度为 2～10V/cm，分离时间较长，从数小时到数天，适合于分离蛋白质等大分子物质。

(2) 高压（2000～10 000V）电泳：其电场强度为 50～200V/cm，电泳时间短，有时只需几分钟，多用于分离氨基酸、多肽、核苷酸、糖类等小分子物质。

2. 溶液的 pH

为使电泳时 pH 恒定，必须采用缓冲液作为电极缓冲液，溶液的 pH 决定带电颗粒的解离程度，也就决定其所带电荷的多少。对蛋白质而言，溶液 pH 离等电点越远，则颗粒所带的净电荷越多，泳动速度也越快；反之，则越慢。因此分离某种蛋白质混合液时，应选择一个合适的 pH，使待分离的各种蛋白质所带的电荷数量有较大的差异，更有利于彼此的分开。

3. 溶液的离子强度

离子强度影响颗粒的电动电势（ξ），缓冲液离子强度越高，电动电势越小，则泳动速度越慢；反之，则越快。一般最适合的离子强度为 0.02～0.2mol/L。

4. 电渗现象

液体在电场中，对于一个固体支持物的相对移动，称为电渗现象。电泳时，颗粒泳动的表观速度是颗粒本身泳动速度与电渗引起的颗粒移动速度的矢量之和。电渗液流往往破坏电泳中已形成的区带，使其扩散变形。

5. 对支持物的选择

一般要求支持物均匀，吸附力小，否则会导致电场强度不均匀，影响区带的分离，实验结果及扫描图谱均无法重复。

6. 温度对电泳的影响

电泳过程中由于通电产生焦耳热，其大小与电流强度的平方成正比。热对电泳有很大影响。温度升高时，介质黏度下降，分子运动剧烈，引起自由扩散变快，迁移率增加。温度每升高 1℃，迁移率约增加 2.4%。为降低热效应对电泳的影响，可控制电压和电流，也可在电泳系统中安装冷却散热装置。

（武金霞）

第二节　电泳的分类

一、按分离原理分类

可分为移动界面电泳、区带电泳、等速电泳和聚焦电泳四种。

1. 移动界面电泳

移动界面电泳（moving-boundary electrophoresis）是 Tisellius 最早建立的电泳，它是在 U 形管中进行的，由于分离效果较差，已被其他电泳技术所代替。

2. 区带电泳

区带电泳（zone electrophoresis）是在支持物上进行电泳，生物大分子被分离成若干区带而得名。这是当前应用最广的电泳技术。按支持物的物理性状可分为四类：滤纸电泳和薄膜电泳、粉末电泳、细丝电泳及凝胶电泳。

3. 等速电泳

等速电泳（isovelocity electrophoresis）需专用电泳仪，当电泳达到平衡后，各区带形成清晰的界面，并以等速移动。

4. 等电聚焦电泳

广义上说，等电聚焦电泳（isoelectric focusing electrophoresis，IFE）是一种自由界面电泳，具有不同等电点的两性电解质载体，在电场中自动形成 pH 梯度，电泳在具有 pH 梯度的介质中进行，被分离物将移向并聚焦（停留）在等于其等电点的 pH 梯度处，形成很窄的区带，且分辨率较高。

二、按有无固体支持物分类

根据电泳是在缓冲液还是在固体支持物中进行，可分为自由电泳和支持物电泳两大类。

1. 自由电泳

自由电泳可分为以下几种。

（1）显微电泳（也称细胞电泳）：是在显微镜下观察细胞或细菌的电泳行为。

（2）移动界面电泳。

（3）柱电泳：可利用密度梯度的差别使分离的区带不再混合。如再配合 pH 梯度，则为等电聚焦柱电泳。

（4）自由流动幕电泳：是一种制备用的连续电泳装置，溶液自上流下形成一层薄的液膜，电场方向与液流方向垂直，物质经电泳分离后可直接收集。

（5）等速电泳。

2. 支持物电泳

可以采用的支持物多种多样，是目前应用最多的一种电泳方法。其电泳过程可以是连续的或不连续的，可进行常压电泳（100～500V）、高压电泳（500V 以上）、免疫电泳、等电聚焦电泳及等速电泳。根据支持物的特点又可分为以下两种。

（1）无阻滞支持物，如滤纸、乙酸纤维素膜、纤维素粉、淀粉、玻璃粉、聚酰胺粉末、凝胶颗粒等。

（2）高密度的凝胶，如淀粉凝胶、聚丙烯酰胺凝胶、琼脂或琼脂糖凝胶。

（武金霞）

第三节　常用的电泳技术

电泳种类很多，基本原理相同，但不同的支持物或凝胶又有各自的特点。就一般生物化学实验室常用的醋酸纤维素薄膜电泳、琼脂糖凝胶电泳、聚丙烯酰胺凝胶电泳、等电聚焦电泳的有关理论及其用途做以下介绍。

一、醋酸纤维素薄膜电泳

醋酸纤维素薄膜电泳（cellulose acetate membrane electrophoresis）以醋酸纤维素薄膜为支持物。它是纤维素的醋酸酯，由纤维素的羟基经乙酰化而成。目前，国内有醋酸纤维素薄膜商品出售，不同厂家的产品在乙酰化、厚度、孔径、网状结构等方面有所不同，但分离效果基本一致。

与滤纸电泳相比，醋酸纤维素薄膜电泳有以下优点。

（1）醋酸纤维素薄膜极少吸附蛋白质样品，无“拖尾”现象，染色后背景能完全脱色，分辨率高。

（2）醋酸纤维素薄膜亲水性比滤纸小，薄膜中容纳的缓冲液较少，电渗作用小，电泳时大部分电流是由样品传导的，所以，分离速度快，一般只需 45～60min，加上染色、脱色，整个电泳完成也仅需 90min 左右。

（3）灵敏度高，样品用量少。血清电泳仅需 2μL 就能得到清晰的分离区带，一般蛋白质样品只需 5μg，也同样可以得到清晰的分离区带。

（4）醋酸纤维素薄膜电泳染色后，经冰醋酸、乙醇混合液浸泡后可以制成透明的干板，以利于定量扫描和长期保存。

醋酸纤维素薄膜电泳操作简单、快速、价廉，广泛应用于分析检测血浆蛋白、脂蛋白、糖蛋白、体液、脱氢酶、多肽、核酸及其他生物大分子。

二、琼脂糖凝胶电泳

琼脂是由琼脂糖和琼脂胶组成的复合物。琼脂胶是一种含有硫酸根和羟基的多糖，它具有离子交换性质，这种性质会给电泳及凝胶过滤产生不良影响。琼脂糖（agarose）是以质地较纯的琼脂（agar）作为原料去除琼脂胶制成的，琼脂糖不含带电荷的基团，电渗影响很少，是一种较好的电泳材料，分离效果较好。

琼脂糖是直链多糖，它由 *D*-半乳糖和 3，6-脱水-*L*-半乳糖残基交替排列而成。琼脂糖主要通过氢键形成凝胶。电泳时因凝胶含水量大（98%～99%），近似自由电泳，固体支持物的影响较少，故电泳速度快，区带整齐。

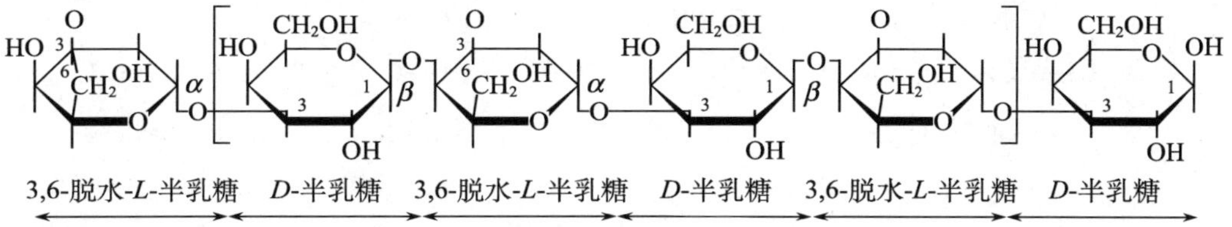

三、聚丙烯酰胺凝胶电泳

聚丙烯酰胺凝胶是由单体（monomer）丙烯酰胺（acrylamide，Acr）和交联剂（crosslinker）（又称共聚体）*N*，*N*-甲叉双丙烯酰胺（methylene-bisacrylamide，Bis）在加速剂和催化剂的作用下聚合交联而成三维网状结构的凝胶，以此凝胶为支持物的电泳称为聚丙烯酰胺凝胶电泳（polyacrylamide gel electrophoresis，PAGE）。自 1964 年 Davis 和 Ornstem 等用聚丙烯酰胺圆盘电泳分离血清蛋白后，又相继发展了聚丙烯酰胺垂直板电泳、聚丙烯酰胺梯度凝胶电泳、十二烷基硫酸钠-聚丙烯酰胺凝胶电泳、等电聚焦电泳及双向电泳等技术。

（一）聚合原理

Acr 和 Bis 聚合所用的催化剂和加速剂的种类很多，目前常用的有两种催化体系。

1. APS-TEMED 体系

催化剂过硫酸铵［ammonium persulfate，APS，$(NH_4)_2S_2O_8$］和加速剂 *N*,*N*,*N'*,*N'*-四甲基乙二胺（*N*,*N*,*N'*,*N'* -tetramethyl ethylenediamine，TEMED）体系，简称 APS-TEMED 体系。

这是化学聚合作用，TEMED 是一种脂肪族叔胺，其结构如下：

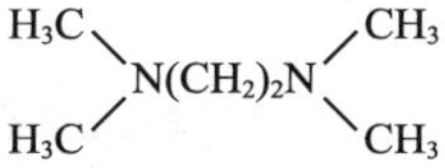

它的碱基可催化 APS 水溶液产生游离氧原子，激活 Acr 单体，形成单体长链，在交联剂 Bis 作用下聚合成凝胶，其反应如下。

（1）硫酸自由基的生成：由 TEMED 催化完成。

$$S_2O_8^{2-} \longrightarrow 2SO_4^{-}\cdot$$

（过硫酸）（硫酸自由基）

（2）Acr 多聚长链的生成：由硫酸自由基的氧原子激活 Acr 单体生成。

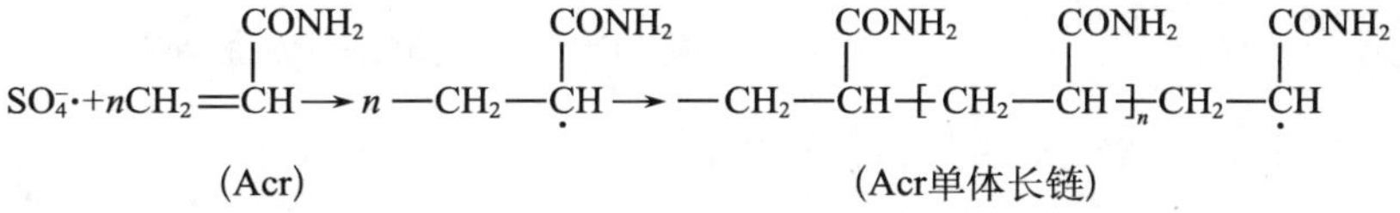

（3）网状结构的形成：由 Bis 将 Acr 长链连接生成。

聚合形成的凝胶是三维网状结构，由—C—C—C—C—连接，带不活泼酰胺基侧链，没有或很少带有离子侧链基团。

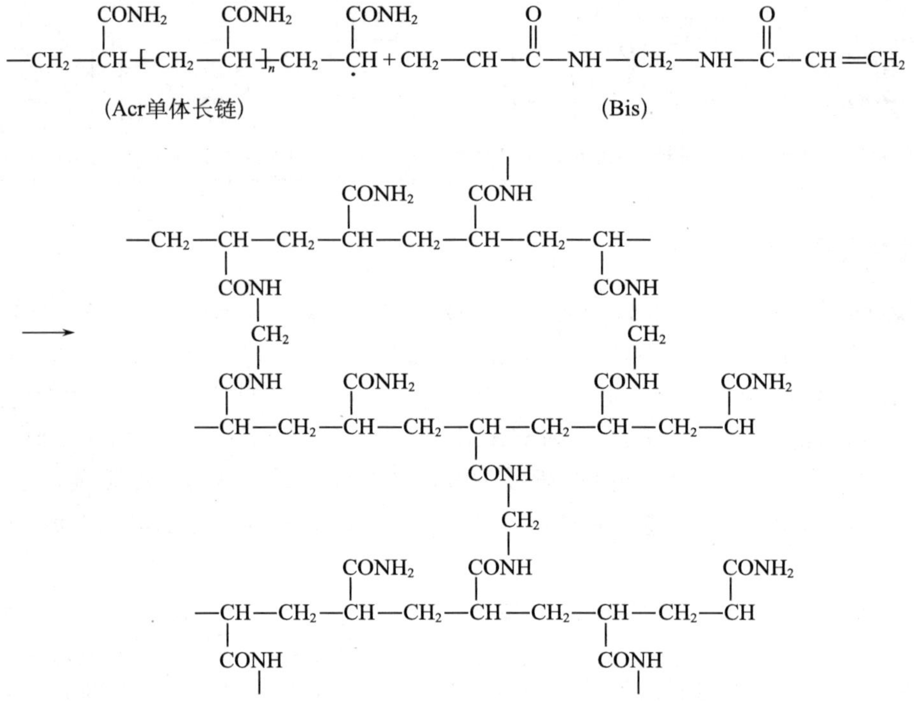

(三维网状凝胶)

在碱性条件下，凝胶易聚合，其聚合的速度与 APS 浓度平方根成正比，一般在室温、pH8.8 时，7.5%丙烯酰胺溶液 30min 完成聚合作用；在酸性条件下，凝胶聚合慢，在 pH4.3 时聚合速度很低，约需 90min 才能聚合。该方法聚合的凝胶孔径较小，常用于制备电泳过程中的分离胶，且每次制备的重复性好。

2. 核黄素-TEMED 体系

核黄素在 TEMED 及光照条件下，还原成无色核黄素，后者再被氧化形成自由基，从而引发聚合作用。过量氧会阻止聚合反应中链长的增加。该法优点是：核黄素用量少（4mg/100mL）；不会引起酶的钝化或蛋白质生物活性的丧失；通过光照可以预设聚合时间。缺点是光聚合的凝胶孔径较大，而且随时间的延长而逐渐变小，故凝胶的网状结构稳定性差，因此，用它制备浓缩胶（大孔胶）较合适。为了获得重复性好的凝胶，在制备时每次光照时间、强度均应一致。

（二）凝胶孔径的可调性及其有关性质

1. 凝胶性能与总浓度及交联度的关系

凝胶的孔径、机械性能、弹性、透明度、黏度和聚合程度取决于凝胶浓度和 Acr 与 Bis 之比。

$$T(\text{Acr 和 Bis 总浓度},\%)=\frac{a+b}{m}\times 100\%$$

$$C(\text{交联剂百分比},\%)=\frac{b}{a+b}\times 100\%$$

式中，a 表示 Acr 克数；b 表示 Bis 克数；m 表示缓冲液体积（mL）。

a/b（W/W）与凝胶的机械性能密切相关。当 $a/b<10$ 时，凝胶脆而易碎，坚硬呈乳白

色；$a/b>100$ 时，即使5%的凝胶也呈糊状，易于断裂。要制备完全透明而又富有弹性的凝胶，a/b值应控制在30左右。

不同浓度的单体对凝胶性能影响很大，Richard等于1965年提出一个选择C和T的经验公式

$$C = 6.5 - 0.3\,T$$

此公式适用于T为5%～20%的C值，其值可有1%的变化。在研究大分子核酸时，常用T为2.4%的大孔胶，此时凝胶太软，不宜操作，可加0.5%琼脂。在T为3%时，可加入20%蔗糖，既增加机械性能，又不影响凝胶孔径的大小。

2. 凝胶浓度与孔径的关系

T与C不仅与凝胶的机械性能有关，还与凝胶孔径的大小关系极为密切。一般讲，T大，孔径小，移动颗粒穿过网孔阻力大；T小，孔径大，移动颗粒穿过网孔阻力小。此外，凝胶聚合时的孔径不仅与Acr有关，还与Bis用量有关（表10-1）。

表10-1 Bis含量与不同凝胶浓度平均孔径的关系

总Acr浓度/%	Bis占总Acr浓度不同百分数时的平均孔径/nm			
	1%	5%	15%	25%
6.5	2.4	1.9	2.8	—
8.0	2.3	1.6	2.4	3.6
10.0	1.9	1.4	2.0	3.0
12.0	1.7	0.9	—	—
15.0	1.4	0.7	—	—

由表10-1可见，当Bis占Acr总浓度5%时，不管总Acr浓度有多大，凝胶平均孔径最小，高于或低于5%时孔径相应变大。

3. 凝胶浓度与被分离物分子质量的关系

由于凝胶浓度不同，平均孔径不同，能通过可移动颗粒的相对分子质量也不同，其大致范围见表10-2。

表10-2 样品相对分子质量范围与适宜的凝胶浓度的关系

	相对分子质量范围	适用的凝胶浓度/%
蛋白质	$<1\times10^4$	20～30
	$1\times10^4\sim4\times10^4$	15～20
	$1\times10^4\sim5\times10^4\sim1\times10^5$	10～15
	1×10^5	5～10
	$>5\times10^5$	2～5
核酸（RNA）	$<1\times10^4$	15～20
	$1\times10^4\sim1\times10^5$	5～10
	$1\times10^5\sim2\times10^6$	2～2.6

可根据被分离物的相对分子质量大小选择所需凝胶的浓度范围，也可先选用7.5%凝胶进行预实验，因为生物体内大多数蛋白质在此范围内电泳均可取得比较满意的结果，再根据分离效果选择适宜的胶浓度。

（三）试剂对凝胶聚合的影响

1. Acr 及 Bis 的纯度

应选用分析纯的 Acr 及 Bis，两者均为白色结晶物质，λ_{280nm}无紫外吸收。若试剂含有杂质（如丙烯酸、某些金属离子等），则凝胶聚合不均一，或聚合时间延长甚至不聚合。

自然光、超声波及 γ 射线均可引起 Acr 本身聚合或形成亚胺桥而交联，造成试剂失效。配制的 Acr 及 Bis 贮液的 pH 为 4.9～5.2，当 pH 的改变大于 0.4 pH 单位时则不能使用，因为在偏酸或偏碱的环境中，Acr 及 Bis 可不断水解生成丙烯酸和 NH_3，丙烯酸和 NH_4^+ 能引起 pH 改变，从而影响凝胶聚合。因此，配制的 Acr 及 Bis 贮液应置于棕色瓶中，4℃贮存，存放期不超过 2 个月。

2. 其他各种试剂的纯度要求

APS、核黄素、TEMED 应选择 AR 试剂，APS 为白色粉末，核黄素为黄色粉末，应在干燥、避光的条件下保存，其水溶液应置棕色瓶中 4℃冰箱贮存，一般 APS 溶液仅能使用一周。TEMED 为淡黄色油状液，原液应密闭贮存于 4℃冰箱中。

3. 水

配制试剂应用无离子水，以防其他杂质的影响。

（四）聚丙烯酰胺凝胶电泳的分离原理

根据有无浓缩效应，聚丙烯酰胺凝胶电泳可以分为连续系统和不连续系统两类。根据聚合凝胶的形状，又可分为圆盘电泳和板状电泳。目前，实验室大多采用不连续的垂直板状聚丙烯酰胺凝胶电泳。这种电泳体系中由于采用的缓冲液离子成分不同、缓冲液 pH 不同、凝胶浓度不同，以及电位梯度的不连续性，带电颗粒在电场中的泳动不仅有电荷效应、分子筛效应的影响，还有样品浓缩效应的影响，分离条带更清晰，分辨率更高。例如，人血清蛋白用滤纸电泳只能分离出 5～7 个组分，而在这种不连续的聚丙烯酰胺凝胶电泳系统中可分离出几十个清晰的组分。

常用的垂直板状聚丙烯酰胺凝胶电泳以夹在两玻璃板间隙的不同浓度的凝胶为支持物，凝胶的上下分别接通负极、正极槽，电极槽中倒入足量的 pH8.3 Tris-甘氨酸电极缓冲液，接通电源即可进行电泳。

1. 样品的浓缩效应

（1）凝胶孔径的不连续性：浓缩胶为大孔胶，分离胶为小孔胶。在电场中蛋白质颗粒在浓缩胶中遇到的阻力小，移动速度快，当进入分离胶时，蛋白质颗粒泳动突然受到较大的阻力，移动速度减慢。在两层凝胶的交界处，由于凝胶孔径的不连续性使样品受阻而压缩成很窄的区带。

（2）缓冲体系的离子成分及 pH 的不连续性：在两种凝胶中均有 Tris 和 HCl。Tris 的作用是维持溶液的 pH，是缓冲配对离子。HCl 在任何 pH 溶液中均易解离出 Cl^-，在电场中迁移最快，称为前导离子（leading ion）或快离子。在电极缓冲液中，Gly 的 pI 为 6.0，在浓缩胶 pH6.7 缓冲体系中，Gly 的解离度最小，仅为 0.1%～1.0%，因而在电场中迁移很慢，称为尾随离子（trailing ion）或慢离子。血清样品中，大多数蛋白质 pI 为 5.0 左右，在 pH6.7 缓冲体系中均带负电荷，在电场中都向正极移动，其有效迁移率（有效迁移率以 $m\alpha$ 表示，m 为迁移率，α 为解离度）介于快离子和慢离子之间，于是蛋白质样品就在快离子、慢离子形成的界面处被浓缩成为极窄的区带。它们在浓缩胶中有效迁移率的排列顺序为：$m\alpha_{Cl^-} > m\alpha_{protein} > m\alpha_{Gly}$。当进入 pH8.9 的分离胶时，Gly 的解离度增加，解离出的 $NH_2CH_2COO^-$ 增多，其有效迁移率超过蛋白质，因此，Cl^- 及 $NH_2CH_2COO^-$ 沿着离子界面继续前进，蛋白质分子由于相对分子质量大，被留在后面，再根据分子筛作用分成多个区带。由于浓缩胶与分离胶之间 pH 的不连续性，控制了 Gly 慢离子的解离度，进而控制其有效迁移率。在浓缩胶中，慢离子较所有待分离样品的有效迁移率低，使样品夹在快、慢离子之间被浓缩。进入分离胶后，慢离子的有效迁移率增高，使样品不再受离子界面的影响，从而得到分离。

（3）电位梯度的不连续性：电位梯度的高低与电泳速度的快慢有关，因为电泳速度（v）等于电位梯度（E）与迁移率（m）的乘积（$v=mE$）。迁移率低的离子，在高电位梯度中，可以与具有高迁移率而处于低电位梯度的离子具有相似的速度，即 $E_{高} \times m_{低} \approx E_{低} \times m_{高}$。在不连续系统中，电位梯度的差异是自动形成的。电泳开始后，由于快离子的迁移率最大，它会很快超过蛋白质，因此，在快离子后面形成一个低电导区。由于 $E=I/\eta$，其中 E 为电位梯度，I 为电流强度，η 为电导率。E 与 η 成反比，所以低电导区就有了高的电位梯度。这就使得蛋白质和慢离子在快离子后面加速移动。当快离子、慢离子和蛋白质的迁移率与电位梯度的乘积彼此相等时，则三种离子的移动速度相同。当快离子和慢离子的移动速度相等的稳定状态建立之后，两者之间就形成一个稳定而不断向阳极移动的界面。由于蛋白质的有效迁移率恰好在快、慢离子之间，因此，就聚集在这个移动的界面附近，被浓缩形成一个狭小的中间层。

2. 分子筛效应

相对分子质量不同或分子大小、形状不同的蛋白质通过一定孔径的分离胶时，受阻滞的程度不同而表现出不同的迁移率，这就是分子筛效应。

经浓缩效应后，快、慢离子及蛋白质均进入 pH8.9 的同一孔径的分离胶中。在均一的电位梯度下，由于 Gly 的解离度增加，加之其相对分子质量小，所以有效泳动率增加，赶上并超过各种蛋白质组分。而各蛋白质组分的泳动与其相对分子质量、分子形状密切相关，相对分子质量小且为球形的蛋白质分子所受阻力小，迁移快，在前面；反之，迁移慢，在后面。

3. 电荷效应

蛋白质样品进入 pH8.9 的分离胶后，各成分所带净电荷不同，迁移率不同。表面电荷多，则迁移快；反之，则迁移慢。

蛋白质样品电泳前后在凝胶中的分布见图 10-1。

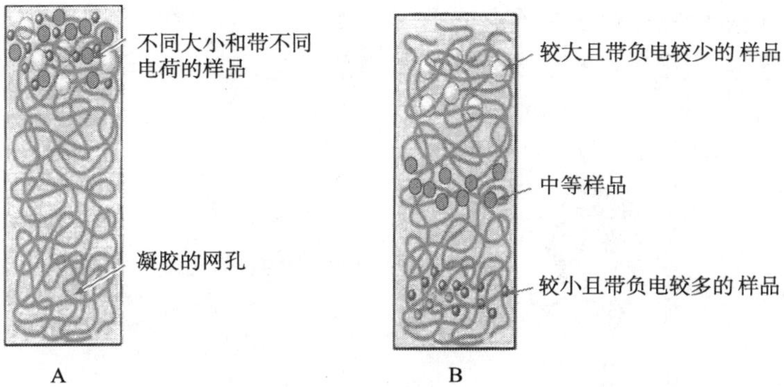

图 10-1　蛋白质样品电泳前后在凝胶中的分布示意图

目前，聚丙烯酰胺凝胶电泳已广泛用于科研、农业、医药及临床诊断的分析、制备，如蛋白质、酶、核酸、血清蛋白、脂蛋白的分离及病毒、细菌提取液的分离等。

（五）聚丙烯酰胺凝胶电泳的特点

与其他凝胶电泳相比，聚丙烯酰胺凝胶电泳有以下优点。

（1）在一定浓度时，凝胶透明，有弹性，机械性能好。

（2）化学性能稳定，与被分离物不起化学反应。

（3）对 pH 和温度变化不敏感。

（4）几乎无电渗作用。只要 Acr 纯度高，操作条件一致，则样品分离重复性好。

（5）样品不易扩散，且用量小，其灵敏度可达 10^{-6}g。

（6）凝胶孔径可调节。根据被分离物的相对分子质量选择合适的凝胶浓度，通过改变单体及交联剂的浓度调节凝胶的孔径。

（7）分辨率高，尤其在不连续凝胶电泳中，集浓缩效应、分子筛效应和电荷效应为一体，因而较醋酸纤维素薄膜电泳、琼脂糖电泳等有更高的分辨率。

因此，聚丙烯酰胺凝胶电泳应用范围广，可用于蛋白质、酶、核酸等生物分子的分离、定性、定量、极少量的制备，还可用于测定相对分子质量、等电点等。

四、SDS-聚丙烯酰胺凝胶电泳

在聚丙烯酰胺凝胶电泳系统中，加入一定量的十二烷基硫酸钠（sodium dodecyl sulfate, SDS）和巯基乙醇（β-mercaptoethanol），此时，带电颗粒电泳迁移率主要依赖于其相对分子质量，而与其所带净电荷和分子形状无关，这种电泳称为 SDS-聚丙烯酰胺凝胶电泳（SDS-PAGE）。

按照凝胶电泳系统中的缓冲液、pH 和凝胶孔径的差异，SDS-PAGE 可分为 SDS-PAGE 连续系统电泳和 SDS-PAGE 不连续系统电泳；按照所制成的凝胶形状和电泳方式，SDS-PAGE 又可分为 SDS-聚丙烯酰胺凝胶垂直柱型电泳和 SDS-聚丙烯酰胺凝胶垂直板型电泳。无论采用哪一种，其基本原理是一样的，具体操作也大同小异。现多采用 SDS-PAGE 不连续垂直板电泳测定蛋白质的相对分子质量。

SDS 是一种阴离子去污剂，在水溶液中，它以单体和分子团（micelle）的混合形式存在，能破坏蛋白质分子中的氢键和疏水相互作用，使蛋白质变性而改变原有的空间构象。巯基乙醇是一种强还原剂，可使蛋白质分子中的二硫键还原，使蛋白质分子被解聚分成单个亚单位。在 SDS 和巯基乙醇存在时，单体蛋白质或蛋白质亚基多肽链处于伸展状态。SDS 以其疏水烃链与蛋白质分子暴露的疏水侧链结合成复合体（图 10-2）。在一定条件下，SDS 与大多数蛋白质的结合比为 1.4g SDS/1g 蛋白质，相当于每两个氨基酸残基结合一个 SDS 分子。

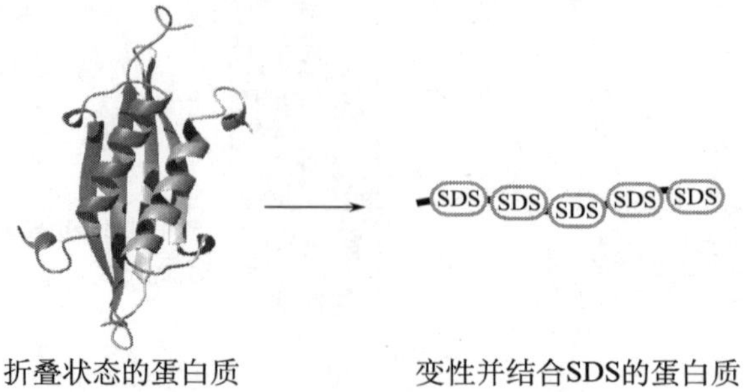

图 10-2　蛋白质结合 SDS 示意图

SDS与蛋白质结合产生两个结果。其一，SDS带有大量的负电荷，与蛋白质结合后使多肽链覆盖上相同密度的负电荷，该荷电量远远超过蛋白质分子原有的荷电量，因而掩盖了不同蛋白质分子之间原有的电荷差别，结果，所有的SDS-蛋白质复合体电泳时以相同的电荷/质量比向正极移动。其二，SDS改变了蛋白质单体分子的构象，一般认为SDS-蛋白质复合体在水溶液中的形状是近似雪茄烟的长椭圆棒状，不同SDS-蛋白质复合体的短轴长度都是一样的，即直径相同，约1.8nm，而长轴长度则随着蛋白质的相对分子质量的大小成正比例变化。

不同蛋白质的SDS-蛋白质复合体具有几乎相同的荷质比，并具有相同的构象，它们的净电荷量与摩擦系数之比都接近一个定值（具有相近的迁移率），即不受蛋白质原有的电荷、分子形状等因素的影响。所以，在SDS-PAGE中，蛋白质的迁移率只与蛋白质的相对分子质量有关，相对迁移率等于条带迁移距离除以指示剂迁移距离（图10-3）。

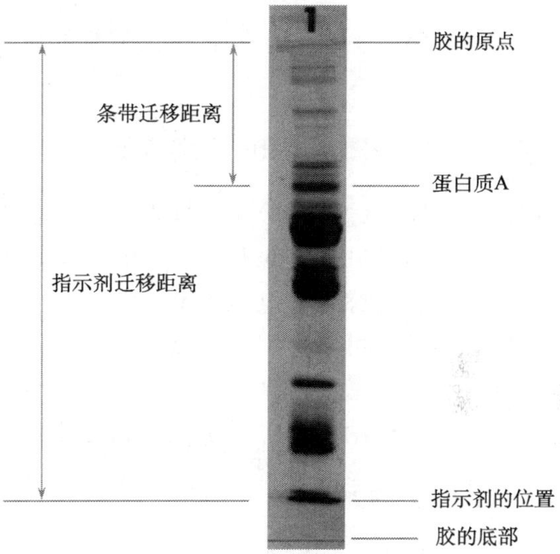

图10-3　凝胶电泳中蛋白质分子的相对迁移率

当蛋白质的相对分子质量为15 000～200 000，电泳迁移率与分子质量的对数呈线性关系，符合下列方程式

$$\lg M_r = -b \cdot m_R + K$$

式中，M_r表示蛋白质相对分子质量；m_R表示相对迁移率；b表示斜率；K表示截距。在条件一定时，b和K均为常数。

将已知相对分子质量的标准蛋白质的相对迁移率对其相对分子质量的对数作图，可获得一条标准曲线。未知蛋白质在相同条件下进行电泳，根据其相对迁移率即可在标准曲线上查得相对分子质量的对数，进一步可以计算出相对分子质量（图10-4）。

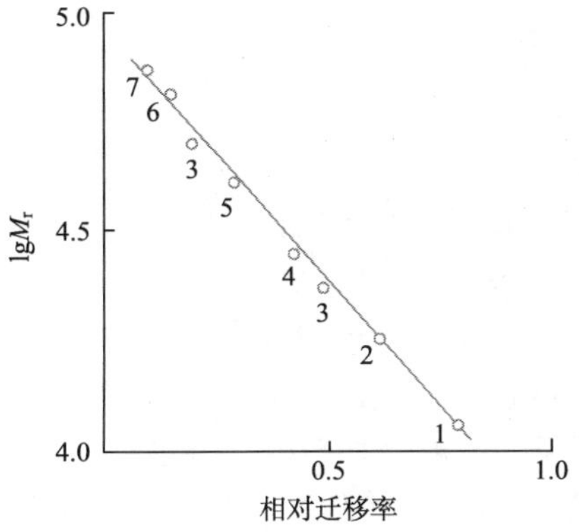

图10-4　几种蛋白质的相对分子质量对数与相对迁移率关系图

1. 细胞色素c；2. 肌球蛋白；3. γ-球蛋白；4. 碳酸酐酶；5. 卵白蛋白；6. 人白蛋白；7. 人转铁蛋白

采用SDS-PAGE测定蛋白质的相对分子质量，具有简便、快速、重复性好、用样量少（μg）的优点，且不需要昂贵的仪器设备。在15 000～200 000的相对分子质量范围内，该法测得的结果与用其他方法测得的结果相比，误差一般不超过10%。

在SDS-PAGE中，影响样品迁移率的因素很多，在制胶和电泳过程中，很难将每次的各项条件控制得完全一致，因此，必须将样品和标准蛋白质在同一块胶上进行电泳。

根据待测物质相对分子质量的范围选择最适浓度的凝胶，5%凝胶适合分离25 000～200 000范围的蛋白质，10%凝胶适合分离10 000～70 000范围的蛋白质分子，15%凝胶适合分离10 000～50 000

范围的蛋白质分子。目前有低、中、高分子质量标准蛋白质 Marker 可供选择，每一种 Marker 含有数种相对分子质量不同的蛋白质，不同蛋白质分子的相对迁移率在 0.2～0.8 之间均匀分布。

许多蛋白质是多亚基的，在 SDS 和巯基乙醇作用下，解离成各个亚基，SDS-PAGE 测定的只是各个亚基的相对分子质量，而不是完整蛋白质的相对分子质量。为了得到待测蛋白质更全面的信息，还需用其他方法（如分子筛层析、梯度凝胶电泳）进行测定，与 SDS-PAGE 结果相互验证。

SDS-PAGE 并不能准确测定所有蛋白质的相对分子质量，该法不能准确测定某些电荷异常或构象异常的蛋白质、带有较大辅基的蛋白质（如糖蛋白）、一些结构蛋白等的相对分子质量。

五、聚丙烯酰胺凝胶等电聚焦电泳

利用一种特殊的缓冲液（两性电解质）在电泳介质内形成一个 pH 梯度，电泳时待分离的两性分子在这种 pH 梯度中迁移，最终聚集于与其等电点相同的区域，形成一个很窄的区带，这种电泳技术称为等电聚焦电泳。

等电聚焦技术可以分辨等电点（p*I*）只差 0.001pH 单位的生物分子。由于其分辨率高，重复性好，样品容量大，操作简便迅速，在生物化学、分子生物学及临床医学研究中得到广泛的应用。特别适用于相对分子质量相近或相同而等电点不同的生物大分子的分离。

（一）pH 梯度的形成

用多种两性电解质混合物可以建立良好稳定的 pH 梯度。理想的两性电解质应具备以下特征。

（1）分子质量小，易与大分子物质分离。

（2）化学性质稳定，不与被分离物质发生反应或使之变性。

（3）各个成分的 p*I* 彼此接近，在各自 p*I* 附近有良好的缓冲能力。

（4）在 p*I* 处有足够的电导，导电性均匀。

（5）两性电解质的数目要足够多。

（6）可溶性好。

（7）对 280nm 的紫外光没有或仅有较低的吸收。

两性电解质的本质是一系列脂肪族多羧基多氨基的异构体和同系物的混合物，相对分子质量为 300～1000，具有很多既不相同又很接近、相互连接的 p*I*。在直流电场的作用下，两性电解质各自迁移到适当位置（各自 p*I* 处），形成一个从正极到负极的 pH 逐渐升高的平滑连续的 pH 梯度。若两性电解质的含量与 p*I* 的分布越均匀，则 pH 梯度的线性就越好。

在电泳介质的正负极间引入两性电解质，在正极端吸入酸液（如硫酸、磷酸或醋酸等），在负极端引入碱液（如氢氧化钠、氨水等）。电泳开始前两性电解质的混合物 pH 为一均值，即各段介质中的 pH 相等。电泳开始后，两性电解质混合物中 p*I* 最低的分子，带负电荷最多，向正极移动速度最快，当移动到正极附近的酸液界面时，pH 突然下降，甚至接近或稍低于其 p*I*，这一分子不再向前移动而停留在此区域内。由于两性电解质具有一定的缓冲能力，使其周围一定的区域内介质的 pH 保持在它的等电点范围。p*I* 稍高的第二种两性电解质分子也移向正极，最终定位于第一种两性电解质分子之后，这样，经过一定时间后，具有不同等电点的两性电解质分子按各自的等电点依次排列，形成了从正极到负极等电点递增，由低到高的线性 pH 梯度（图 10-5）。

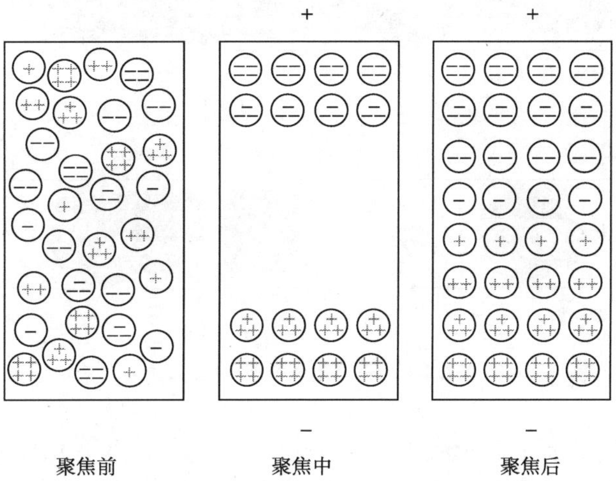

图 10-5 两性电解质聚焦前后在凝胶中的分布

通电后电泳槽的正负极发生电极反应，正极端反应为

$$6H_2O \longrightarrow O_2 + 4H_3O^+ + 4e^-$$

负极端反应为

$$4H_2O + 4e^- \longrightarrow 2H_2 + 4OH^-$$

因此，在负极引起 pH 升高，在正极引起 pH 下降。常用的两性电解质有瑞典 Pharmacia-LKB 公司生产的 Ampholine 和 Pharmalyte。在测定未知蛋白质等电点时，可以先选用 pH3～10 的两性电解质，初步测定其等电点范围后，再改用 pH 范围较窄的两性电解质，以提高测定的准确度。

（二）等点聚焦测定蛋白质等电点的原理

蛋白质分子是典型的两性电解质分子，在大于其等电点的 pH 环境中解离成带负电荷的离子，在小于其等电点的 pH 环境中解离成带正由荷的离子。

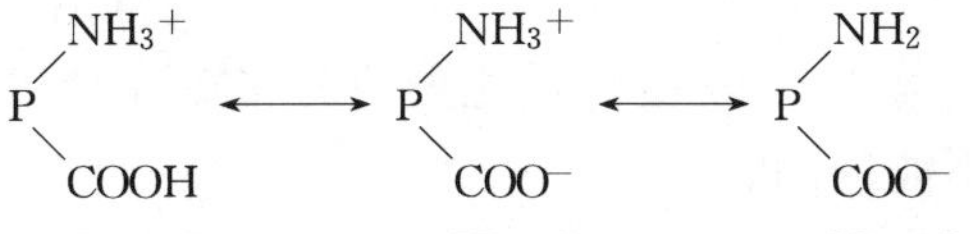

$pH<pI$　　$pH=pI$　　$pH>pI$

在电场中，荷电的蛋白质分子分别向与其荷电性相反的方向泳动，当处在等于其等电点的 pH 环境中，即蛋白质所带的净电荷为零时这种泳动才能停止。如果在一个有 pH 梯度的环境中，对各种不同等电点的蛋白质混合样品进行电泳，不管这些蛋白质分子的原始分布如何，在电场作用下，各种蛋白质分子将按照它们各自的等电点大小在 pH 梯度中相对应的位置处进行聚焦，经过一定时间的电泳以后，不同等电点的蛋白质分子便分别聚焦于不同的位置，呈现白色沉淀线（图 10-6）。电泳时间越长，蛋白质聚焦的区带就越集中，越狭窄。所以等电聚焦电泳不仅可以测定等电点，而且能将不同等电点的混合的生物大分子进行分离和鉴定。

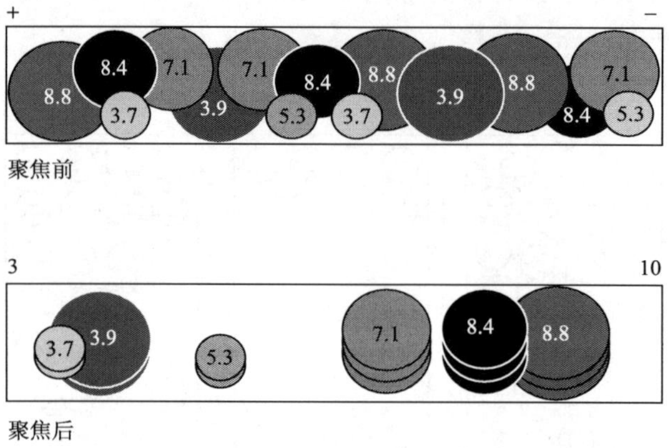

图 10-6　蛋白质样品聚焦前后在凝胶中的分布

测量蛋白质聚焦处的 pH（即蛋白质的等电点），通常有以下几种方法。

（1）将胶条切成小块，用蒸馏水浸泡，用精密 pH 试纸或 pH 电极测定溶液的 pH。

（2）用表面 pH 微电极直接测定胶内各部分的 pH。

（3）将胶条−70℃冷冻后切成 1mm 薄片，加入 0.5mL 0.01mol/L KCl 溶液，微电极测定 pH。

（4）以几种已知等电点的标准蛋白质（Marker）进行等点聚焦电泳，染色后测量标准蛋白质条带距离正极端的迁移距离，以胶条长度为横坐标，pH 为纵坐标绘图，得到一条 pH 梯度曲线，根据待测蛋白质的聚焦距离从标准曲线上查出对应的 pH。

（三）等电聚焦的应用

（1）分离制备蛋白质及多肽。

（2）测定蛋白质及多肽等电点。

（3）用于双向电泳分离蛋白质及多肽。

（四）等电聚焦的注意事项

1. 两性电解质

两性电解质的加量以 2%～3%较适合，能形成好的 pH 梯度。两性电解质放置时间过长会染菌，被分解变质，不能使用。

2. 待测样品

样品必须无盐，否则电泳时样品条带可能走歪、拖尾或根本不成条带。加样的量要适当，电泳后蛋白质条带才能清晰规整。有多种加样方式，可用加样纸加样或把样品混在凝胶里，也可把样品直接点在不同位置。

3. 防止烧胶

平板等电聚焦电泳的胶很薄（0.6mm），当稳流在 8mA 时，电压可上升到 550V 以上，由于阴极飘移，造成局部电流过大，胶承受不了而易被烧断。稳流 8mA，电压上升到 550V 时，应立即关电源。用恒功率电泳仪，控制输出功率在指定范围，改进冷却条件，使因电流产生的热量及时散去。如果发生烧胶，可在烧断的位置换上一条宽的电极条压过断缝或在电源电极条内侧加一电极条，以此补救。

4. 防止样品扩散

聚焦结束取消了外加电场后，如何保持 pH 梯度的稳定是极为重要的。为了防止扩散，稳定 pH 梯度，就必须使用能抗对流和扩散的支持介质，最常用的支持介质就是聚丙烯酰胺凝胶。聚焦后的胶条采用固定液固定，可使蛋白质变性不再扩散。

（武金霞）

第四节 染色方法

经醋酸纤维素薄膜、琼脂糖凝胶和聚丙烯酰胺凝胶电泳分离的各种生物分子需用染色法使其在支持物相应位置上显示出谱带，从而检测其纯度、含量及生物活性等。不同的生物分子所使用的染色方法不同，现分述如下。

一、蛋白质染色

染色液种类很多，各种染色液染色原理不同，灵敏度各异，使用时可根据需要加以选择。常用的染料主要有以下 5 种。

1. 氨基黑 10B

氨基黑 10B（amino black 10B），别名萘黑 10B，分子式为 $C_{22}H_{14}O_9N_6S_3Na_2$，相对分子质量为 715，$\lambda_{max}$＝616～620nm，是含有 3 个磺酸基团的酸性染料。其磺酸基与蛋白质的碱性基团反应形成复合盐，是常用的蛋白质染料之一。氨基黑 10B 染色不同蛋白质时，着色度不等、色调不均一，导致蛋白质定量时的误差增大，需要对各种蛋白质作出蛋白质-染料量标准曲线。由于这类染料染色灵敏度较低，目前已被灵敏度更高的考马斯亮蓝所代替。

2. 考马斯亮蓝 R-250

考马斯亮蓝 R-250（Coomassie brilliant blue R-250，CBB R-250）即三苯基甲烷衍生物，相对分子式为 $C_{45}H_{44}O_7N_3S_2Na$，相对分子质量为 824，λ_{max}＝560～590nm，染色灵敏度比氨基黑高 5 倍。该染料是通过范德华力与蛋白质的碱性基团结合的，呈现基本相同的蓝色，其线性范围为15～25μg。当蛋白质浓度过高时，其染色不符合 Beer 定律，做定量分析时应注意此点。

3. 考马斯亮蓝 G-250

考马斯亮蓝 G-250（CBB G-250，又名 xylene brilliant cyanin G）即二甲花青亮蓝，分子式为 $C_{47}H_{48}N_3NaO_7S$，比 CBB R-250 多两个甲基，相对分子质量为 854，λ_{max}＝590～610nm。染色灵敏度不如 R-250，但比氨基黑高 3 倍。其优点是在三氯乙酸中不溶而成胶体，能有选择地使蛋白质染色而几乎无本底色，所以常用于需要重复性好和稳定性好的染色，适于做定量分析。

4. 荧光染料

（1）丹磺酰氯（2，5-二甲氨基萘磺酰氯，dansyl chloride，DNS-Cl）：在碱性条件下与氨基酸、肽、蛋白质的末端氨基发生反应，使它们获得荧光性质，可在波长 320nm 或 280nm 的紫外灯下观察染色后的各区带或斑点。蛋白质与肽经丹磺酰化不影响电泳迁移率，因此，少量丹磺酰化的样品还可用作无色蛋白质分离的标记物。而且，丹磺酰化不阻止蛋白质的水解，分离后从凝胶上洗脱下来的丹磺酰化的蛋白质仍可进行肽的分析，不受蛋白酶的干扰。

（2）荧光胺（fluorescamine）：其作用与丹磺酰氯相似。由于自身及分解产物均不显示荧光，因此，染色后没有荧光背景。检测灵敏度高，可检测出 1ng 的蛋白质。

5. 银染色法

1979 年 Switzer 和 Merril 等首先提出了染色灵敏度比 CBB R-250 高 2 个数量级的银染色法，这个方法经不断改进，可检测少至 10^{-15}g（femtograms）的蛋白质。银染的原理是将蛋白质带上的硝酸银（银离子）还原成金属银，以使银颗粒沉积在蛋白带上。用银染蛋白质的吸光度对其浓度作图呈现不同的斜率，表明染色的程度是与蛋白质中的一些特殊基团有关，但银染的详细机制尚不清楚。

目前，银染法可以分为两大类，化学显色（chemical development）和光显色（photo development）。化学显色又分为双胺银染法和非双胺银染法。双胺银染法是用氢氧化铵形成银-双胺复合物。将固定后的凝胶浸泡于此溶液中，并通过酸化（通常用柠檬酸）使其显色，现在被广泛使用。非双胺银染法是将电泳后固定的凝胶放在酸性的硝酸银溶液中，当蛋白质与硝酸银作用后，在碱性 pH 下，用甲醛将离子化的银还原成金属银来达到显色的目的，通常用柠檬酸或乙酸终止显色。如果用碳酸钠处理凝胶则可增加染色的强度。

光显色是利用光能在酸性 pH 下将银离子还原成金属银使蛋白质带显色。一旦凝胶被固定后，光显色法只需使用单一的染色液即可显色，而不像化学染色过程那样至少需要两种溶液。

二、糖蛋白染色

糖蛋白可以通过蛋白质或碳水化合物的染色来检测。上述的蛋白染色法都能用于电泳后检测糖蛋白，还有一些染色方法是基于与糖的部分反应。常用过碘酸-Schiff 试剂（periodic-Schiff's reagent）法染色，简称 PAS 染色法。它先用过碘酸氧化糖蛋白的糖基，然后用 Schiff 试剂染色。经改进的 PAS 法，其检测灵敏度最高可达 40ng 糖蛋白。

外源凝集素和碳水化合物的专一相互作用是检测糖蛋白的一种温和的方法。这种方法使用荧光素异硫氰酸盐（fluorescein isothiocyanate，FITC）标记外源凝集素。将凝胶在 pH7.0 左右室温浸泡 12h，用相同的缓冲液脱色。在 4℃条件下，1 个月内可在紫外灯下观察到荧光蛋白质带，灵敏度约为 100ng。

三、核酸染色法

将凝胶先用三氯乙酸、甲酸-乙酸混合液、氯化高汞、乙酸等固定，或将有关染料与上述溶液配在一起，对核酸进行染色。

溴化乙锭（ethidium bromide，EB），化学名 3，8-二氨基-5-乙基-6 苯基菲啶翁盐，可用于观察琼脂糖凝胶电泳中的 RNA、DNA 带。EB 能插入核酸分子中的碱基对之间，导致 EB 与核酸结合。超螺旋 DNA 与 EB 结合能力小于双链闭环 DNA，而双链闭环 DNA 与 EB 结合能力又小于线状 DNA。DNA 吸收 254nm 处的紫外线并传递至 EB，而结合的 EB 本身在 302nm 和 366nm 处也有光吸收，两者均可在可见光谱红橙区以 590nm 波长发射出来。可以利用紫外分析灯（253nm）观察荧光。

EB 染色操作简便、快速。凝胶可用 0.5～1μg/mL EB 染色，染色时间的长短取决于凝胶浓度的高低，低于 1%琼脂糖的凝胶染色 15min 即可。凝胶上多余的 EB 染料不干扰在紫外灯下检测荧光。如果将染料直接加到核酸样品中进行电泳，可以随时用紫外灯追踪样品的迁移情况；EB 染料灵敏度高，对 10ng RNA、DNA 均可呈橙红色荧光。由于具有以上优点，EB 染料被广泛应用于核酸的检测。

EB染料是一种强烈的诱变剂，操作时应注意防护，务必戴上聚乙烯手套。观察时应戴上防护面罩或防护眼镜。

（武金霞）

第五节 电泳有关的仪器及使用

电泳仪为生物化学实验室常用的小型仪器，种类很多。随着电泳技术的不断发展，电泳仪器的分析对象也越来越专一化。按分析对象不同，可分为蛋白质分析用、核酸分析用和细胞分析用；按功能可分为制备型、分析型、转移型、浓缩型等；按电泳槽形状可分为圆盘（管状）型、垂直板型和水平平板型。

凝胶电泳系统一般由电泳仪电源、电泳槽和冷却装置组成，同时配套的有各种灌胶模具、染色用具等。现着重介绍电泳仪电源和电泳槽。

一、电泳仪电源

电泳仪电源式样很多，发展也很快，从指针显示到数字显示，从参数的手调控制到程序控制，从单恒、双恒到三恒电源（三恒电源是指在电泳过程中根据电泳方法的需要使电压、电流和功率中的某一项参数达到设置上限后保持恒定状态而自动改变另外两项，不需人工调节，操作方便），电泳仪的性能越来越稳定，操作越来越简便。

不同的电泳技术需要不同的电压、电流和功率范围，所以选择电泳仪电源主要是根据电泳技术的需要。例如，聚丙烯酰胺凝胶电泳和SDS-聚丙烯酰胺凝胶电泳需要100～300V电压；等电聚焦电泳需要较高的电压，载体两性电解质等电聚焦电泳需要1000～2000V电压，而固相pH梯度等电聚焦电泳则需要3000～10 000V电压；电泳转移相对需要低电压、大电流（几百毫安至几十安）。

二、电泳槽

电泳槽是凝胶电泳系统的重要部分，根据电泳槽的形状可以将其分为以下几种。

1. 圆盘电泳槽

圆盘电泳（disc electrophoresis）也称管状凝胶电泳。用此种装置分离后的样品带的形状类似圆盘，故得名。圆盘电泳槽通常由上、下两个电泳槽和带有铂金电极的盖子组成。电极到各凝胶管中心的距离应该相等，以保证凝胶管之间的电场强度一致。目前，此种电泳槽已很少使用。

2. 垂直电泳槽

制胶和电泳在两块垂直放置的平行玻璃板中间进行。这种改变使胶板表面积增大，易于冷却并提高了分辨率。

垂直板电泳槽一般包括一个外壳，用以盛正极缓冲液，电泳时支撑凝胶板；两块胶板之间盛负极缓冲液，电极由铂金丝制成，安全盖上有两个接头分别与电泳仪电源和电泳槽相连。根据电泳时凝胶板的数目可分为单板、双板和多板电泳槽。

3. 水平电泳槽

水平电泳槽形状各异，但结构大致相同。一般包括电泳槽基座、冷却板和电极，有的还包括安全盖。可用于进行常规聚丙烯酰胺凝胶、琼脂糖、SDS-PAGE、免疫和双向电泳。

4. 转移电泳槽

转移电泳是利用低电压大电流的直流电场使凝胶电泳后的蛋白质条带转印到特定膜上（如硝酸纤维素膜、PVDF 膜、重氮化纸和阳离子尼龙膜等），再进行蛋白质免疫检测、放射自显影分析等的电泳技术。电泳转移槽是当前生物化学与分子生物学研究的常用仪器。

电泳转移槽的结构有两种，一种是转移槽和电源自成一体；另一种是转移槽只作为电泳槽的附件，电源则使用电泳仪电源。

5. 各种灌胶模具

垂直板电泳所需的平板凝胶一般都是用两块间隔一定厚度且夹在一起的平整的厚玻璃板来灌注，一块玻璃板两侧粘有两条不同厚度的玻璃隔条，用以控制制备凝胶的厚度，另一块玻璃板上端带有凹槽，两块玻璃板要使用灌胶模具固定。

不同厂家生产的电泳槽、灌胶模具、玻璃板、梳子一般都是配套的（图 10-7）。灌胶后将配套梳子插入两块玻璃板之间，凝胶聚合后拔出梳子即在凝胶顶部形成上样井，用于加入样品。

用于水平电泳的常规聚丙烯酰胺凝胶和 SDS-PAGE 的灌制，因为浓缩胶和分离胶的区别也必须垂直灌制，结构与垂直电泳所用的模具类似，只是不加梳子。

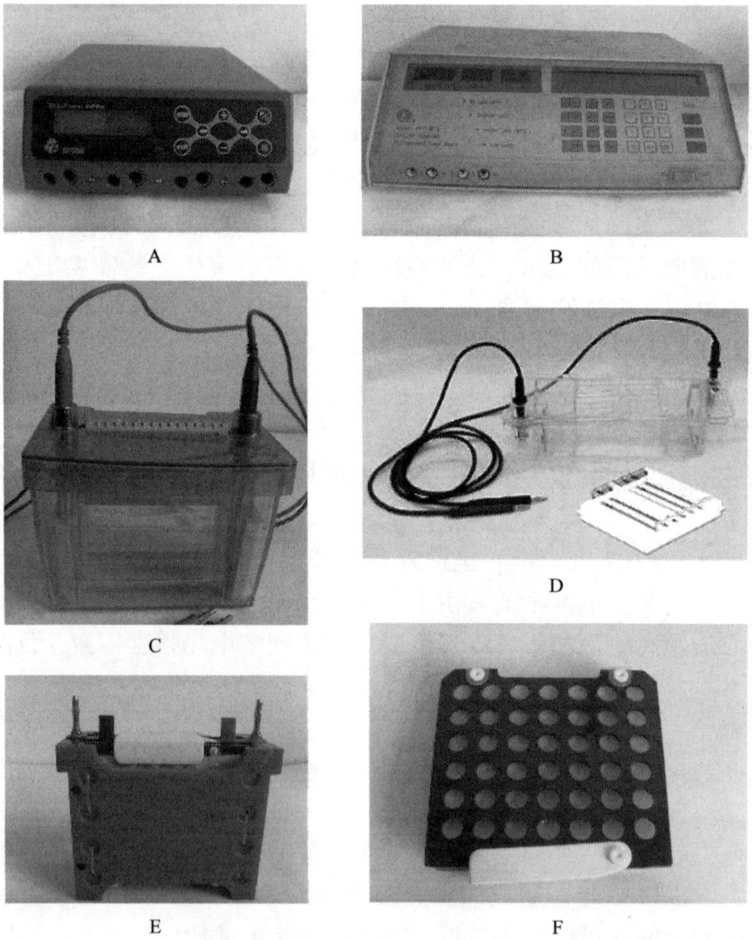

图 10-7　电泳有关设备

A. 电泳仪普通电源；B. 电泳仪高压电源；C. 垂直电泳槽；D. 水平电泳槽；E. 转移芯；F. 转移夹

（武金霞）

第六节 实验部分

实验一 醋酸纤维素薄膜电泳分离血清蛋白

【实验目的】

掌握醋酸纤维素薄膜电泳的基本原理和操作方法。

【实验原理】

醋酸纤维素薄膜由纤维素的羟基经乙酰化而制成，具有均一的泡沫样结构（三维立体结构），厚度约120μm，有很强的渗透性，对分子移动阻力很小，对样品的吸附作用小，作为电泳支持物具有简便、快速、样品用量少、蛋白质谱带分离清晰、没有吸附现象等优点，目前广泛应用于血清蛋白、脂蛋白、糖蛋白、血红蛋白和同工酶的分离鉴定和免疫电泳。

血清中蛋白质种类较多，测定血清中各蛋白质含量有一定的临床意义。肾病、弥漫性肝损害、肝硬化、原发性肝癌、多发性骨髓瘤、慢性炎症、妊娠等都可使清蛋白下降。肾病时α_1-球蛋白、α_2-球蛋白、β-球蛋白升高，γ-球蛋白降低。肝硬化时α_2-球蛋白、β-球蛋白降低，而α_1-球蛋白、γ-球蛋白升高。

用醋酸纤维素薄膜电泳可鉴定出清蛋白、α_1-球蛋白、α_2-球蛋白和β-球蛋白和γ-球蛋白。由于血清中各蛋白质的等电点及分子大小各不相同，在电场中的泳动速度也就不同，在pH8.6的条件下，在醋酸纤维素薄膜电泳上各蛋白质的泳动顺序为清蛋白＞α_1-球蛋白＞α_2-球蛋白＞β-球蛋白＞γ-球蛋白。

在一定范围内，各条带蛋白质含量与染料结合量基本成正比，将各条带剪开，分别用碱性溶液（0.4mol/L NaOH）浸洗下来，以分光光度法可以测得各种蛋白质的含量，并计算出相对百分数，也可将染色后的膜条直接用光密度计测定。

【器材】

1. 仪器：稳压电泳仪，水平电泳槽，可见分光光度计，脱色摇床。

2. 材料：点样器，培养皿（Φ12 cm，浸泡、染色及脱色用），粗滤纸，裁纸刀，镊子，醋酸纤维素薄膜（2cm×8cm），试管（18mm×180mm），试管架，比色皿，擦镜纸，新鲜无溶血人或动物血清。

【试剂】

1. 0.4mol/L 氢氧化钠溶液。

2. 巴比妥缓冲液（pH8.6，0.075mol/L，离子强度 0.07）：称取巴比妥钠 15.45g、巴比妥 2.76g，加入 800mL 无离子水溶解，测试 pH，用 1mol/L HCl 或 NaOH 校正其 pH 至 8.6，以无离子水定容至 1000mL。

3. 氨基黑 10B 染色液：将 0.25g 氨基黑 10B、甲醇 50mL、冰醋酸 10mL、无离子水

40mL 混合，可重复使用。

4. 漂洗液：95%乙醇∶冰醋酸∶无离子水（体积比）=9∶1∶10。

【操作步骤】

1. 预处理

用镊子取醋酸纤维素薄膜（2cm×8cm）1 张（识别出光面和膜面），在距一端 2cm 处用铅笔轻画横线标记点样位置（图 10-8），膜面朝下放入巴比妥缓冲液中浸泡 20～30min。

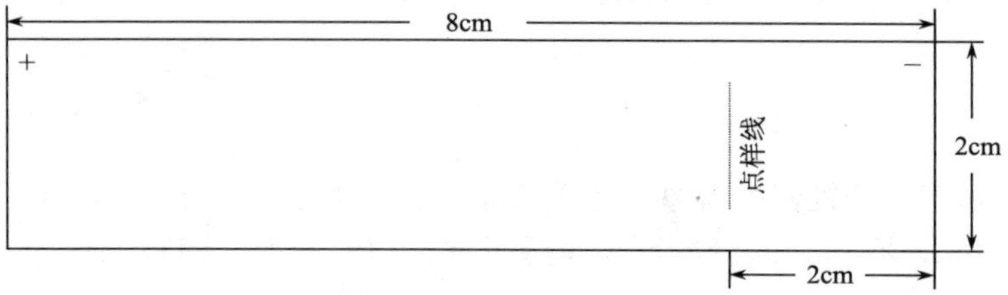

图 10-8　醋酸纤维素薄膜点样示意图

2. 点样

取出薄膜，夹在两层滤纸中间，轻轻吸去表面多余的液体，将薄膜平铺在玻璃板上（膜面朝上），用 1.5cm 点样器蘸取血清，轻轻落在点样线上，点好的样品应呈细条状。

3. 电泳

在电泳槽两边盛入巴比妥缓冲液，使两个电极槽内的液面等高，取双层滤纸条以电泳缓冲液充分润湿，并除去气泡，将滤纸附着在电泳槽的支架上，使它的一端与支架的前沿对齐，紧贴在支架上，另一端浸入电极槽的缓冲液内，作为滤纸桥（图 10-9）。将薄膜上点样的一端靠近负极（点样线不得触及滤纸桥），两端拉紧贴于电泳槽架的滤纸桥上。盖上电泳槽盖，打开电泳仪电源开关，调节电压为 25V/cm膜宽，或电流 0.4～0.6mA/cm 膜宽，电泳约 25min。

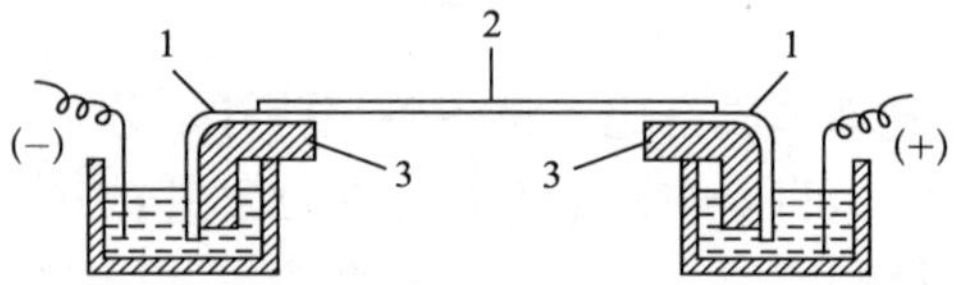

图 10-9　醋酸纤维素薄膜电泳装置示意图

1. 滤纸桥；2. 醋酸纤维素薄膜；3. 电泳槽支架

4. 染色

电泳完毕后先切断电源，取下薄膜，置于氨基黑 10B 染色液中浸泡 10min。

5. 漂洗

取出薄膜，用漂洗液漂洗 3～4 次（每次 5min）至背景无色，可得清晰的蛋白质电泳图谱（图 10-10）。

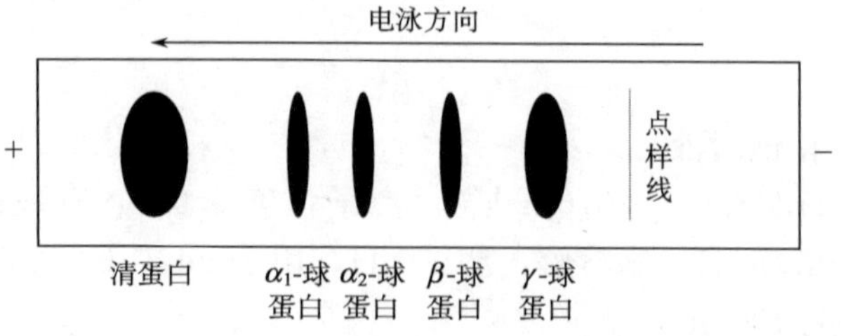

图 10-10　血清蛋白醋酸纤维素薄膜电泳图谱

【结果与分析】

1. 电泳图谱定性分析。观察薄膜上的蛋白质条带，画出或扫描电泳图谱，根据各血清蛋白的等电点和分子质量判断电泳图谱中蛋白质的区带分别对应于哪种血清蛋白。

2. 血清蛋白的定量分析。将薄膜上各蛋白质条带剪下，并剪取相同大小的无色带膜条作为空白对照，分别浸在4mL 0.4mol/L氢氧化钠溶液中30min，测定A_{650}值。

根据A_{650}，按下列公式计算血清蛋白各组分的百分含量：

$$A_{总} = A_{清} + A_{\alpha_1} + A_{\alpha_2} + A_{\beta} + A_{\gamma}$$

$$清蛋白(\%) = A_{清} / A_{总} \times 100\%$$

$$\alpha_1\text{-}球蛋白(\%) = A_{\alpha_1} / A_{总} \times 100\%$$

$$\alpha_2\text{-}球蛋白(\%) = A_{\alpha_2} / A_{总} \times 100\%$$

$$\beta\text{-}球蛋白(\%) = A_{\beta} / A_{总} \times 100\%$$

$$\gamma\text{-}球蛋白(\%) = A_{\gamma} / A_{总} \times 100\%$$

【注意事项】

1. 选膜：市售醋酸纤维素薄膜均为干膜片，将干膜片漂浮于电极缓冲液表面，漂浮15～30s，观察膜片吸水情况，若有白斑点或条纹，提示膜片厚薄不匀，应舍去不用。

2. 浸润：让漂浮于缓冲液的薄膜吸满缓冲液后自然下沉，这样可将膜片上聚集的小气泡赶着走，浸泡30min以保证膜片上有一定量的缓冲液，并使其恢复到原来多孔的网状结构。

3. 点样：点样前，应将薄膜表面多余的缓冲液用滤纸吸去，防止样品扩散；但也不宜太干，使得样品不易进入膜内，导致点样起始点参差不起，影响分离效果。每厘米加样线加样量不超过1μL，相当于60～80μg蛋白质。

4. 电泳：应选择合适的电流强度，一般电流强度为0.4～0.6mA/cm膜宽。电流强度高，则热效应高；电流过低，则样品泳动速度慢且易扩散。

5. 操作过程为防止指纹污染，应戴手套。

【思考题】

1. 醋酸纤维素薄膜作为电泳支持物有什么优点？简述醋酸纤维素薄膜电泳的原理。

2. 电泳时为什么要将点样的一端靠近负极端？根据血清中各蛋白质组分的性质，如何估计它们在pH8.6的巴比妥-巴比妥钠电泳缓冲液中的相对迁移速度？

（鞠建松）

实验二 聚丙烯酰胺凝胶电泳分离大蒜超氧化物歧化酶

【实验目的】

1. 学习不连续聚丙烯酰胺凝胶电泳的原理。

2. 掌握不连续聚丙烯酰胺凝胶电泳分离蛋白质样品的操作方法。

【实验原理】

聚丙烯酰胺凝胶聚合及电泳原理见本章原理部分。

不连续聚丙烯酰胺凝胶电泳使用两种不同浓度的凝胶，分别为浓缩胶和分离胶。浓缩胶是大孔胶，起浓缩作用，分离胶是小孔胶，起分离作用。两种凝胶的浓度、缓冲液组分、离子强度、pH 及电场强度都不同。样品首先在浓缩胶内等速电泳，在浓缩胶与分离胶的界面处积聚浓缩而成很薄的起始区带（厚度约为 0.1mm），然后再进入分离胶进行电泳分离。在电泳过程中存在 3 种物理效应：样品的浓缩效应、凝胶对被分离物的分子筛效应和电荷效应。因此，不连续聚丙烯酰胺凝胶电泳具有很高的分辨率。例如，采用滤纸电泳分离人血清样品，只能分为 5～7 个组分，而采用不连续聚丙烯酰胺凝胶电泳系统分离人血清样品，可分为几十个清晰的条带。

大蒜细胞中含有较丰富的超氧化物歧化酶，通过组织或细胞破碎后，可用 pH7.8 的磷酸盐缓冲液提取粗酶液，经 DEAE-Cellulose-52 柱层析纯化去除大量杂蛋白。本实验采用不连续聚丙烯酰胺凝胶电泳分离大蒜超氧化物歧化酶粗酶液和柱层析洗脱液。

【器材】

1. 仪器：电泳仪电源，凝胶成像分析系统（或扫描仪），脱色摇床，垂直板电泳槽。

2. 材料：十齿样品梳（厚度 1mm），“U”形硅胶条（厚度 1mm），吸量管（0.5mL、1mL、2mL），烧杯（25mL、50mL、100mL），细长头滴管，离心管（1.5mL），微量进样器（50μL、100μL），培养皿（Φ12cm），成套玻璃板（玻璃隔条厚 1mm，尺寸 120mm×85mm），蛋白质样品为前期实验制备的大蒜 SOD 粗品和纯品。

【试剂】

1. 胶母液：30%Acr-0.8%Bis 储存液，Acr 30g，Bis 0.8g，用超纯水溶解，定容至 100mL，如有不溶物，应过滤，于棕色瓶中 4℃保存，可放置 1 个月左右。

2. 10%过硫酸铵（APS）：100mg APS 溶于 1mL 无离子水，4℃贮存，可用一周。

3. pH8.9 Tris-HCl 缓冲液：18.4g Tris，1mol/L HCl 24mL，用无离子水溶解，定容至 100mL，加入 TEMED 0.5mL。

4. pH6.7 Tris-HCl 缓冲液：6.0g Tris，1mol/L HCI 48mL，用无离子水溶解，定容至 100mL，加入 TEMED 0.5mL。

5. pH8.3 Tris-Gly 电极缓冲液：3.0g Tris，14.4g Gly，加无离子水溶解，定容至 1000mL。

6. 2 倍样品溶解液：pH6.7 Tris-HCl 缓冲液 5mL，甘油 2mL，加溴酚蓝少许，定容至 10mL。

7. 考马斯亮蓝 R-250 染色液：0.25g 考马斯亮蓝、50mL 甲醇、10mL 冰醋酸，加无离子水定容至 100mL。

8. 脱色液：7%乙酸溶液。

【操作步骤】

1. 安装垂直板

洗净 2 套玻璃板，晾干，在一块高板的玻璃隔条外侧小心贴好相应厚度的“U”形硅胶条，再将矮板与高板对齐，放入电泳槽中央提架的一侧，用固定架固定，同样将对齐的另两块板放入电泳槽的另一侧，并使两块矮板相对，插好另一个固定架，将玻璃板与中央提架夹紧。这样每两块玻璃板之间就形成了一个 1mm 厚的缝隙，即可灌胶。

2. 配胶

（1）分离胶制备：本实验采用 12%分离胶。配制方法见表 10-3。

表 10-3 分离胶的配制方法

试剂	加量
30%胶母液/mL	2.0
pH8.9 Tris-HCl 缓冲液/mL	1.25
无离子水定容至/mL	5.0
混匀后加入 10% APS/μL	50

配胶时一定要按顺序加入各种试剂，当加入过硫酸铵后，快速混匀，用长滴管将胶溶液加到玻璃板之间的缝隙内，所加胶面高度占整个玻璃板高度的 2/3 为宜。然后慢慢在胶面上加一薄层水（100μL），以隔绝空气，防止氧气抑制胶的聚合。30min 左右，可以看到水与凝固的胶面之间有折射率不同的分界线，表明胶已凝固。用滤纸条吸去胶面上多余的水，注意不要碰扰胶面。

（2）浓缩胶的制备：当分离胶聚合之后，再配制 4%浓缩胶。配制方法见表 10-4。

表 10-4 浓缩胶的配制方法

试剂	加量
30% 胶母液/mL	0.26
pH6.7 Tris-HCl 缓冲液/mL	0.5
无离子水定容至/mL	2.0
混匀后加入 10% APS/μL	20

按顺序加入各种试剂，当加入过硫酸铵后，快速混匀，用长滴管将胶溶液加到分离胶的上部，胶面距矮玻璃板凹边约 0.2cm 处为宜。轻轻将样品梳插入玻璃板之间，30min 左右，浓缩胶聚合，轻轻拔出样品梳，在浓缩胶上出现一个个排列整齐的上样井。

将玻璃板从电泳槽上取出，取下硅胶条，再把玻璃板安装在电泳槽上，两套玻璃板的矮板朝里，形成负极槽，加电极缓冲液，至没过两块矮玻璃板，准备上样。

3. 样品制备及上样

大蒜 SOD 的提取及纯化见第二篇第五章实验二。将 SOD 粗品和纯品分别与等量的样品溶解液混合，小心地用微量进样器将混合液加到上样井内。通常，1mm 厚度凝胶，插入十齿样品梳，每井上样 30μL，样品质量在 10～20μg 之间，注意样品不要加在样品井以外，如图 10-11。

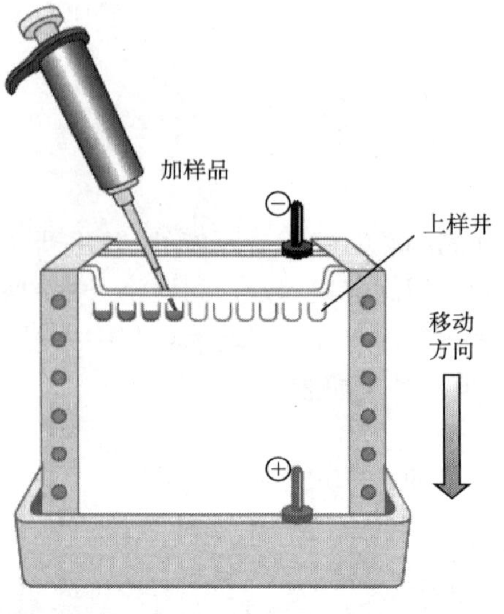

图 10-11　聚丙烯酰胺凝胶电泳加样示意

样品井从左到右编号为1#～10#，1#～5#加入SOD粗酶液，6#～10#加入SOD纯品

4. 电泳

在外壳内加入电极缓冲液至没过电极丝，此为正极。

盖上电泳槽的盖子，电极线分别与电泳仪电源的正负极输出相连。打开电泳仪开关，选择恒压或恒流进行电泳。选择恒压时，样品在浓缩胶时选择恒压100V，待样品进入分离胶后，将电压调到150V。如果选择恒流，一般首先选择恒流20mA，当样品进入分离胶后，再调节电流到40mA。

当溴酚蓝指示剂迁移到距凝胶底部约0.5cm时，将电压或电流调节到零，关闭电源，拔下电极线。分别回收正极槽和负极槽的电极缓冲液。取出玻璃板，用单面刀片或直尺等薄片状物品插入两块玻璃板之间，轻轻旋转一个角度，撬开两块玻璃板，此时，凝胶留在其中一块玻璃板上，在胶的下端一侧切下一角，以标记点样顺序。将凝胶放入培养皿中。

5. 染色、脱色

在培养皿中加入0.25%考马斯亮蓝，至凝胶能够悬浮为宜，室温染色10min。回收染色液，用自来水洗去凝胶表面的浮色，加入7%乙酸，脱色摇床上脱色，更换脱色液至蛋白质条带清晰为止。

6. 扫描或凝胶成像分析

脱色后的凝胶可以用扫描仪扫描电泳图谱，也可以用凝胶成像分析电泳图谱。

【结果与分析】

1. 扫描电泳图谱，量取SOD粗品及纯品泳道中各个条带的迁移距离和溴酚蓝指示剂的迁移距离，计算各个条带的相对迁移率。

2. 对比SOD粗品和纯品蛋白质条带数，区分出SOD条带与杂蛋白条带，分析SOD纯化效率如何。

3. 与其他实验组的结果比较，分析本组实验中蛋白质样品分离效率如何，分析影响结果的各种因素。

【注意事项】

1. Acr和Bis均为神经毒剂，对皮肤有刺激作用，操作时应戴手套及口罩。

2. Acr和Bis的储存液在保存过程中，由于水解作用而形成丙烯酸和氨，虽然溶液放在棕色瓶中，低温能防止部分水解，也只能贮存1～2个月。

3. 严格清洗所用器材，如玻璃板、样品梳、电泳槽等器材要清洗干净。

4. 浓缩胶聚合后，应放置 30min 左右，使其老化后，再轻轻取出样品梳，以得到形状整齐的上样井，否则电泳后区带扭曲。

5. 样品中盐离子强度过高或上样量太大，都会造成区带拖尾，因此，含盐量高的样品，应先透析或分子筛脱盐。上样量不要超过 100μg 蛋白质。

6. 电极缓冲液可以重复使用 2～3 次，一般情况下，回收的电极缓冲液只用于正极，每次电泳时负极缓冲液最好用新的。

【思考题】

1. 简述不连续 PAGE 对样品的分离效应。
2. 样品液中的甘油（或蔗糖）及溴酚蓝各起什么作用?
3. 为什么电泳时，总是用新的负极缓冲液？而正极缓冲液可以用旧的?

（武金霞）

实验三 SDS-聚丙烯酰胺凝胶电泳测定超氧化物歧化酶的相对分子质量

【实验目的】

1. 学习 SDS-聚丙烯酰胺凝胶电泳的基本原理。
2. 掌握 SDS-聚丙烯酰胺凝胶电泳测定蛋白质的相对分子质量的操作方法。

【实验原理】

SDS-聚丙烯酰胺凝胶电泳（SDS-PAGE）是 PAGE 的一种特殊形式，相关理论见本章原理部分。

在电泳系统中加入一定量 SDS，样品经 SDS 变性以后，样品的相对迁移率只与其相对分子质量有关。在一定的凝胶浓度下，当蛋白质的相对分子质量在 15 000～200 000 之间时，电泳迁移率与相对分子质量的对数呈线性关系。测定未知蛋白质的相对分子质量时，通常要将未知蛋白质与已知分子质量的标准蛋白质在同一块凝胶上进行 SDS-PAGE，通过初步比较未知蛋白质与标准蛋白质的相对位置，得到未知蛋白质的近似相对分子质量。再计算各自的相对迁移率，绘制标准曲线，求得未知蛋白质的相对分子质量。

本实验采用不连续 SDS-PAGE 测定前期实验纯化的大蒜超氧化物歧化酶的相对分子质量。

【器材】

电磁炉，其他见第二篇第十章实验二。

【试剂】

1. SOD 纯品（见第二篇第五章实验二）。

2. 牛血清白蛋白（BSA）溶液（0.5mg/mL）。

3. 低分子质量标准蛋白质：兔磷酸化酶 B（97 400）、牛血清白蛋白（66 200）、兔肌动蛋白（43 000）、牛碳酸酐酶（31 000）、胰蛋白酶抑制剂（20 100）、鸡蛋清溶菌酶（14 400）。

4. 胶母液、10%过硫酸铵（APS）、考马斯亮蓝 R-250 染液、脱色液（见第本章实验二）。

5. pH8.9 Tris-HCl 缓冲液与 pH6.7 Tris-HCI 缓冲液：分别加入 SDS，使其终浓度为 1%。

6. pH8.3Tris-Gly 电极缓冲液：3.0g Tris，14.4g Gly，1g SDS，加无离子水溶解，定容到 1000mL。

7. 2 倍样品溶解液：pH6.7 缓冲液 5mL，甘油 2mL，10%SDS 2mL，巯基乙醇 200μL，加溴酚蓝少许，定容到 10mL。

【操作步骤】

1. 安装垂直板

同本章实验二。

2. 配胶

（1）分离胶制备：本实验采用 12%分离胶。配制方法见表 10-5。

表 10-5　SDS-PAGE 分离胶的配制方法

试剂	加量
30% 胶母液/mL	2.0
pH8.9 Tris-HCl 缓冲液/mL	1.25
无离子水定容至/mL	5.0
混匀后加入 10% APS/μL	50

（2）浓缩胶的制备：当分离胶聚合之后，再配制 4%浓缩胶。配制方法见表 10-6。

表 10-6　SDS-PAGE 浓缩胶的配制方法

试剂	加量
30% 胶母液/mL	0.26
pH6.7 Tris-HCl 缓冲液/mL	0.5
无离子水定容至/mL	2.0
混匀后加入 10% APS/μL	20

SDS-PAGE 中分离胶与浓缩胶的配制注意事项与 PAGE 相同。

3. 待测蛋白质与标准蛋白质 Marker 样品的制备及上样

取 3 支 1.5mL 离心管，各加入 60μL 待测 SOD 纯品、20μL BSA 溶液和 10μL 标准蛋白质 Marker，再分别加入等体积 2 倍样品溶解液，混合均匀，沸水浴 3～5min，冷却，用微量进样器将各个样品加入样品井内。上样顺序及上样量见表 10-7。

表 10-7　SDS-PAGE 上样表

样品	井号及点样量									
	1	2	3	4	5	6	7	8	9	10
SOD/μL	18	16	10	8	—	—	8	10	12	14
Marker/μL	—	—	—	—	20	—	—	—	—	—
BSA/μL	—	—	—	—	—	20	—	—	—	—

4. 电泳、染色、脱色、扫描或凝胶成像分析

以上操作同本章实验二。

【结果与分析】

1. 扫描电泳图谱，量取 SOD 各蛋白质条带、Marker 及 BSA 条带的迁移距离和溴酚蓝指示剂的迁移距离，计算各个条带的相对迁移率，填入表 10-8。

表 10-8　标准蛋白质及 SOD 的相对迁移率

样品	条带	迁移距离/cm	指示剂前沿/cm	R_f 值
SOD				
Marker	兔磷酸化酶 B			
	牛血清白蛋白			
	兔肌动蛋白			
	牛碳酸酐酶			
	胰蛋白酶抑制剂			
	鸡蛋清溶菌酶			
BSA				

2. 以标准蛋白质的相对分子质量的对数为纵坐标，以对应的相对迁移率为横坐标，用 Excel 软件绘制标准曲线，得标准曲线方程。

3. 根据 SOD 纯品条带的相对迁移率，从标准曲线上查出或依据公式计算出相对分子质量的对数，再换算出相对分子质量。

【注意事项】

1. SDS 与蛋白质分子的结合程度：SDS 与蛋白质的结合是按重量成比例的，在 SDS 浓度大于 1mmol/L 时，大多数蛋白质以 1.4g SDS/1g 蛋白质的比例结合，大致相当于一个 SDS 分子结合 2 个氨基酸残基。如果 SDS-蛋白质复合物不能达到该比例，就不能得到准确的结果。影响 SDS 与蛋白质的结合有以下 3 个因素。二硫键是否完全被还原，只有蛋白质分子内的二硫键被彻底还原，SDS 才能定量结合到蛋白质分子上去，并使之具有相同的构象，一般以巯基乙醇或二硫苏糖醇为还原剂；溶液中 SDS 的浓度常常比蛋白质的量高 3 倍，一般要达到 10 倍以上；溶液的离子强度应较低，这时 SDS 单体具有较高的平衡浓度，SDS 分子团浓度较低，而 SDS 结合到蛋白质分子上的量仅决定于 SDS 单体的浓度。

2. SDS-PAGE 不能在低温下进行，以防 SDS 析出。

【思考题】

1. SDS 样品溶解液中的各种试剂分别起什么作用?
2. 如何选择标准蛋白质和凝胶浓度?

（武金霞）

实验四　等电聚焦电泳法测定鸡卵类黏蛋白的等电点

【实验目的】

1. 加深理解蛋白质等电点的概念及蛋白质的两性性质。
2. 学习等电聚焦测定蛋白质等电点的原理。
3. 掌握等电聚焦测定蛋白质等电点的基本操作。

【实验原理】

蛋白质分子是典型的两性电解质分子，在电场中，荷负电的蛋白质阴离子向正极泳动，荷正电的蛋白质阳离子向负极泳动。当蛋白质处于其等电点的 pH 环境中时，蛋白质所带的净电荷为零，即停止泳动。

利用两性电解质在聚丙烯酰胺凝胶中形成一个 pH 梯度，电泳时每一种蛋白质分子最终迁移到等于其等电点的 pH 处，形成一个很窄的区带，这种依据等电点差别，蛋白质分子在某一相应位置上进行聚焦，从而达到分离、测定和鉴定目的的电泳技术称为等电聚焦电泳（isoelectric focusing electrophoresis，IFE）。只要测定此蛋白质聚焦区带的 pH，即为其等电点。

本实验测定鸡卵类黏蛋白的等电点。

【器材】

1. 仪器：电脑三恒电泳仪电源，水平式等电聚焦电泳槽，微量取液器，带细长复合 pH 电极的 pH 计，水平仪。

2. 材料：长方框塑料磨具，玻璃板（2 块，长宽需大于模具的长宽），凡士林，吸量管（10mL、5mL、2mL、1mL、0.1mL），烧杯（50mL），粗滤纸条，加样纸（擦镜纸），乳胶冷凝管，直尺，单面刀片，离心管（5mL），长方形塑料盘（用于胶固定），精密 pH 试纸，塑料薄膜和橡皮筋。

【试剂】

1. 胶母液：胶浓度为 30%胶母液（29.1g 丙烯酰胺和 0.9g 甲叉双丙烯酰胺溶于无离子水中，定容至 100mL，滤去不溶物后存于棕色瓶，4℃可保存数月）。

2. 两性电解质 Amphline（质量浓度为 40%，pH3～10）：胶液中的加量为 50μL/mL。
3. 过硫酸铵溶液（APS）：1mg/mL，当天配制。
4. TEMED：胶液中的加量为 1μL/mL。
5. 鸡卵类黏蛋白：5mg/mL，加样量小于 100μg。
6. 固定液：10%三氯乙酸，每组配 50mL。
7. 阳极电极液：0.1mol/L H_3PO_4，3.4mL 浓磷酸（85%），加无离子水至 500mL。
8. 阴极电极液：0.5mol/L NaOH，2g NaOH，加无离子水溶解，定容至 500mL。

【操作步骤】

1. 灌胶准备

（1）洗净一块玻璃板，晾干，放在已调水平的电泳槽上。

（2）将长方框塑料模具背面均匀涂抹一薄层凡士林，轻轻压放在玻璃板上，再在塑料模具的表面涂一层凡士林，另洗净一块玻璃板，晾干，备用。

2. 配胶

量取 2.0mL 胶母液，加两性电解质 0.6mL，无离子水 5.4mL，脱气 5min，再加 TEMED 10μL，APS 50μL，混匀后准备灌胶。

3. 灌胶

将备用的干净玻璃板压在表面涂有凡士林的塑料模具的一端，将混匀的胶溶液慢慢倒入模具这一端，一边倒，一边将玻璃板推向模具的另一端，直至玻璃板将充满胶溶液的塑料模具全部盖住（图 10-12）。在玻璃板上压一个约 500g 的重物，室温下聚胶 1h，待塑料模具四周可观察到折光，表明聚胶完毕。

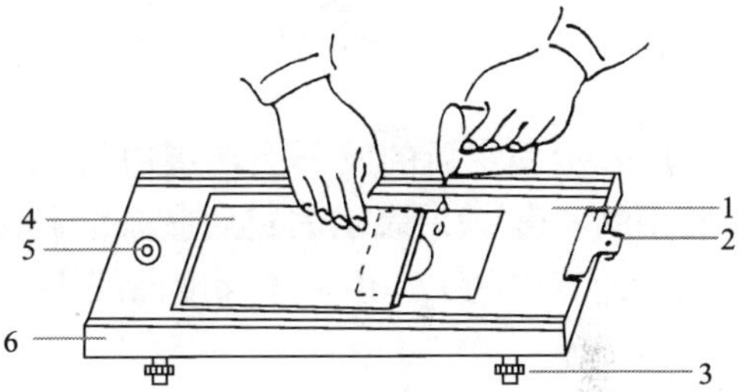

图 10-12 聚焦电泳槽及灌胶装置示意图
1. 塑料间隔模板；2. 文具夹；3. 水平调节螺旋；4. 玻璃盖板；5. 水平气泡；6. 冷却板

4. 加样

凝胶聚合后，用单面刀片将上层玻璃板撬开，取下塑料模具，使胶留在第一块玻璃板上。取两张滤纸条分别浸透酸和碱电极液，并分别平整地铺在胶的正负极，不要留有气泡。将浸过待测样品的加样纸（5mm×5mm），厚度为 4～8 层擦镜纸，放在凝胶的合适位置。一般地，p*I* 在酸性范围内的样品放在偏负极的位置，p*I* 偏碱性范围内的样品放在偏正极的位置，标准蛋白质混合样品放在中间。注意样品不能放在太靠近电极滤纸条，以免过酸过碱使样品变性。鸡卵类黏蛋白的 p*I* 偏酸，放在偏负极的位置。

5. 电泳

将电极线的正负极插入电极板的插孔内，盖上电极板，使铂金丝压在电极条上，盖上安全盖，接通冷凝水。将电泳仪电源的正负极输出分别与 NaOH 电极条和磷酸电极条连接，调节电压 60V，电泳 15min，再调节电压至 580V，恒压电泳 2～3h，待电流降至接近于零，停止电泳。

【结果与分析】

将电泳后的凝胶沿着从正极到负极的方向切开，分成一大一小两块胶。其中小块胶不进行固定，量出小块胶条的长度，记为“L_1”。大块胶进行固定，再量出固定后大块胶条的长度，记为“L_2”。

按照由正极至负极的顺序，用小刀依次将小块胶切成 10mm 长的小段，分别置于小试管中，各加入 1mL 无离子水浸泡 0.5h 以上或过夜，用仔细校正后的带细长 pH 复合电极的 pH 计测出每管浸出液的 pH。此时所测每管溶液的 pH 为 10mm 胶条的混合平均值，绘制标准曲线时，将每 10mm 胶条的 pH 取为该段胶条中心点处的 pH。例如，小块胶的总长度为 100mm，则切成 10 段，分别标记为 1、2、3、4、5、6、7、8、9、10，对应于各段胶条 pH 的胶长度分别为 5mm、15mm、25mm、35mm、45mm、55mm、65mm、75mm、85mm 和 95mm。以胶条长度（mm）为横坐标，pH 为纵坐标，以 Excel 绘制标准 pH 梯度曲线，得标准曲线方程。

大块凝胶经过固定后的长度有一定的变化，可观察到待测样品蛋白质聚焦部位（白色沉淀线），此距离与真实聚焦距离之间有一定误差，因此需要校正。用下式计算蛋白质聚焦部位至胶条正极端的实际长度 L：

$$L = L' \times \frac{L_1}{L_2}$$

式中，L'表示固定后的胶条上，蛋白质的白色沉淀带中心至胶条正极端的长度；L_1 表示固定前胶条的长度；L_2 表示固定后胶条的长度。

根据计算出的 L，由 pH 梯度曲线上查出相应的 pH，即为该蛋白质的等电点。

【注意事项】

1. 两性电解质是本实验的关键，质和量都需特别注意。含量 2%～3%较合适，能形成很好的 pH 梯度。不能存放时间过长。

2. 制胶时，水平槽、玻璃板及塑料模具都要放置水平，否则，制备的凝胶厚薄不均，因为凝胶厚度只有 0.5mm，如果不均的话，电压升高时，容易烧胶。

3. 样品必须无盐，加样量必须合适。

【思考题】

1. 等电聚焦电泳和 SDS-PAGE 对蛋白质分离的主要依据是什么？

2. 影响等电聚焦的主要因素是什么？

（武金霞）

第十一章　蛋白质免疫印迹技术

蛋白质免疫印迹技术（Western blotting）是在免疫化学（immunochemistry）的基础上建立起来的，是根据抗原抗体的特异性结合检测复杂样品中某种蛋白质的方法。该法是在凝胶电泳和固相免疫测定技术基础上发展起来的一种新的免疫生化技术。由于免疫印迹具有SDS-PAGE的高分辨率和固相免疫测定的高特异性和敏感性，现已成为蛋白质分析的一种常规技术。

免疫印迹常用于鉴定某种蛋白质，并能对蛋白质进行定性和半定量分析。结合化学发光检测，可以同时研究某特定蛋白质在不同细胞或组织中的表达量差异。

第一节　蛋白质免疫印迹技术原理

免疫印迹实验一般包括四个步骤（图 11-1）：①蛋白质在固相基质上固定化，一般从聚丙烯酰胺凝胶转移到膜上；②用非特异性、非反应活性分子封闭固相基质上未吸附蛋白质的区域；③免疫杂交，即利用抗原抗体特异性反应检出固相基质上的目的蛋白质；④显色分析。

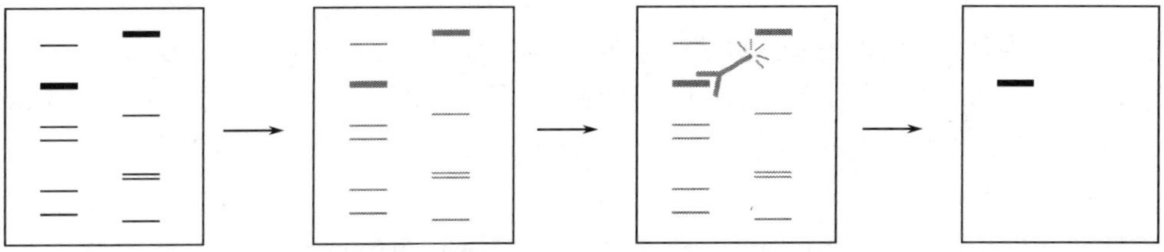

图 11-1　蛋白质免疫印迹实验的基本步骤

一、几种印迹方法

蛋白质印迹有四种基本方法：点印迹、扩散印迹、溶剂流印迹（毛细管印迹）和电泳印迹。

1. 点印迹

点印迹（dot blotting）通常用微量移液器把小体积的样品溶液（<2μL）直接加在固相膜上。可用于摸索新的印迹条件或测定蛋白质浓度。

2. 扩散印迹

扩散印迹（diffusion blotting）是将凝胶放在两张固相膜之间，浸在缓冲液中，使分子自由扩散分子扩散是多向的，扩散 2～3d，便得到两张镜像对称的转移谱。由于扩散与温度正相关，此技术又称为“温度印迹”（thermo blotting）。扩散印迹方法适合于大孔凝胶。该方法简便，但耗时长，且分辨率较低。

3. 溶剂流印迹

溶剂流印迹（solvent flow blotting）由 DNA 转移的毛细管印迹发展而来，适于低分子质量蛋白质和大孔凝胶。凝胶与固相膜靠近，膜上加一叠滤纸，滤纸上面加 1～2kg 的玻璃板，缓冲液借助毛细管流从贮液腔中通过凝胶和固相膜，带动凝胶中的蛋白质垂直向上运动滞留在膜上。

4. 电泳印迹

电泳印迹（electrophoretic blotting）又称电泳转移，是目前广泛使用的印迹方法，由 Towbin 等于 1979 年提出。该方法通过电场将凝胶中的蛋白质转移到膜上，转移速度快，转移效率高，转移条件容易控制，重复性好，并可保持凝胶电泳的分辨率。其转移效率取决于分离蛋白质的凝胶系统和蛋白质的相对分子质量。

二、固定化膜

用于固定蛋白质的固相基质通常称为固定化膜（immobilizing membrane）。固定化膜应具有如下性质：膜能与目的蛋白质分子相结合；蛋白质固定于膜之后，对随后的检测无影响；膜应准确反应电泳分离的结果。现在常用的固定化膜有硝酸纤维素膜、尼龙膜、聚偏氟乙烯膜等。

1. 硝酸纤维素膜

硝酸纤维素（nitrocellulose，NC）膜是蛋白质印迹实验最常用的固相支持物。在低离子转移缓冲液的环境下，大多数带负电荷的蛋白质会与 NC 膜发生疏水相互作用而结合在一起，易于封闭，因而得到了广泛的应用。根据被转移的蛋白质分子质量大小，要选择不同孔径的 NC 膜，因为随着膜孔径的不断减小，膜对低分子质量蛋白质的结合就越牢固。通常采用 0.45μm 和 0.2μm 两种规格的硝酸纤维素膜，大于 20kDa 的蛋白质可以用 0.45μm 的膜，小于 20kDa 的蛋白质用 0.2μm 的膜，小于 7kDa 的蛋白质选择 0.1μm 的膜。

2. 尼龙膜

尼龙膜（nylon-based membrane）也能用于蛋白质和核酸的转移。尼龙膜软且结实，比硝酸纤维素膜容易操作。尼龙膜的灵敏度高，结合蛋白质的能力强，结合量达 480μg/cm^2。缺点是背景高，不能用阴离子染料在带正电的尼龙膜上做专一性染色。带正电的尼龙膜能有效地结合低浓度的小分子蛋白、酸性蛋白、糖蛋白和蛋白质多糖。

3. 聚偏二氟乙烯膜

聚偏二氟乙烯（polyvinylidene difluoride，PVDF）膜可以结合蛋白质，结合强度比 NC 膜强 6 倍。因为硝酸纤维素膜在 Edman 试剂中会降解，而 PVDF 膜稳定、耐腐蚀，因此可替代 NC 膜用于蛋白质的序列测定。与 NC 膜相比 PVDF 膜有很高的机械强度，操作方便，化学稳定性好，可适用于各种溶剂配制的样品，特别适合于糖蛋白的转移、检测和蛋白质测序。

PVDF 膜在使用之前必须先用 100%甲醇浸润 5s，再用无离子水浸泡方可使用。

三、电泳转移

电泳转移包括 SDS-PAGE（参见第二篇第十章）和转移两部分内容。

电泳后蛋白质样品转移原理与蛋白质电泳原理相似，两种常用的转移方法为半干式转移和湿式转移。二者原理相同，只是用于固定胶/膜的方式和施加电场的机械装置不同。

湿转是一种传统方法，将转移槽的负极板（黑色）朝下，依次叠放转移缓冲液浸泡过的海绵、滤纸、凝胶、膜、滤纸、海绵，各层接触后均用玻璃棒赶出之间的气泡，正极板朝上，合上转移槽的正负极板。务必使凝胶一侧面向负极，膜一侧面向正极，以保证带负电的蛋白质向正极转移到膜上，将叠放好的胶/膜三明治（图 11-2）放入转移电泳槽的缓冲液内，4℃冰箱中进行转移电泳。经过电泳转移之后，蛋白质样品固定于膜上。该法花费时间长，需要大量缓冲液，湿转一般在恒压下进行。

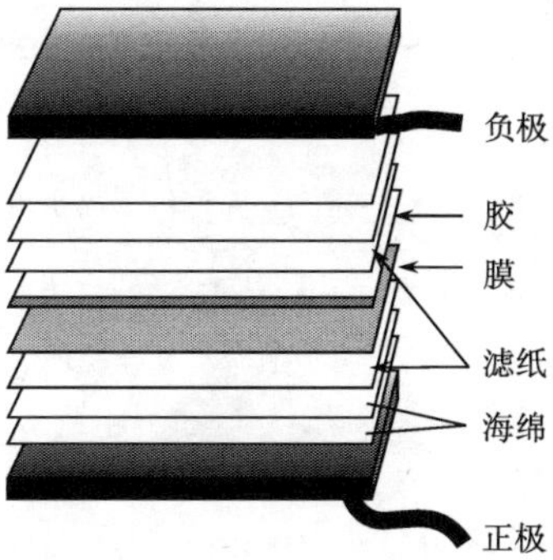

图 11-2　转移“三明治”叠放示意图

半干式转移是用浸透缓冲液的多层滤纸代替缓冲液的转移方式，所加电场强度大，可以转移大小不同的蛋白质，尤其适用于 2-D 胶的转移。该转移速度快，缓冲液用量少，一般在恒流下进行，转移过程中电压逐渐升高。

四、封闭

转移后，为了减少探针的非专一性结合，需要封闭（block）膜上的自由结合区，以防止检测时的高背景（图 11-3）。通常将膜放在如下溶液系统中：0.5%～5%牛血清白蛋白溶液、0.05%～0.3%的去污剂和 1%～3%的脱脂奶粉。

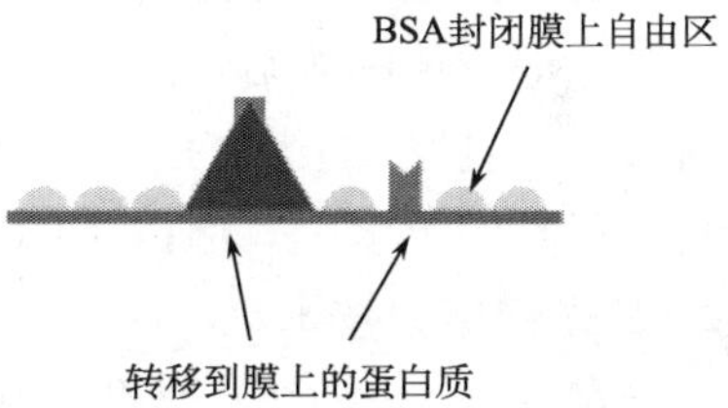

图 11-3　封闭示意图

五、探针杂交

很多蛋白质和配体可作为探针标记印迹蛋白，如外源凝集素能探测糖蛋白上的糖结构信息，配体能用于探测它们相应的受体，核酸能检测相应的结合蛋白，抗体能检测抗原等。在蛋白质免疫印迹实验中，探针通常是待测蛋白质抗原的单克隆抗体或多克隆抗体。探针结合时所用缓冲液应适合目的蛋白与探针的专一性结合，同时使非专一性结合降低到最小。

（一）杂交

待测蛋白质转移到固相膜，经过封闭之后，即可用专一的抗体孵育，称为杂交（图 11-4）。杂交所用抗体是以待测蛋白质为抗原免疫动物（小鼠或兔）获得的多克隆抗体，称为第一抗体（抗体制备见本章第二节）。漂洗除去多余的一抗后，再用第二抗体孵育。第二抗体通常是高度纯化的，并用放射性同位素或金属胶体或酶进行标记的，称为标记二抗，可从试剂公司购买到。购买时切记，若以免疫小鼠制备一抗，则二抗须是抗鼠抗体，若以免疫兔制备一抗，则二抗须是抗兔抗体。

（二）抗体的标记

天然的抗体本身均不带任何标记，抗原和抗体的反应结果无法显示，因此，必须对抗体进行相应的标记，以指示抗原抗体的特异性反应。采用生物化学方法将蛋白质（抗原或抗体）与酶蛋白、铁蛋白、荧光素、化学发光物质、生物素、同位素等结合成稳定且有特殊效

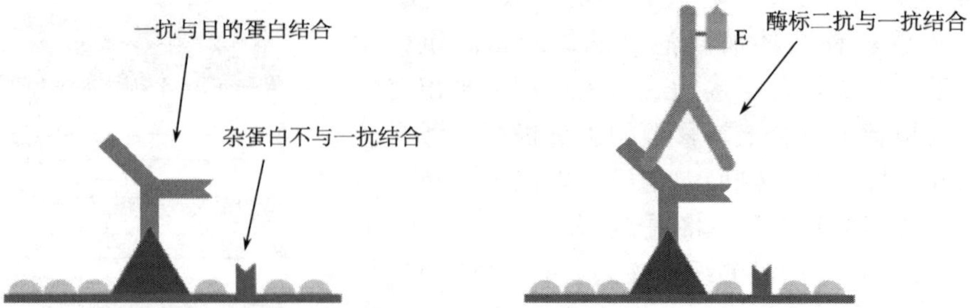

图 11-4　杂交示意图

应的复合物，称为标记化合物。标记化合物主要是标记具有抗体活性的免疫球蛋白，在免疫化学中称为标记抗体。比较常见的标记物主要有放射性同位素（如 ^{125}I）、荧光素、酶和生物素等。

1. 放射性同位素标记技术

用于标记抗体的放射性同位素主要是 ^{125}I，因为 ^{125}I 衰变时可发出易于检测的低能 γ 射线和 α 射线，而且 ^{125}I 的半衰期是 60d，适用于实验室科学研究。用同位素标记抗体进行免疫分析具有很高的灵敏度，但由于同位素对人体存在潜在的危害，其应用受到一定限制。

2. 荧光素标记技术

荧光素（fluorescein）是在蓝光或紫外线照射下发出绿色荧光的一种黄色染料。用于抗体标记的荧光素应具备能与蛋白质分子形成稳定的共价键结合的化学基团，荧光效率高，标记抗体后不影响抗原抗体反应，标记方法简便，游离的荧光素易与标记后的抗体分离等特点。目前用于标记抗体的荧光素主要有异硫氰酸荧光素、四甲基异硫氰酸罗丹明、藻红蛋白等。

3. 酶标记技术

酶标记抗体技术是蛋白质标记中发展快、应用广的技术之一。常用于抗体标记的酶主要有辣根过氧化物酶（horseradish peroxidase，HRP）、碱性磷酸酶（alkaline phosphatase，AP）等。

以酶标记抗体，使抗原抗体反应的特异性与酶促反应有机结合起来，酶促显色反应产物的色泽程度即可体现抗原抗体反应的情况。辣根过氧化物酶是从辣根植物中提取得到的过氧化物酶，由酶蛋白和辅基（正铁血红素 K）结合而成，能催化过氧化物（如 H_2O_2）对某些物质的氧化。反应过程中释放出的氧将无色的供氢体，如邻苯二氨（OPD）、四甲基联苯胺（TMB）、二氨基联苯胺（DAB）氧化成有色的产物。

碱性磷酸酶主要存在于动物组织和微生物细胞中，它可以水解各种磷酸酯，生成醇、酚和胺类。作用机理是 AP 作用于底物，形成磷酰基-酶的中间产物，再进一步将磷酰基转变为无机磷（Pi）。底物一般为对硝基苯磷酸盐（*p*-nitrophenyl phosphate，PNPP）或四唑氮蓝（nitro-blue-tetrazolium，NBT）。碱性磷酸酶与 PNPP 反应后，形成黄色产物。与 NBT 反应时需要有 BCIP（即 5-溴-4-氯-3-吲哚-磷酸盐，5-bromo-4-chloro-3-indolyl-phosphate），NBT 为深蓝色无定形微溶物质，在碱性磷酸酶作用下，BCIP 会被水解产生强反应性的产物，该产物会和 NBT 发生反应，形成显微镜下可见的蓝色或紫蓝色沉淀。常用于免疫组化显色、蛋白质免疫印迹、原位杂交等膜显色或细胞、组织内源性的碱性磷酸酶显色。

4. 生物素标记技术

生物素（biotin）也称辅酶 R 或维生素 H，是有机体内许多羧化酶的辅酶。活化的生物素通过侧链上的羧基与抗体分子上的 ε-氨基形成酰胺键连接。一般生物素标记抗体的偶联率高，不影响抗体的生物活性。生物素化的分子可用酶标-亲和素或荧光染料-链霉亲和素复合物检测。

六、显色

蛋白质免疫印迹常用的显色方法主要有增强化学发光法（enhanced chemiluminescense，ECL）和化学显色法（chemical colorimetric method）。

增强化学发光法是在辣根过氧化物酶、H_2O_2 存在情况下，氧化化学发光物质鲁米诺（luminol，氨基苯二酰一肼）并发光，在化学增强剂的存在下，光强度可以增强 1000 倍。通过将印迹膜放在 X 胶片上感光，即可检测出辣根过氧化物酶的存在。

化学显色法常用的为辣根过氧化物酶法和碱性磷酸酶法。碱性磷酸酶法可以将无色的底物 5-溴-4-氯吲哚磷酸盐（BCIP）转化成蓝色产物。辣根过氧化物酶可以 H_2O_2 为底物，将二氨基联苯胺（diaminobenzidine，DAB）或四甲基联苯胺（tetramethylbenzidine，TMB）氧化成褐色产物，也可以将 4-氯萘酚（4-chloro-1-naphthol）氧化成蓝色产物。此方法简单、方便，一般实验室常用。

（武金霞　周艳芬　倪志华）

第二节　抗血清的制备

一、抗原

1. 抗原的概念

抗原（antigens，Ag）是指能刺激机体免疫活性细胞产生抗体或致敏淋巴细胞，并在体内或体外发生特异性反应的物质。常见的抗原有蛋白质、多糖、磷脂、脂多糖、结合蛋白质、核酸、激素等有机物。根据定义，抗原具有两方面的特性：免疫原性（immunogenicity）和免疫反应性（immunoreactivity）。

（1）免疫原性：是指抗原刺激机体引起免疫应答的能力。一种物质有无免疫原性取决于两个因素，即抗原分子表面有无特定的化学结构和生物机体有无相应的免疫活性细胞或抗体。不是任何物质都有抗原性，也不是凡有抗原性的物质对任何机体都能引起免疫反应。所以，免疫原性是由抗原的化学组成、相对分子质量、化学结构、异物性和宿主遗传特性等决定的。一般而言，相对分子质量越大，结构越复杂，免疫原性越强。

（2）免疫反应性：是指抗原与相应免疫应答产物（即抗体）在体内或体外发生特异性结合反应的能力。抗原和相应的抗体在空间结构上必须互补，即抗原的抗体结合部位和抗体的抗原结合部位互补，通过非共价相互作用紧密结合在一起，形成免疫复合物，可以被巨噬细胞等通过吞噬作用清除，是机体抵御外来分子和微生物入侵的重要途径，也是许多体内外免疫学检测的分子基础。

2. 抗原的种类

根据抗原的特性，可将其分为完全抗原和半抗原。

（1）完全抗原：具有免疫原性和免疫反应性的抗原称为完全抗原（complete antigen）。

（2）半抗原：只具有免疫反应性而无免疫原性的抗原称为半抗原（hapten），也称为不完全抗原（incomplete antigen），其与蛋白质结合后可成为完全抗原。半抗原能与相应的抗体或致敏淋巴细胞发生特异性结合反应。绝大多数多糖和所有类脂都属于半抗原。有些简单化学物质或某些药物，虽然本身没有抗原性，但是当进入机体与体内组织蛋白质结合即可引起免疫反应，这些物质也属于半抗原。在半抗原-蛋白质结合物中，一般是蛋白质使结合物具有抗原性，而半抗原起决定簇的作用。

3. 抗原决定簇

抗原抗体反应最重要的特点是具有高度的特异性（或专一性），这种高度特异性是由抗原决定簇（antigenic determinant）的结构所决定的。抗原决定簇是抗原分子上决定或控制抗原抗体特异性反应的一小部分化学基团，也称为抗原表位（epitope）。抗原特异性的免疫功能主要依赖于决定簇的性质、数目和空间排列方式。

作为抗原的生物大分子要比抗体的抗原结合部位大得多，所以抗体只结合生物大分子的某一特殊部位（抗原决定簇），即抗体只与抗原分子的一部分结合。一种特殊的抗原可以有几个不同的表位，也可以有几个相同的表位。如果一种抗原分子中存在多个相同的表位，则称为多价（polyvalency or multivalency）抗原，如脂多糖和核酸多糖为多价抗原，球蛋白不是多价抗原。

二、抗体

1. 抗体的概念

抗体（antibodies，Ab）是专门对抗抗原特异结构的球蛋白，也称为免疫球蛋白（immunoglobulins，Ig），存在于血清、体液中，是构成机体免疫作用的主要物质。根据免疫球蛋白理化性质及生化性质的不同，可分为 IgG、IgA、IgM、IgD 和 IgE 五种类型。人血清中以 IgG 含量最多，IgA 次之，IgM 含量较少，IgD 和 IgE 含量极微。

2. 抗体的基本结构

抗体由两种肽链构成，其中分子质量较大者称为重链（heavy chain，H 链），分子质量较小者称为轻链（light chain，L 链）（图 11-5）。各链之间由二硫键相连接，每条重链由 420～460个氨基酸残基组成，分子质量约为 55kDa。轻链由 213～216 个氨基酸残基组成，分子质量约为 22kDa。每条轻链分为两段，靠近氨基端为可变区，内含约 109 个氨基酸残基；靠近羧基端为恒定区，内含约 104 个氨基酸残基。重链和轻链的可变区共同构成抗体结合价，此部位可与抗原特异结合，称为抗体的抗原结合部位。

3. 抗体作用的专一性

抗体的作用具有高度特异性，即一种抗体只能与相应的抗原结合，而不能与其他无关的抗原结合。抗体的活性部位是由免疫球蛋白轻链和重链可变区组合而成，两个可变区内约 50 个氨基酸残基是可变的，一个氨基酸的改变，即可改变抗体的特异性。而抗原决定簇上的化学活性基团也都有与抗体相对应的特定结构。因此，抗原和抗体的结合关系与钥匙和锁间的配合类似。

三、动物的常规免疫

有了高质量的抗原，还必须选择适当的免疫途径，才能产生质量好（高效价、高特异性）的抗体。免疫细胞产生的抗体存在于血清中，抗血清的制备是免疫检测实验中的重要步骤。

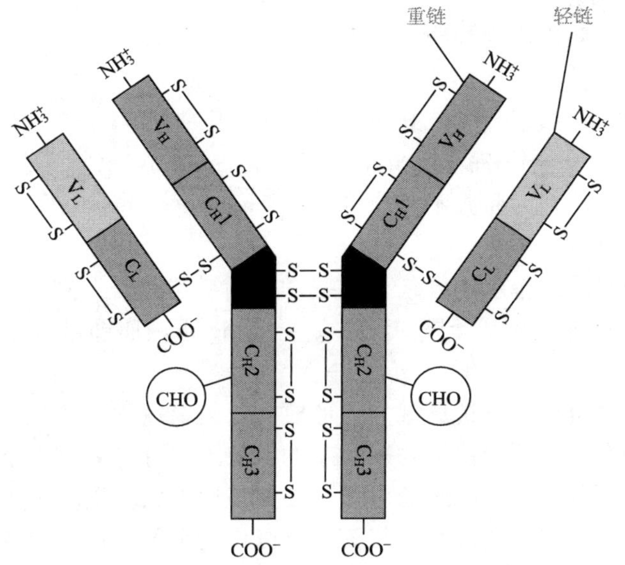

图 11-5　抗体的基本结构

（一）免疫动物的选择

免疫用动物有哺乳类和禽类，主要为羊、马、兔、猪、猴、豚鼠、小鼠、鸡等，一般根据抗原的生物学特性、所要求的抗血清数量及动物来源是否容易等因素选择免疫动物，实验室常用家兔、小鼠和大鼠。

用于免疫的动物应适龄、健壮、无感染性疾患，最好为雄性。通常选择兔龄半年以上，体重 2～3kg 的纯种兔；鼠龄 2 个月，体重 250g 的豚鼠或体重 20g 的小鼠为免疫动物。

（二）免疫途径

免疫途径多种多样，常用的途径有静脉、脾脏、淋巴结、腹腔、肌肉、皮内、皮下和足掌等部位注射。对抗原的吸收速度为：静脉＝脾脏＝淋巴结＞腹腔＞肌肉＞皮下＞皮内。一般情况下，为延长抗原刺激时间，基础免疫选择缓慢吸收的途径为宜。途径的选择决定于抗原的生物特性和理化特性，常规采用皮内多点注射免疫。

（三）抗原的剂量

用于免疫动物的抗原剂量一般为 0.1～1.0mg/kg 体重。抗原稀少的情况下可以采用小剂量（31～50μg）免疫动物，同样可以得到高效价的抗体。

（四）佐剂

不同个体对同一抗原的反应性不同，不同抗原产生免疫反应的能力也有强弱之分。佐剂（adjuvant）是能增强抗原的免疫性的物质，提高机体对免疫原刺激的应答能力，以刺激机体产生较强的免疫反应，故佐剂又称为免疫增强剂（immunopotentiator）。

佐剂的效应包括 4 个方面：①能明显增强抗原的免疫原性；②增加循环抗体的含量或改变循环抗体的类型；③加强细胞免疫反应，加速迟发型变态反应，产生实验性自身免疫病

（如实验性变态反应性脑炎）；④增强非特异性免疫。

常用佐剂有两种：弗氏佐剂和明矾佐剂。

1. 弗氏佐剂

液体石蜡与羊毛脂（乳化剂）按一定比例（1∶2～1∶9）混合后，加入卡介苗3～4mg/mL，即为弗氏完全佐剂（complete Freund' s adjuvant，CFA），初次免疫时使用完全佐剂。如不加入卡介苗则为弗氏不完全佐剂（incomplete Freund's adjuvant，IFA），加强免疫时使用不完全佐剂。

佐剂加入抗原研磨成油包水的乳剂，免疫动物后效果极佳，可产生高效而持久的抗体。使用弗氏佐剂时，抗原的量可大大减少，如0.5～5mg蛋白质即可作为一次免疫兔的剂量。

2. 明矾佐剂

在免疫动物前，明矾佐剂与抗原混匀可形成大量的氢氧化铝絮状沉淀，抗原被吸附于沉淀中，形成聚集状的颗粒抗原，抗原物理状态的改变有利于它在外周淋巴器官（如淋巴结、脾脏）内的滞留，也有利于巨噬细胞的吞噬，故免疫原性大大提高。

另外，聚丙烯酰胺凝胶或硝酸纤维素膜也可以作为佐剂，从聚丙烯酰胺凝胶上切下含有抗原的凝胶条或转移于硝酸纤维素膜上的抗原可直接免疫动物。

（五）抗体的产生规律

在第一次免疫反应中，血清中出现的抗体既不能达到高水平，也不能持久，需给予第二次抗原免疫（图11-6）。第一次和第二次免疫之间的间隔不能太短，一般为10d。第二次免疫后，第一次免疫产生的抗体将迅速与抗原相结合而被清除，此阶段血清中抗体水平呈下降趋势。而后一两天内，抗体水平开始显著上升，并且在短时期内达到一个高峰，这个高峰比第一次反应要高10～15倍，能维持数月。再一次注射抗原可以加强这个反应，使抗体水平进一步增高，直到不能再继续增高为止。一般每毫升血清含一毫克以上抗体蛋白即可应用。

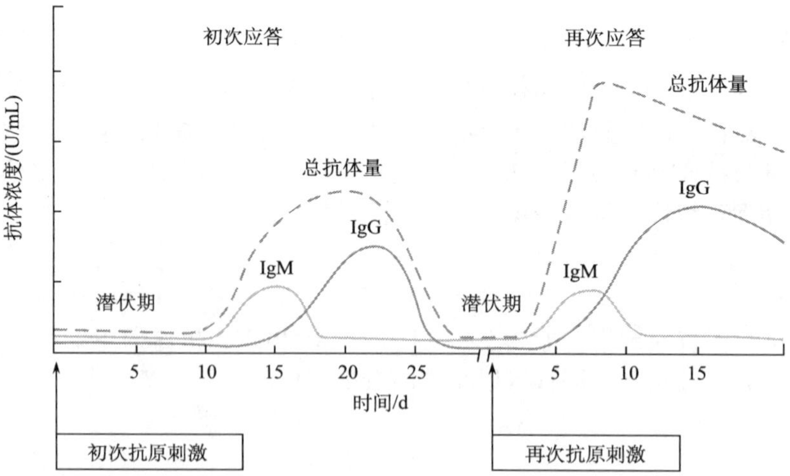

图11-6　动物机体的初次免疫应答和再次免疫应答

（六）试血和效价测定

在末次免疫10d左右进行试血检查。将免疫动物固定，进行部分采血，再利用琼脂糖双扩散法测定抗体效价。如试血达到预期效价，则进行全采血，否则，再继续免疫。

免疫双扩散法（immuno-double diffusion，ID）是指抗原与抗体在同一凝胶中扩散的方法，是观察可溶性抗原与相应抗体反应和抗原抗体鉴定的最基本方法之一。其原理为相应的抗原与抗体在琼脂糖凝胶板上的相应孔内，分别向周围自由扩散。在抗原孔和抗体孔之间，扩散的抗原与抗体相遇而发生特异性反应，并于两者浓度比例合适处形成肉眼可见的白色沉淀线，证明有抗原和抗体反应发生（图 11-7）。若将待检抗体做系列倍比稀释，根据沉淀线的有无、形状和位置对抗原或抗体进行定性分析，也可用于抗体的半定量检测，并将出现白色沉淀线的最高血清稀释度作为该抗体的效价。

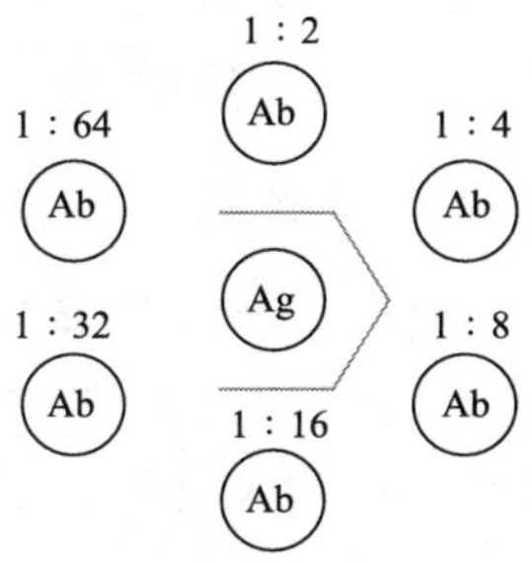

图 11-7 免疫扩散试验结果示意图

（七）采血

采血前动物应禁食 24h。常用采血方法如下。

1. 摘除眼球取血法

左手拇指食指抓取小鼠双耳及颈后皮肤，小手指固定尾部，中指将小鼠左侧前肢轻压在胸骨心脏部位，无名指按在腹部，捻动拇指，轻压取血侧眼部皮肤，使眼球突出充血；用弯头镊子夹取眼球，使血液从眼眶内垂直流入离心管，同时用左手中指轻按小鼠心脏，以加快心脏泵血速度；当血液流尽时，脱臼法处死小鼠。本法适用于大量采血。

2. 断尾取血法

当所需血量很少时采用本法。温水浸泡，消毒，用锐器（刀或剪刀）割去尾尖 0.3～0.5cm，也可在尾部作一横切口，割破尾动脉或静脉，收集血液。每鼠一般可采血 10 余次，每次可取血 0.1mL。

3. 心脏采血法

将动物固定于仰卧位或垂直位，剪去左胸侧体毛，消毒皮肤。以食指及中指触摸其胸壁探明心脏搏动最明显处，用连接 16 号针头的 50～100mL 注射器在该部位与胸壁成 45°角刺入，当针头刺中心脏时有明显的落空和搏动感，待血液进入针筒后固定位置开始采血。本法常用于家兔、豚鼠、大鼠等小动物。

4. 颈动脉放血法

是一次性放血较为常用的方法，家兔、山羊、绵羊等动物放血常采用此方法，其放血量较多，所获得的抗体不存在亲和力、特异性和效价等方面的差异。具体操作方法是将动物仰面固定于动物固定架上，暴露颈部。在颈部用 2%普鲁卡因局部麻醉，15min 后纵向切开颈中部皮肤，暴露气管前的胸锁乳突肌。分离肌肉，在肌束下面靠近气管两侧，即见淡红色搏动的颈动脉，仔细分离一侧的颈动脉，在颈动脉套入两根丝线，一根在远心端，另一根在近心端。先将一侧颈动脉远心端扎紧，然后用止血钳夹住颈动脉近心端，用眼科剪朝近心端将颈动静剪一“V”形小口，将塑料管插入动脉中，并用近心端丝线结扎固定，防止放血塑料细管滑出。在塑料细管出口处接上灭菌的三角烧杯或离心管，轻轻松开止血钳，血液很快流出。2.5kg 家兔可放血约 80～100mL，开始时血流速度很快，以后逐渐减慢，此时可将动物的后部垫高。动物临死前常发生挣扎，所以务必保定好，以防挣脱插管。

5. 静脉采血

先将动物仰位固定，切开颈部皮肤，分离皮下结缔组织，使颈静脉充分暴露，可用注射器吸出血液。这种采血法可以采集大量血液，如家兔耳静脉切开法可采集数毫升血液。

（八）血清收集与保存

血液收集后室温静置2～3h，或4℃冰箱过夜，使血液凝固，2000r/min离心30min，淡黄色上清液为抗血清，加入防腐剂（终浓度0.02%硫柳汞或0.02% NaN_3），分装后置−20℃或−80℃保存备用。

（倪志华　武金霞　周艳芬）

第十二章 滴定技术

第一节 概 述

滴定技术是化学分析实验的基本操作技术，对实验室仪器要求一般，因此，广泛应用于农林、医药卫生、石油化工、岩石矿物、冶金、建材、食品、水质及环境、能源和核技术等领域。

按化学反应，滴定技术可分为：酸碱滴定法、络合滴定法、氧化还原滴定法和沉淀滴定法。滴定方式包括：直接滴定法、反滴定法、置换滴定法和间接滴定法。

滴定技术按基本原理可分为以下几种。

1. 酸碱滴定法

利用酸和碱在水中以质子转移反应为基础的滴定分析方法，可用于测定酸、碱及两性物质。

用酸作滴定剂可以测定碱，用碱作滴定剂可以测定酸。最常用的酸标准溶液是盐酸，有时也用硝酸和硫酸，标定酸的基准物质是碳酸钠（Na_2CO_3）。最常用的碱标准溶液是氢氧化钠，有时也用氢氧化钾或氢氧化钡，标定碱的基准物质是邻苯二甲酸氢钾。

2. 络合滴定法

以络合反应为基础的滴定分析方法。在络合反应中，提供配位原子的物质称为配位体，也称络合剂，分无机络合剂和有机络合剂两大类。

3. 氧化还原滴定法

以溶液中氧化剂和还原剂之间的电子转移为基础的一种滴定分析方法。它以氧化剂或还原剂为滴定剂，直接滴定一些具有还原性或氧化性的物质，或间接滴定一些本身并没有氧化还原性，但能与某些氧化剂或还原剂起反应的物质。氧化滴定剂有高锰酸钾、重铬酸钾、硫酸铈、碘、碘酸钾、高碘酸钾、溴酸钾、铁氰化钾和氯胺等；还原滴定剂有亚砷酸钠、亚铁盐、氯化亚锡、抗坏血酸、亚铬盐、亚钛盐、亚铁氰化钾和肼类等。

4. 沉淀滴定法

以沉淀反应为基础的一种滴定分析方法。生成沉淀的反应很多，但符合容量分析条件的却很少，应用最多的是银量法，即利用 Ag^+ 与卤素离子的反应来测定 Cl^-、Br^-、I^- 和 SCN^-。

5. 电位滴定法

在滴定过程中通过测量电位变化以确定滴定终点的方法，靠电极电位的突跃来指示滴定终点。使用不同的指示电极，电位滴定法可以进行酸碱滴定、氧化还原滴定、络合滴定和沉淀滴定。酸碱滴定时使用 pH 玻璃电极为指示电极；在氧化还原滴定中，使用铂电极作指示电极；在络合滴定中，若用 EDTA 作滴定剂，可以用汞电极作指示电极；在沉淀滴定中，若用硝酸银滴定卤素离子，可以用银电极作指示电极。在滴定过程中，随着滴定剂的不断加入，电极电位 E 不断发生变化，电极电位发生突跃时，说明滴定到达终点。

（武金霞）

第二节　实验部分

实验一　温度、pH 对糖化酶活力的影响

【实验目的】

1. 了解温度、pH 对酶促反应速度的影响。
2. 掌握糖化酶活力测定方法。

【实验原理】

糖化型淀粉酶（即淀粉-1，4-葡萄糖苷酶）能催化淀粉水解，从淀粉分子非还原型末端开始，分解 α-1，4 糖苷键生成葡萄糖，反应生成的葡萄糖可用次亚碘酸盐法定量测定，以表示糖化型淀粉酶的活力。

I_2 与 NaOH 作用可生成次碘酸钠（NaIO），次碘酸钠可将葡萄糖（$C_6H_{12}O_6$）分子中的醛基定量地氧化为羧基。未与葡萄糖作用的次碘酸钠在碱性溶液中歧化生成 NaI 和 $NaIO_3$，酸化时 $NaIO_3$ 又恢复成 I_2 析出，用 $Na_2S_2O_3$ 标准溶液滴定析出的 I_2，从而可计算出葡萄糖的含量。反应如下：

（1）I_2 与 NaOH 作用生成 NaIO 和 NaI

$$I_2 + 2NaOH \longrightarrow NaIO + NaI + H_2O$$

（2）$C_6H_{12}O_6$ 和 NaIO 定量作用

$$C_6H_{12}O_6 + NaIO \longrightarrow C_6H_{12}O_7 + NaI$$

（3）未与葡萄糖作用的 NaIO 在碱性溶液中歧化成 NaI 和 $NaIO_3$

$$3NaIO \longrightarrow NaIO_3 + 2NaI$$

（4）在酸性条件下，$NaIO_3$ 又恢复成 I_2 析出

$$5NaI + NaIO_3 + 3H_2SO_4 \longrightarrow 3Na_2SO_4 + 3I_2 + 3H_2O$$

（5）用 $Na_2S_2O_3$ 滴定析出的 I_2

$$I_2 + 2Na_2S_2O_3 \longrightarrow Na_2S_4O_6 + 2NaI$$

总反应式为

$$I_2 + C_6H_{12}O_6 + 2NaOH \longrightarrow C_6H_{12}O_7 + 2NaI + H_2O$$

因为 1mol 葡萄糖与 1mol I_2 作用，而 1mol NaIO 可产生 1 mol I_2，从而可以测定出葡萄糖的含量。

糖化酶活力单位定义：在 40℃ pH4.6 条件下，1mL 酶液 1h 分解淀粉产生 1mg 葡萄糖所需的酶量为一个酶活力单位（U）。

【器材】

1. 仪器：电磁炉，恒温水浴锅。
2. 材料：磨口具塞试管（25mL），试管架，量筒（25mL），吸量管（10mL、5mL、2mL、1mL、0.5mL），碘量瓶（200mL），碱式滴定管（25mL）。

【试剂】

1. 0.1mol/L pH4.6 乙酸钠缓冲液。

2. 2%淀粉溶液。

3. 糖化酶溶液：质量浓度 0.2%，比活力为 50000U/g，用 0.1mol/L pH4.6 乙酸钠缓冲液溶解。

4. 20% NaOH 溶液。

5. 0.1mol/L 碘液：36g 碘化钾溶解于 100mL 水，加入 12.691g 碘，搅拌溶解，稀释定容至 1000mL，棕色瓶保存。

6. 0.1mol/L NaOH 溶液。

7. 1mol/L H_2SO_4。

8. 0.05mol/L 硫代硫酸钠溶液：12.41g $Na_2S_2O_3 \cdot 5H_2O$ 溶于煮沸冷却的无离子水（含 0.1g 碳酸钠），定容至 1000mL，于棕色瓶中密闭保存一周，标定后使用。

9. pH 分别为 2.2、3.2、4.6、6.0、8.0 缓冲液：配制见附录二。

【操作步骤】

1. 温度对糖化酶反应速度的影响

（1）取 5 支 25mL 磨口具塞的试管，分别加入 2%淀粉 12.5mL ，加入 0.1mol/L pH4.6 乙酸钠缓冲液 2.5mL。

（2）在室温、40℃、60℃、80℃水浴锅及 100℃沸水浴中各放一支试管，预热 3～5min。

（3）各加入 1mL 糖化酶溶液，在各自的温度下准确反应 0.5h，立即加入 0.1mL 20% NaOH 溶液终止反应，取出试管冷却至室温（表 12-1）。

（4）分别取上述各管反应液 5mL 于碘量瓶中，准确加入 0.1mol/L 碘液 10mL（观察、记录颜色），再边摇边加入 0.1mol/L NaOH 15mL（观察、记录颜色），黑暗条件下静置 15min，最后加入 2mL 1mol/L H_2SO_4（观察、记录颜色），用 0.05mol/L 硫代硫酸钠溶液滴定至溶液由蓝色变为无色时为滴定终点，记录消耗硫代硫酸钠溶液体积，为 $V_{样}$，见表 12-2。

以 1mL 无离子水代替糖化酶液，40℃保温的试管为空白，滴定反应液消耗的硫代硫酸钠溶液体积记为 $V_{空}$。

表 12-1　不同温度下的糖化酶作用加样表

试剂	管号及加量					
	1	2	3	4	5	6（空白）
2%淀粉溶液/mL	12.5	12.5	12.5	12.5	12.5	12.5
乙酸钠缓冲液/mL	2.5	2.5	2.5	2.5	2.5	2.5
保温温度/℃	室温	40	60	80	100	40
糖化酶溶液/mL	1.0	1.0	1.0	1.0	1.0	0
无离子水/mL	0	0	0	0	0	1.0
混匀，水浴 30min						
20%NaOH/mL	0.1	0.1	0.1	0.1	0.1	0.1

表 12-2　表 12-1 酶促反应产物碘量反应加样表

试剂	管号及加量					
	1	2	3	4	5	6（空白）
表 12-1 各管反应液/mL	5	5	5	5	5	5
碘液/mL	10	10	10	10	10	10
0.1mol/L NaOH/mL	15	15	15	15	15	15
	黑暗处静置 15min					
1mol/L H_2SO_4/mL	2	2	2	2	2	2

2. pH 对糖化酶反应速度的影响

（1）取 6 支 25mL 磨口具塞的试管，分别加入 2%淀粉 12.5mL，不同 pH 的缓冲液 2.5mL（其中 6 号试管与 3 号试管均加入 pH4.6 乙酸钠缓冲液）。

（2）放入 60℃水浴锅中，预热 3～5min。剩余步骤与最适温度测定一样，见表 12-3 和表 12-4。

表 12-3　不同 pH 下糖化酶作用加样表

试剂	管号及加量					
	1	2	3	4	5	6（空白）
2%淀粉溶液/mL	12.5	12.5	12.5	12.5	12.5	12.5
不同 pH 缓冲液/mL	2.5 (pH2.2)	2.5 (pH3.2)	2.5 (pH4.6)	2.5 (pH6.0)	2.5 (pH8.0)	2.5 (pH4.6)
温度/℃	60	60	60	60	60	60
糖化酶溶液/mL	1	1	1	1	1	0
无离子水/mL	0	0	0	0	0	1
	混匀，60℃水浴 30min					
20%NaOH/mL	0.1	0.1	0.1	0.1	0.1	0.1

表 12-4　表 12-3 酶促反应产物碘量反应加样表

试剂	管号及加量					
	1	2	3	4	5	6（空白）
表 12-3 各管反应液/mL	5	5	5	5	5	5
碘液/mL	10	10	10	10	10	10
0.1mol/L NaOH/mL	15	15	15	15	15	15
	黑暗处静置 15min					
1mol/L H_2SO_4/mL	2	2	2	2	2	2

【结果与分析】

1. 糖化酶活力计算。

$$\text{糖化酶活力(U/mL)} = (V_{\text{空}} - V_{\text{样}}) \times 0.1 \times 90.05 \times \frac{16.1}{5} \times \frac{1}{0.5}$$

式中，$V_{空}$ 表示滴定空白所消耗的硫代硫酸钠的毫升数；$V_{样}$ 表示滴定样品所消耗的硫代硫酸钠的毫升数；0.1 表示硫代硫酸钠的摩尔浓度；90.05 表示 1mL 1mol/L 硫代硫酸钠所相当的葡萄糖毫克数；16.1 表示反应液总体积的毫升数；5 表示吸取反应液的毫升数；0.5 表示反应时间为 0.5h；1 表示换算成酶活力单位定义的反应时间为 1h。

注：$V_{空}-V_{样}$ 的值最好为 3～6mL。

2. 温度对糖化酶活力影响。根据上述公式计算 1mL 酶液在 pH4.6 缓冲液中、不同温度下的活力，以温度为横坐标，对应的酶活力为纵坐标，绘制酶活力-温度曲线，从曲线上查出糖化酶的最适温度。

3. pH 对糖化酶活力影响。根据上述公式计算 1mL 酶液在 60℃、不同 pH 下的活力，以 pH 为横坐标，对应的酶活力为纵坐标，绘制酶活力-pH 曲线，从曲线上查出糖化酶的最适 pH。

【注意事项】

1. 糖化酶的浓度和加量一定要合适，以保证酶促反应体系中有足够的底物，反应结束后有剩余的底物。购买的每一批次的糖化酶比活力不同，实验前一定要进行预实验，以确定糖化酶的用量。

2. 硫代硫酸钠溶液需要提前一周配制，使用前需用标准重铬酸钾溶液标定。

【思考题】

1. 什么是酶促反应动力学？说出几种影响酶促反应速度的因素。

2. 根据糖化酶的反应机制和酶活力测定的原理，试说出还有哪些方法可以用来测定糖化酶活力。

3. 为什么硫代硫酸钠溶液需要放置至少一周后才能标定使用？放置过程发生哪些反应？

（武金霞）

实验二 果蔬中维生素 C 的定量测定（2，6-二氯酚靛酚滴定法）

【实验目的】

1. 掌握用 2，6-二氯酚靛酚滴定法测定植物材料中维生素 C 含量的原理与方法。

2. 了解常见蔬菜水果中的维生素 C 的含量。

【实验原理】

维生素 C 又称抗坏血酸（ascorbic acid），是一种水溶性维生素。维生素 C 有两种形式，一种是烯醇式的还原形式，另一种是酮式的氧化形式。自然界中的维生素 C 多以还原形式存在，它与体内其他还原剂共同作为细胞的保护剂起到抗氧化毒害作用。水果和蔬菜是人体抗坏血酸的主要来源。不同栽培条件、不同成熟度及不同的加工贮藏方法都会影响水果、蔬菜中抗坏血酸含量。

2，6-二氯酚靛酚是一种染料，其氧化形式在碱性溶液中呈蓝色，在酸性溶液中呈红色，其还原形式为无色。还原型抗坏血酸与氧化型 2，6-二氯酚靛酚发生氧化还原反应，形成氧化型抗坏血酸和还原型 2，6-二氯酚靛酚。具体反应如下：

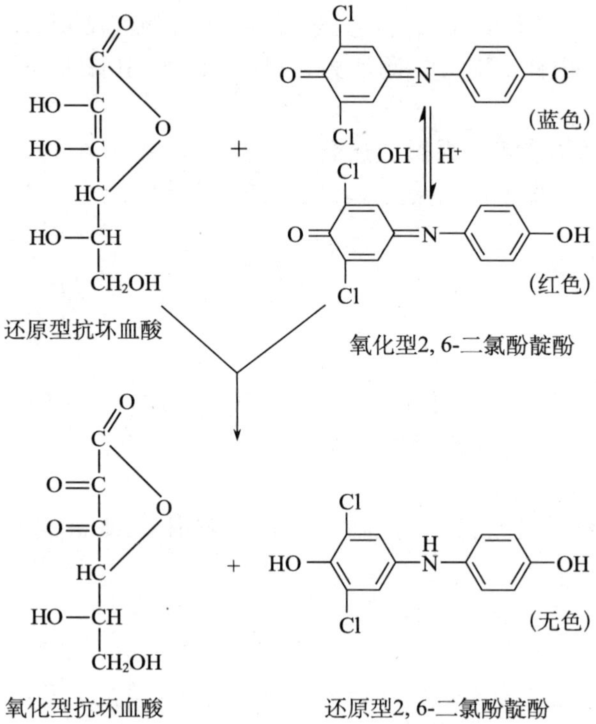

当用碱性氧化型 2，6-二氯酚靛酚溶液滴定含有抗坏血酸的酸性溶液时，在维生素 C 尚未全部被氧化之前，滴下的 2，6-二氯酚靛酚均被还原成无色，当溶液中的抗坏血酸全部被氧化成脱氢抗坏血酸时，再滴入 1 滴 2，6-二氯酚靛酚即为过量，仍以氧化形式存在，在酸性条件下呈红色。因此，当溶液由无色转变成微红色时，说明抗坏血酸刚刚全部被氧化，此时达到滴定终点，如无其他杂质干扰，样品提取液所还原的标准染料的量与样品中所含的还原型抗坏血酸量成正比。

【器材】

1. 仪器：普通天平（100g/0.2g）。

2. 材料：石英砂，研钵，容量瓶（50mL），纱布，量筒（50mL），吸量管（5mL、10mL），三角瓶（100mL），碱式滴定管（10mL），漏斗，新鲜的水果或蔬菜。

【试剂】

1. 2%草酸溶液。

2. 标准抗坏血酸溶液（0.1mg/mL）：精确称取 50.0mg 抗坏血酸，用 1%草酸溶液溶解并定容至 500mL，临用现配。

3. 0.05% 2，6-二氯酚靛酚溶液：500mg 2，6-二氯酚靛酚溶于 300mL 含 104mg 碳酸氢钠（AR）的热水中，冷却后再用无离子水稀释至 1000mL，滤去不溶物，贮棕色瓶内，4℃保存一周有效，滴定样品前用标准抗坏血酸标定。

【操作步骤】

1. 样品的提取

每组称取不同种类的新鲜水果或蔬菜样品两种（橘子 10g、冬枣 2g、青椒 2g、尖椒 2g、柠檬 5g、白菜 10g、香菜 5g、猕猴桃 2g），分别放在研钵中，加入 2%草酸溶液少许和少量的石英砂，研磨成匀浆，注入 50mL 容量瓶中，加入 2%草酸定容至刻度，颠倒混匀数次，静置 10min，用 4 层纱布过滤，滤液即为维生素 C 提取液，测量体积，记作 A。

2. 空白滴定

取 2%草酸 10mL，用上述染料滴定，当变为桃红色 15s 不褪色，记录消耗染料的体积，记作 $V_{空}$。

3. 2，6-二氯酚靛酚溶液的标定

准确吸取 1.0mL 抗坏血酸标准液（含 0.1mg 抗坏血酸）于 100mL 三角瓶中，加 9mL 2%草酸溶液，混匀，用 2，6-二氯酚靛酚滴定至淡红色（15s 内不褪色即为终点）。记录所用染料溶液的体积，记作 $V_{标}$。计算出 1mL 染料溶液所能氧化抗坏血酸的量（mg），记作 T。

$$T = \frac{\text{标准维生素 C 的浓度(mg/mL)} \times \text{所取标准维生素 C 的体积(mL)}}{V_{标} - V_{空}}$$

4. 样品滴定

分别取维生素 C 提取液 10mL 置于 2 个三角瓶中，用已经标定过的 2，6-二氯酚靛酚溶液滴定至淡红色 15s 不褪色为止，记录所消耗染料的体积，取平均值，记作 $V_{样}$。

【结果与分析】

1. 计算 100g 样品中还原型抗坏血酸的含量。

$$\text{维生素 C 含量(mg/100g 样品)} = \frac{(V_{样} - V_{空}) \times T \times A}{W \times 10} \times 100$$

式中，$V_{样}$表示滴定 10mL 样品提取液消耗染料（mL）；$V_{空}$表示滴定 10mL 草酸溶液消耗染料的体积（mL）；T 表示每毫升染料所能氧化抗坏血酸毫克数；A 表示样品提取液体积（mL）；10 表示滴定时吸取样品提取液体积（mL）；W 表示样品质量（g）；100 表示换算成 100g 样品的系数。

2. 将本组的结果与其他实验组结果相比较，列出测定的几种果蔬维生素 C 含量由高到低的顺序。

【注意事项】

1. 由于各种果蔬维生素 C 提取液的颜色不同，滴定终点颜色的判定也不相同。

2. 样品提取液定容时若泡沫过多，可加几滴辛醇或丁醇消泡。

3. 市售2，6-二氯酚靛酚质量不一，以标定0.2mg抗坏血酸消耗1mL左右的染料为宜，可根据标定结果调整染料溶液浓度。

4. 样品的提取液的制备和滴定过程，要避免阳光照射和与铜、铁器具接触，以免抗坏血酸被破坏。

5. 滴定样品所用染料在1～4mL为宜，若样品维生素C含量太高或太低，可酌情增减样品液用量或改变提取液稀释度。

【思考题】

1. 该法测定抗坏血酸有何不足？为了测得准确的含量，实验过程中都应注意哪些操作步骤？为什么？

2. 用2%草酸提取样品的目的是什么？

（张金桐　周艳芬）

第三篇　综合性实验

第十三章　实验举例

实验一　微量凯氏定氮法测定牛奶蛋白质含量

【实验目的】

1. 深入理解蛋白质平均含氮量为16%，掌握凯氏定氮法的原理与操作。
2. 掌握微量凯氏定氮法测定生物样品中蛋白质浓度的方法。

【实验原理】

凯氏定氮法（Kjeldahl nitrogen determination）是测定化合物或混合物中总氮量的一种方法。即在催化剂催化下，用浓硫酸消化样品，将有机氮都转变成无机铵盐，然后在碱性条件下将铵盐转化为氨，用水蒸气蒸馏法将氨蒸出，并以过量的硼酸溶液吸收氨，再以标准盐酸溶液滴定氨，滴定所消耗的标准盐酸的摩尔数即为 NH_3 的摩尔数，据此可计算出样品的含氮量。本法准确测定氮的范围为0.2～1.0mg。

用浓硫酸消化时，常加入硫酸铜和硫酸钾（或硫酸钠），其中硫酸铜为催化剂，硫酸钾或硫酸钠可提高消化液的沸点。

以甘氨酸为例，全部过程的化学反应如下。

消化：$\underset{\displaystyle NH_2}{\underset{|}{CH_2}}—COOH + 3H_2SO_4 \longrightarrow 2CO_2 + 3SO_2 + 4H_2O + NH_3\uparrow$

$2NH_3 + H_2SO_4 \longrightarrow (NH_4)_2SO_4$

蒸馏：$(NH_4)_2SO_4 + 2NaOH \longrightarrow 2H_2O + Na_2SO_4 + 2NH_3\uparrow$

吸收：$NH_3 + 4H_3BO_3 \longrightarrow NH_4HB_4O_7 + 5H_2O$

滴定：$NH_4HB_4O_7 + HCl + 5H_2O \longrightarrow NH_4Cl + 4H_3BO_3$

蛋白质是一类复杂的含氮化合物，其平均含氮量约为16%（质量分数）。以凯氏定氮法测定出含氮量，再乘以系数6.25，即为蛋白质含量。

【器材】

1. 仪器：电子天平，低速离心机，可调式电炉，电磁炉，改良式凯氏蒸馏仪。

2. 材料：凯氏烧瓶（50mL），消化架，吸量管（5mL、2mL、1mL），钥匙，玻璃珠，滴管，容量瓶（50mL），量筒（10mL），离心管（7mL），铁架台，乳胶管，酒精灯，三角瓶（50mL），表面皿，微量酸式滴定管（10mL），牛奶。

【试剂】

1. 混合指示剂：取 50mL0.1%甲烯蓝-无水乙醇溶液与 200mL 0.1%甲基红-无水乙醇溶液混合，贮于棕色瓶中，备用，指示剂变色范围为 pH5.2～5.6，在 pH5.2 时为紫红色，在 pH5.4 时为暗蓝灰色，在 pH5.6 时为绿色。

2. 0.01mol/L 标准盐酸溶液（配制见附录一）。

3. 标准硫酸铵溶液（0.3mg 氮/mL）：1.415g 硫酸铵，溶于少量无离子水，定容至 1000mL。

4. 10%NaOH 溶液。

5. 2%硼酸溶液。

6. 30%氢氧化钠溶液。

7. 浓硫酸。

8. 硫酸钾-硫酸铜混合物（K_2SO_4：$CuSO_4 \cdot 5H_2O$=5：1）。

9. 三氯乙酸。

10. 30%过氧化氢溶液。

【技术路线】

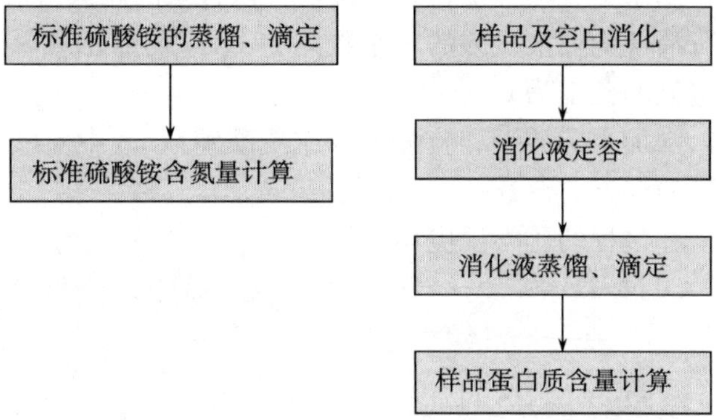

【操作步骤】

1. 样品的准备

（1）牛奶总氮测定样品：取 2 个干净的 50mL 凯氏烧瓶，各加入 1mL 牛奶，在每个烧瓶中加入 2 个玻璃珠以防液体暴沸，加入约 500mg 硫酸钾-硫酸铜混合物，加 5mL 浓硫酸。

（2）牛奶非蛋白氮测定样品：取 2 支离心管，各加 2mL 牛奶，再分别加入 100mg 三氯乙酸，搅拌，使蛋白质沉淀，4000r/min 离心 15min，将上清液分别移入 50mL 凯氏烧瓶中，各加入 2 个玻璃珠以防液体暴沸，加入约 500mg 硫酸钾-硫酸铜混合物，加 5mL 浓硫酸。

（3）空白样品：取 2 支凯氏烧瓶各加入 1mL 无离子水为空白对照，其余同上。

2. 消化

将上述加好样的 6 个凯氏烧瓶放到可调电炉上在通风橱中进行消化。先用微火加热煮沸，当观察到烧瓶内样品碳化变黑，产生大量泡沫时，特别注意不能让黑色物质上升到瓶颈部，否则将严重影响样品的测定结果。当混合物停止冒烟，蒸汽和二氧化硫也均匀地放出时，加大火力至凯氏烧瓶内液体微微沸腾。待消化液变褐色后，为了加速完成消化，可将烧瓶取下，稍冷，向消化液中滴加 1～2 滴 30%过氧化氢溶液，再继续消化，溶液由浅黄变为澄清后，再继续加热使消化液微沸 15min。在消化过程中要小心转动烧瓶，使内壁黏着物质均能流入底部，使全部样品都浸没在硫酸内，以保证样品完全消化。消化完毕，关闭电炉，使烧瓶冷却至室温。

3. 改良式凯氏蒸馏仪的洗涤

改良式凯氏蒸馏仪如图 13-1。

（1）蒸馏仪安装：各部件需经一般方法洗涤干净。连接各部件的乳胶管需以 10% NaOH 溶液煮约 10min，再水洗数次。将蒸馏仪安装并固定在一个铁架台上。

（2）蒸馏仪洗涤：先打开冷凝水，再打开连接冷凝水与蒸汽发生器的夹子 7，向蒸汽发生器中放入约 2/3 体积自来水，关闭夹子 7。打开加样小漏斗下方的夹子 3，加入 7mL 无离子水，让水经插管流入反应室。以酒精灯加热蒸汽发生器，当水沸腾以后，蒸汽进入反应室，导致反应室内的水迅速沸腾，蒸汽由反应室上端进入冷凝管外腔冷却，冷凝管下端没入三角瓶中 2%硼酸-指示剂液面内。当第一滴冷凝水滴下开始计时，连续蒸馏 5min。移开酒精灯，轻轻打开夹子 7，使少量自来水进入蒸汽发生器，反应室外的空气骤然冷缩，反应室内的废液自动抽到蒸汽发生器内。同时打开夹子 7 和夹子 8，一方面使废液流出，同时用自来水冷却蒸汽发生器和反应室。

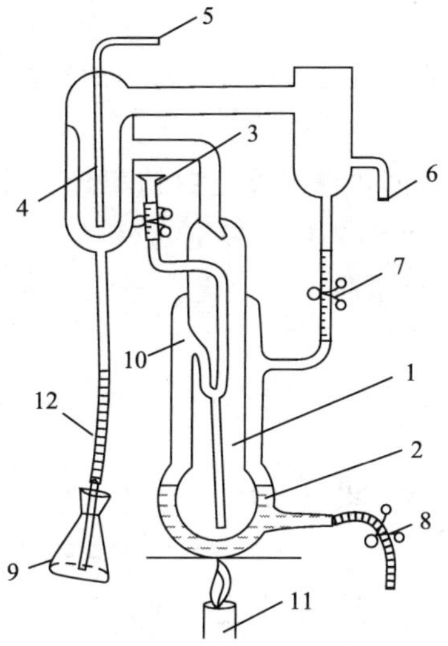

图 13-1　改良式凯氏定氮仪

1. 反应室；2. 蒸汽发生器；3. 加样漏斗；4. 冷凝器；5. 自来水进口；6. 冷凝水出口；7. 蒸汽发生室进水口；8. 废水排出口；9. 接收瓶；10. 反应废液排出口；11. 酒精灯；12. 连接管

反复蒸馏洗涤 2～3 次，若三角瓶内的溶液始终保持紫红色不变，表示蒸馏装置内已无氨的残留。使冷凝管下端离开液面，再蒸馏 1～2min，用蒸馏水冲洗冷凝管下端的滴管头，移开并盖灭酒精灯。

正在使用的仪器，每个样品蒸馏之前，需蒸汽洗涤 5min。较长时间未使用的仪器，更需蒸汽洗涤多次，以 2%硼酸-指示剂不变色为合格。

4. 标准硫酸铵的蒸馏、吸收和滴定

在蒸馏仪洗涤干净之后，即可蒸馏样品。

（1）取 2 个 50mL 干净三角瓶，各加 5mL 2%硼酸，滴加 2 滴指示剂，溶液应呈紫红色，用表面皿覆盖备用。

（2）打开夹子 7，使自来水流入蒸汽发生器内球体 2/3 量后关闭夹子 7。

（3）冷凝管末端连接的滴管浸入一个三角瓶的 2%硼酸液面内。

（4）打开加样漏斗下的夹子 3，加入 2mL 标准硫酸铵溶液，再加入 5mL 30%氢氧化钠溶液，当碱液尚未完全流入反应室时，关闭夹子 3，在漏斗中加少许水做水封，以防置换出的氨通过漏斗溢出。

（5）打开冷凝水，以酒精灯加热蒸汽发生器。当水沸腾时，蒸汽通过反应室到冷凝管外腔，凝结成水，滴落于三角瓶内，硼酸-指示剂混合之后，因为吸收一定量的氨气，颜色由紫红色变为绿色，此时开始计时，继续蒸馏 5min，将滴管移开硼酸液面，再继续蒸馏 1min，用蒸馏水冲洗滴管外口，移开三角瓶，准备滴定。

（6）移开酒精灯，打开夹子 7，使少量自来水进入蒸汽发生器，使反应室的残液抽到蒸汽发生器内，再同时打开夹子 7 和 8，用自来水冷却蒸汽发生器和反应室至常温，在蒸汽发生器内保留 2/3 球体的水。

每组蒸馏 2 个标准硫酸铵样品，用 0.01mol/L 标准盐酸溶液滴定各三角瓶中收集的氨，直至硼酸-指示剂混合液由绿色变回淡紫色，即为滴定终点，记录滴定所用标准盐酸溶液的体积。

5. 消化样品及空白的蒸馏、吸收和滴定

（1）将牛奶总氮测定样品、非蛋白氮测定样品和无离子水空白消化液冷却，分别转移至 50mL 容量瓶中，以无离子水少量多次洗涤凯氏烧瓶，均转移到容量瓶内，定容至 50mL，混匀备用。

（2）打开夹子 3，取 2mL 牛奶总氮样品的稀释消化液自加样漏斗加入反应室，关闭夹子 3。

（3）使冷凝滴管下端浸入三角瓶中的 2%硼酸-指示剂混合液面内。

（4）取 30% NaOH 溶液 5mL，放入加样漏斗中，微开夹子 3，使 NaOH 溶液慢慢流入反应室，当未完全流尽时，关闭夹子 3。

（5）向加样漏斗中加入少许蒸馏水，再微开夹子 3，使一半蒸馏水流入反应室，关闭夹子 3，一半蒸馏水留在漏斗中作水封。

（6）以酒精灯加热蒸汽发生器，蒸馏过程同标准硫酸铵的蒸馏。当三角瓶中溶液由紫红色变成鲜绿色时开始计时，继续蒸馏 5min。

（7）将冷凝滴管移开三角瓶液面，继续蒸馏 1min，最后用少量蒸馏水洗涤冷凝滴管口外周，用表面皿覆盖三角瓶，待滴定。

（8）废液抽出、蒸汽发生器冷却等步骤同前。

（9）牛奶非蛋白氮样品及无离子水空白的蒸馏同上。

（10）滴定方法同前，记录滴定各样品所用标准盐酸溶液的体积。

【结果与分析】

1. 标准硫酸铵的含氮量计算。

$$\text{硫酸铵的含氮量(mg)} = \frac{[V_{\text{蒸(标)}} - V_{\text{蒸(空)}}] \times 0.01 \times 14}{2}$$

式中，$V_{\text{蒸(标)}}$表示 2mL 标准硫酸铵经蒸馏滴定所消耗标准盐酸的平均毫升数；$V_{\text{蒸(空)}}$表示 2mL 空白消化液蒸馏滴定所消耗标准盐酸的平均毫升数；0.01 表示标准盐酸的摩尔浓度；14 表示氮的相对原子质量；2 表示蒸馏所用标准硫酸铵的毫升数。

2. 牛奶样品中的蛋白质浓度计算。

（1）牛奶总氮量 $M_{\text{total nitrogen}}$（mg）计算公式如下：

$$牛奶总氮量 M_{\text{total nitrogen}}(\text{mg}) = \frac{[V_{蒸(总)} - V_{蒸(空)}] \times 0.01 \times 14 \times 50}{2}$$

式中，$V_{蒸(总)}$表示 2mL 牛奶总氮样品消化液经蒸馏滴定所消耗标准盐酸的平均毫升数；$V_{蒸(空)}$表示 2mL 空白消化液蒸馏滴定所消耗标准盐酸的平均毫升数；0.01 表示标准盐酸的摩尔浓度；14 表示氮的相对原子质量；50 表示 2mL 牛奶总氮样品消化液定容总体积；2 表示蒸馏所用消化液毫升数。

（2）牛奶非蛋白氮量 $M_{\text{nonprotein nitrogen}}$（mg）计算公式如下：

$$牛奶非蛋白氮量 M_{\text{nonprotein nitrogen}}(\text{mg}) = \frac{[V_{蒸(非)} - V_{蒸(空)}] \times 0.01 \times 14 \times 50}{2}$$

式中，$V_{蒸(非)}$表示 2mL 牛奶非蛋白氮样品消化液经蒸馏滴定所消耗标准盐酸的平均毫升数；$V_{蒸(空)}$表示 2mL 空白消化液蒸馏滴定所消耗标准盐酸的平均毫升数；0.01 表示标准盐酸的摩尔浓度；14 表示氮的相对原子质量；50 表示 2mL 牛奶非蛋白氮样品消化液定容总体积；2 表示蒸馏所用消化液毫升数。

（3）牛奶蛋白质含量计算公式如下：

$$牛奶蛋白质含量(\text{mg}) = (M_{\text{total nitrogen}} - M_{\text{nonprotein nitrogen}}) \times 6.25$$

式中，6.25 表示 1mg 氮相当于蛋白质的毫克数。

（4）牛奶蛋白质浓度计算公式如下：

$$牛奶蛋白质浓度(\text{g}/100\text{mL}) = (M_{\text{total nitrogen}} - M_{\text{nonprotein nitrogen}}) \times 6.25 \div 1000 \div 2 \times 100$$

式中，6.25 表示 1mg 氮相当于蛋白质的毫克数；1000 表示 1g ＝1000mg；2 表示消化牛奶的体积（mL）；100 表示蛋白质浓度单位（g/100mL）。

3. 分析。国标规定纯牛奶的蛋白质浓度为 2.9g/100mL，根据得到的结果，分析误差可能产生的原因。

【注意事项】

1. 小心加样，切勿使样品沾污凯氏烧瓶口部、颈部。

2. 由于消化时放出的气体内含 SO_2，具有强烈刺激性，整个消化过程应在通风橱中进行。

3. 消化时，火力先小后大，避免黑色消化物溅到瓶口、瓶颈壁上，以至影响测定结果。

4. 必须仔细检查凯氏蒸馏仪的各个连接处，保证不漏气。所用橡皮管、塞须浸在 10% NaOH 溶液中，煮约 10min，水洗、水煮，再水洗数次，保证洁净。

5. 每一个样品蒸馏之前，必须洗涤凯氏蒸馏仪，保证洁净。

6. 蒸馏过程中，务必保证酒精灯火焰稳定，否则将发生倒吸现象，一旦在尚未蒸馏完全之前反应室样品倒吸，必须再次洗涤蒸馏仪至合格。

7. 固体样品含氮量，一般按每 100g 该物质干重中所含的氮克数来表示。先将样品磨细，在已称重的称量瓶中，称入一定量的样品，置于 105℃的烤箱中烘烤 1h。将称量瓶放入干燥器中，待降至室温后称重。按上述操作，每次烘干后重复称量一次，直至两次称量数值不变，即达到恒重为止。由此计算该物质含水量。样品的消化、蒸馏、吸收滴定如前所述。

【思考题】

1. 分析凯氏定氮法测定蛋白质浓度操作中引起误差可能的原因。
2. 滴定标准硫酸铵溶液和空白的目的是什么？
3. 消化时加硫酸钾-硫酸铜混合物的作用是什么？

（武金霞）

实验二　鸡卵类黏蛋白的分离纯化、活性及相对分子质量测定

【实验目的】

1. 掌握鸡卵类黏蛋白的提取、纯化及活性测定方法。

2. 掌握高速冷冻离心机、可见分光光度计、紫外分光光度计、核酸蛋白质检测仪、电泳仪等仪器的使用。

【实验原理】

1. 鸡卵类黏蛋白的分离纯化

鸡卵类黏蛋白（chicken ovomucoid，CHOM）是鸡蛋清中含有的一种糖蛋白，具有强烈的抑制胰蛋白酶的作用，常用于胰蛋白酶的酶学性质研究。在 pH7.8～8.0 的碱性条件下，CHOM 具有很强的结合胰蛋白酶的活性，因此，也可将其制成吸附亲和剂，利用亲和层析法来纯化胰蛋白酶。

目前至少已获得 4 种不同的鸡卵类黏蛋白组分，它们的氨基酸组成和抑制胰蛋白酶活性方面没有多大区别，但是各组分糖蛋白的糖含量不同（主要为 *D*-甘露糖、*D*-半乳糖、葡萄糖胺和唾液酸几种单糖），即糖蛋白表现出微不均一性，因此，在电泳中常呈现弥散性条带。它们的等电点大致在 pH3.9～4.5，相对分子质量约 28 000。不同来源的类黏蛋白末端基团有很大差异，鸡卵类黏蛋白 N 端为丙氨酸，C 端为苯丙氨酸。

鸡卵类黏蛋白在中性或偏酸性溶液中对热和高浓度的脲很稳定，在 50%丙酮或 10%三氯乙酸溶液中仍有较好的溶解度。而在碱性溶液中 CHOM 较不稳定，尤其当温度较高时易迅速失活。

根据 CHOM 的性质，本实验采用一定浓度的三氯乙酸（TCA）-丙酮溶液处理鸡蛋清，以除去杂蛋白沉淀，离心后的上清液再经冷丙酮沉淀获得 CHOM 粗品，以 DEAE-纤维素离子交换柱层析纯化 CHOM。

2. 鸡卵类黏蛋白活性测定

CHOM 是胰蛋白酶的天然抑制剂，在碱性条件下 CHOM 能与胰蛋白酶结合，并抑制其活性，抑制摩尔比约为 1∶1，高纯度的鸡卵类黏蛋白 1μg 能抑制相当于 0.86μg 胰蛋白酶（比活力为 12 000 BAEE 单位/mg 蛋白质）。为了测定 CHOM 的抑制活性，首先测定出一定量胰蛋白酶的活力单位，再以一定量的 CHOM 与胰蛋白酶一起保温一定时间，使 CHOM 充分与胰蛋白酶相互作用，胰蛋白酶活性被抑制，酶促反应速度降低，然后测定胰蛋白酶的

剩余活力，用胰蛋白酶原有活力减去抑制后的剩余活力，即为 CHOM 的抑制活性。

本实验采用 *N*-苯甲酰-*L*-精氨酸乙酯盐酸盐（*N*-benzoyl *L*-arginine ethyl ester hydrochloride，BAEE）法测定胰蛋白酶活力。

胰蛋白酶是一种蛋白水解酶，能催化水解由碱性氨基酸的羧基形成的肽键、酰胺键和酯键，且其水解活性敏感度为酯键＞酰胺键＞肽键，因此，可以用人工合成底物测定胰蛋白酶活性。例如，以 *N*-苯甲酰-*L*-精氨酸乙酯盐酸盐为底物，在碱性条件下，胰蛋白酶水解 BAEE 的乙酯键，生成 *N*-苯甲酰-*L*-精氨酸（BA）和乙醇。催化反应式如下：

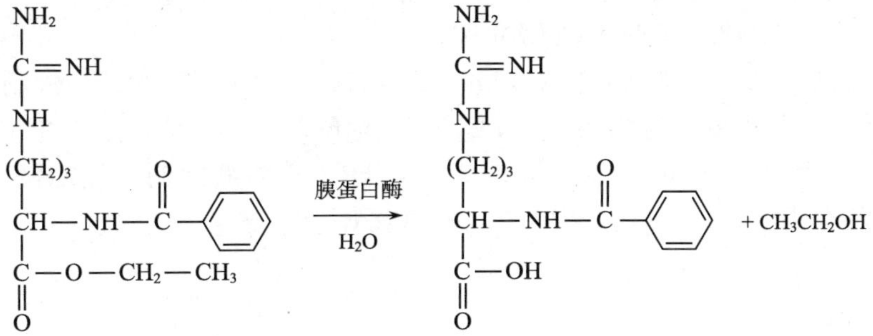

BAEE BA 乙醇

BAEE 在波长 253nm 处的光吸收性质远远弱于 BA。因此，在胰蛋白酶催化下，随着酯键被水解，BAEE 逐渐减少，产物 BA 逐渐增多，反应体系的 253nm 吸收值随之增加，可以用单位时间内吸光度值的增加衡量酶促反应速度。

胰蛋白酶活力单位定义：在 25℃条件下，酶促反应体系每分钟 253nm 吸光度值增加 0.001 单位所需酶量为一个活力单位（U）。

【器材】

1. 仪器：冰箱，恒温水浴锅，低速离心机，核酸蛋白质检测仪（包括记录装置），蠕动泵，紫外分光光度计，可见分光光度计，部分收集器，电磁炉，磁力搅拌器。

2. 材料：量筒（50mL、100mL），烧杯（250mL、500mL、1000mL），吸量管（0.5mL、1mL、5mL），透析袋，离心管（1.5mL），DEAE-纤维素 32 或 52（Whatman 进口分装），层析柱（1.0cm×20cm），玻璃漏斗，螺旋水止，硅胶管，滴管，贮液瓶（500mL），试管（18mm×180mm），试管架，微量进样器（50μL、100μL），精密 pH 试纸，擦镜纸，玻璃比色皿，石英比色皿，培养皿（Φ12cm），新鲜鸡蛋。

【试剂】

1. 粗提所需试剂

（1）0.5mol/L 三氯乙酸（TCA）。

（2）TCA-丙酮溶液：0.5mol/L TCA 与丙酮以体积比为 1∶4 混合。

（3）0.2mol/L pH6.5 磷酸盐缓冲液。

2. 纯化所需试剂

（1）0.02mol/L pH6.5 磷酸缓冲液（起始液）：0.2mol/L pH6.5 磷酸盐缓冲液稀释至

10倍。

（2）0.5mol/L 氯化钠-0.5mol/L 氢氧化钠溶液：1mol/L 氯化钠溶液与1mol/L 氢氧化钠溶液等体积混合。

（3）0.5mol/L 盐酸。

（4）0.30mol/L 氯化钠及 0.5mol/L 氯化钠-0.02mol/L pH6.5 磷酸盐缓冲液：在0.02mol/L pH6.5 磷酸盐缓冲液中加氯化钠至浓度为 0.30mol/L 或 0.5mol/L。

（5）聚乙二醇 8000（或蔗糖）。

3. 胰蛋白酶活力及黏蛋白抑制活力测定试剂

（1）0.05mol/L pH8.0 Tris-HCl 缓冲液。

（2）含氯化钙的 BAEE 溶液：以 0.05mol/L pH8.0 Tris-HCl 缓冲液配制，BAEE 浓度为 0.34mg/mL，氯化钙浓度为 2.22mg/mL，临用前配制，实验前一定要 25℃预热。

（3）胰蛋白酶溶液：0.05mol/L pH8.0 Tris-HCl 缓冲液配制，先配制 100mg/mL 母液，使用前稀释至 10mg/mL，用于 BAEE 法测定酶活力。

【技术路线】

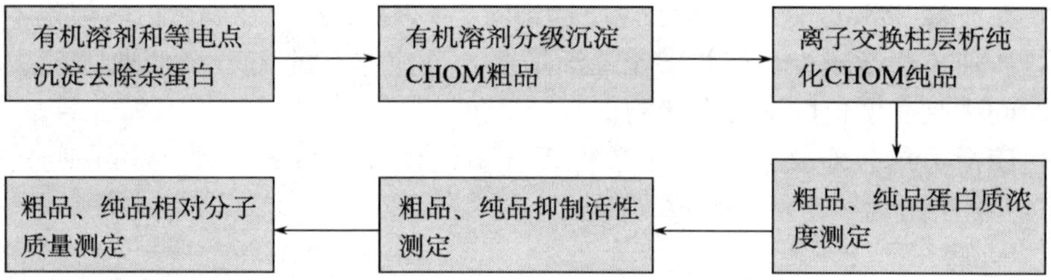

【操作步骤】

（一）粗品的制备

1. 去除杂蛋白

每组取2枚新鲜鸡蛋蛋清，大约 50～60mL，盛于 250mL 烧杯内，烧杯置于 25～30℃恒温水浴锅内，边搅拌边缓慢加入等体积 4℃预冷的三氯乙酸（TCA）-丙酮溶液（1∶4 体积比），出现大量白色沉淀，为杂蛋白。此时溶液的 pH 为 6～7，保温 30min，用约 15mL 0.5mol/L TCA 调节至 pH3.5，在 4℃下放置 1h，使杂蛋白沉淀完全，4000r/min 离心 20min，约得 80mL 黄绿色上清液。卵类黏蛋白耐有机溶剂、耐酸，此时仍以溶解状态存在于黄绿色上清液中。

2. 沉淀粗品

量取黄绿色上清液体积，边搅拌边加入 4 倍于上清液体积的−20℃预冷丙酮，可见白色沉淀产生，在 4℃冰箱中放置 1～2h，4000r/min 离心 20min，弃上清液，得 CHOM 沉淀，加入 4mL 无离子水溶解。

3. 粗品的获得

将 4mL CHOM 粗品装入一个透析袋，对无离子水透析，更换数次无离子水，以除去残留的 TCA 和丙酮，透析过程中有少量沉淀出现。取出透析袋中的黏蛋白溶液（及时将透析袋用无离子水清洗干净），用 10mL 量筒测量体积，加入 1/10 体积的 0.2mol/L pH6.5 磷酸盐缓冲液，摇匀，使其盐终浓度为 0.02mol/L，4000r/min 离心 20min，弃沉淀，测量黏蛋白粗品总体积，记为 V_{crude}，约为 10mL。

4. 粗品的处理

取 1.5mL 粗品放入 1.5mL 离心管，留作蛋白质浓度测定和电泳之用；取 0.5mL 粗品再次装入透析袋，对 0.05mol/L pH8.0 Tris-HCl 缓冲液透析，供 BAEE 法测定黏蛋白对胰蛋白酶的抑制活性之用；剩余粗品冷冻保存，分数次用以 DEAE-纤维素柱层析纯化。

（二）纯化

1. DEAE-纤维素的处理及再生

参照第二篇第五章实验二。

2. 装柱与连接

装柱参照参照第二篇第五章实验二。

将柱下端的硅胶管连接在核酸蛋白质检测仪样品池的入口，打开核酸蛋白质检测仪电源，将波长置于 280nm 处，预热 30min，准备一个烧杯，收集样品池出口的流出液。

3. 平衡

拧好柱上端螺扣，硅胶管与蠕动泵相连。打开蠕动泵，用 5 倍柱体积的 0.02mol/L pH6.5 磷酸盐缓冲液（起始液）平衡层析柱，平衡过程中，调节蠕动泵的流速，记录样品池出口液体流出速度，使之为 1～1.5mL/min。始终保持柱床上最少有 2cm 高的缓冲液，注意不能干柱，否则需重新装柱。

平衡过程中，调试核酸蛋白质检测仪。首先将旋钮拨到“T 100%”（指透光率），调“光量”到显示“100”，再将旋钮拨到“A”（吸光度有不同灵敏度，一般选择“0.5A”），调节“调零”到显示“0”。继续平衡，如数字有波动，反复调节几次，使 A 值保持为 0。

4. 上样

关掉蠕动泵，打开柱上端的螺扣，将柱床上边的缓冲液吸出，立即贴壁加 2mL 粗提样品（V_{crude}），使样品全部缓慢流入层析柱床内，立即加起始液到柱床上边保持 2 cm 高度。

5. 洗脱

（1）起始液洗脱：拧好柱上端螺扣，打开蠕动泵，首先以 3 倍柱体积的起始液洗脱，保持流速不变，观察核酸蛋白质检测仪的 A 值变化情况。当 A 值急剧上升时，开始计时，同时换干净试管收集对应的流出液（核酸蛋白质检测仪的样品池出口），每收集 2mL，换一支试管，当 A 值上升到最高值时，计时，下降到数值稳定时，可停止收集流出液，这部分流出液主要为溶菌酶、胰凝乳蛋白酶抑制剂等杂蛋白。如果粗品制备得较纯，以起始液洗脱时杂蛋白吸收峰值很小或检测不到。

（2）0.3mol/L 氯化钠-0.02mol/L pH6.5 磷酸盐缓冲液洗脱：改用 0.3mol/L 氯化钠-0.02mol/L pH6.5 磷酸盐缓冲液进行洗脱。同样，当 A 值急剧上升时收集，计时，更换试管收集对应的流出液，每收集 2mL，换一支试管；当 A 值上升到最高值时，计时，下降到数值稳定时，可停止收集流出液，这部分流出液即为纯化的卵类黏蛋白。将 A 值较高的收集液合并。

一般情况下，由于实验课时限制，洗脱流速较快，导致洗脱体积过大，纯品浓度较低，不能直接用于活性和蛋白质浓度测定，需要将洗脱液浓缩。

(3) 0.5mol/L 氯化钠-0.02mol/L pH6.5 磷酸盐缓冲液洗脱：继续用 0.5mol/L 氯化钠-0.02mol/L pH6.5磷酸盐缓冲液洗脱，观察是否有蛋白质峰出现，如有蛋白质峰，继续收集。一般情况下不再有蛋白质峰出现。

(4) 起始液平衡：用 5 倍柱体积起始液继续平衡柱子。

6. 再次上样及洗脱

重复步骤 4 和 5，将剩余粗品分数次上柱纯化。

将几次柱层析 0.3mol/L 氯化钠洗脱液合并，装透析袋（Φ1.5cm），用 PEG8000 或蔗糖浓缩到 2～3mL，先用无离子水透析，最后用 0.05mol/L pH8.0 Tris-HCl 缓冲液透析，透析后体积为 5～10mL，精确测量，记为 V_{purified}，供测定纯品对胰蛋白酶的抑制活性及相对分子质量之用。

7. 柱层析结束

纯化所有粗品之后，将柱子内的 DEAE-纤维素回收，以 10mL 无离子水清洗核酸蛋白质检测仪样品池，从进样口注射无离子水，至出样口流出。

（三）蛋白质浓度测定

以 Folin-酚法测定粗品和纯品的蛋白质浓度，参见第二篇第九章实验二。

（四）鸡卵类黏蛋白的抑制活力测定

1. 胰蛋白酶的活力测定

取一只石英比色皿（带盖，光程为 1cm），加入 25℃预热的 3.0mL BAEE-0.05mol/L pH8.0 Tris-HCl 缓冲液，在紫外分光光度计的动力学模式下，测定 A_{253}，以此为空白，校正“100%T/0A”。

取出比色皿，加入 50μL 胰蛋白酶液（酶浓度 10mg/mL），立即混匀，测定 A_{253} 的增加，每隔 30s 读一次数，测定 185s。一般情况下，此浓度酶液催化底物显色，A 值呈线性增加。若 ΔA/min＞0.400，则酶液需要稀释或减量。

根据时间-光密度关系曲线中的直线部分，任选一时间间隔（Δt）与相应吸光度值变化（ΔA），按以下公式计算胰蛋白酶的活力单位和比活力。

$$\text{胰蛋白酶活力单位(BAEE 单位)} = \Delta A / \Delta t \times 0.001$$

$$\text{比活力} = \text{酶活力单位} / \text{毫克蛋白质} = (\Delta A/\Delta t \times 0.001) \div (M_{\text{测}})$$

式中，$\Delta A/\Delta t$ 表示每分钟吸光度值的增加；0.001 表示吸光度值增加 0.001 单位定为 1 个 BAEE 活力单位的常数；$M_{\text{测}}$ 表示测定时所加胰蛋白酶的质量（mg），本实验中 $M_{\text{测}}$ 为 10mg/mL×0.05mL＝0.5mg。

2. 鸡卵类黏蛋白粗品抑制活性测定

按步骤 1 操作确定的胰蛋白酶用量，本实验采用 10mg/mL 胰蛋白酶溶液，加量为 50μL。

(1) 抑制作用：取 6μL V_{crude}与 60μL 胰蛋白酶溶液混合（卵类黏蛋白量不能超过胰蛋白酶量，一般以 1∶2 较适合，具体视卵类黏蛋白的纯度而异），在 25℃保温 10min 左右，使酶与抑制剂充分结合。

(2) 剩余活力测定及计算：取一只石英比色皿，加入 25℃ 预热的 3.0mL BAEE-

0.05mol/L pH8.0 Tris-HCl 缓冲液，动力学模式下测定 A_{253}，以此调零。将黏蛋白粗品抑制后的 55μL 混合液加入比色皿中，迅速混匀，动力学模式下测定 A_{253} 变化，每隔 30s 读数，测定 185s。根据时间-光密度关系曲线中的直线部分，任选一时间间隔（Δt）与相应吸光度值变化（ΔA），计算粗品抑制后的胰蛋白酶剩余活力。

（3）粗品抑制活力计算：

胰蛋白酶活力（U）－粗品抑制后的剩余活力（U）＝黏蛋白粗品的抑制活力（U）

此为 5μL 黏蛋白粗品的抑制活力，依据黏蛋白粗品体积，计算出黏蛋白粗品的总抑制活力。

3. 鸡卵类黏蛋白纯品抑制活性测定

（1）抑制作用：取 25μL $V_{purified}$ 与 100μL 胰蛋白酶溶液混合（卵类黏蛋白量不能超过胰蛋白酶量，一般以 1∶2 较适合，具体视卵类黏蛋白的纯度而异），在 25℃保温 10min 左右，使酶与抑制剂充分结合。

（2）剩余活力测定及计算：在一只石英比色皿中，加入 25℃ 预热的 3mL BAEE-0.05mol/L pH8.0 Tris-HCl 缓冲液，动力学模式下测定 A_{253}，以此调零。将黏蛋白纯品抑制后的 62.5μL 混合液，加入比色皿中，混匀，动力学模式下测定 A_{253} 变化，测定 3～5min。根据时间-光密度关系曲线中的直线部分，任选一时间间隔（Δt）与相应光密度值变化（ΔOD），计算抑制后的胰蛋白酶剩余活力。

（3）纯品抑制活力计算：

胰蛋白酶活力(U)－纯品抑制后的剩余活力(U)＝黏蛋白纯品的抑制活力(U)

此为 12.5μL 黏蛋白纯品的抑制活力,依据黏蛋白纯品体积,计算黏蛋白纯品的总抑制活力。

（五）SDS-PAGE 纯度鉴定及分子质量测定

基本操作见第二篇第十章实验三。制备以下 4 种样品进行 SDS-PAGE 纯度鉴定和分子质量测定。

低分子质量标准蛋白质（Marker）的离心管中加入 100μL 无离子水，再加入 100μL 样品缓冲液，混匀，分装 20 个离心管中，每组 1 个。

牛血清白蛋白（BSA）：25μL BSA（0.5mg/mL）和 25μL 样品缓冲液，混匀。

粗品 CHOM：50μL 粗品 和 50μL 样品缓冲液，混匀。

纯品 CHOM：加 50μL 纯品和 50μL 样品液，混匀。

4 支离心管置海绵托上沸水浴加热 3min，按表 13-1 顺序点样进行 SDS-PAGE。

表 13-1　CHOM SDS-PAGE 点样顺序

泳道	1	2	3	4	5	6	7	8	9	10
样品	粗品	粗品	粗品	粗品	BSA	Marker	纯品	纯品	纯品	纯品
点样量/μg	15	10	5	3	10	10	3	5	10	15

注：BSA 和 Marker 一定要上样完全。

【结果与分析】

1. 绘制柱层析分离图谱。以洗脱体积为横坐标，以 A_{280} 为纵坐标，绘制洗脱曲线。根据酶活力测定结果，注明活性峰。

2. 纯度鉴定及相对分子质量测定。扫描电泳图谱，标明电泳图谱中各个泳道、标准蛋白质的相对分子质量及纯品 CHOM 条带；计算标准蛋白质各条带、纯品 CHOM 的相对迁移率；以相对分子质量的对数为纵坐标，相对迁移率为横坐标，绘制标准曲线，根据公式计算 CHOM 的相对分子质量的对数，再换算为相对分子质量。

3. 纯化结果。根据实验记录，计算粗提和柱层析步骤的总体积、总蛋白、总抑制活力、比活力、收率及纯化倍数，填写纯化总表（表 13-2）。

表 13-2　CHOM 纯化总表

步骤	总体积/mL	总蛋白/mg	总抑制活力/U	比活力/(U/mg)	收率/%	纯化倍数
丙酮-TCA 粗提						
DEAE-Cellulose-52						

总蛋白＝总体积(mL)×蛋白质浓度(mg/mL)

总活力＝总体积(mL)×每毫升的抑制活力(U/mL)

比活力＝总抑制活力(U)÷总蛋白(mg)

收率＝纯品的总抑制活力(U)÷粗品的总抑制活力(U)

纯化倍数＝纯品的比活力(U/mg)÷粗品的比活力(U/mg)

4. 分析。

(1) 柱层析图谱中目的组分峰与杂蛋白峰是否完全分开，为什么?

(2) 电泳图谱中，纯品 CHOM 是否为一条带? CHOM 条带与标准蛋白质的条带在外观上有什么不同? 解释其原因。

【注意事项】

1. 利用有机溶剂沉淀和等电点沉淀原理粗提鸡卵类黏蛋白，注意有机溶剂加量要准确，有机溶剂需要提前预冷，滴加过程要缓慢伴随迅速搅匀，以尽量减少蛋白质变性。

2. 从 pH7 左右调节到 pH3.5，要经过鸡卵类黏蛋白的等电点 pH3.9～4.5，鸡卵类黏蛋白的沉淀不可避免，只要快速调节，能尽可能减少鸡卵类黏蛋白的沉淀损失。

3. 层析过程中柱床上部一定要始终保留 1～2cm 高的缓冲液，不能干柱。

4. BAEE 法测定酶活性时，温度对酶促反应影响极大，底物 BAEE 溶液一定要在 25℃ 预热 10min，取出后立即测定，测定的环境温度最好不要偏离 25℃太多。

5. 测定 CHOM 粗品及纯品抑制活性时，一般抑制 50%胰蛋白酶活性较好，如果过度抑制，需要将 CHOM 稀释一定倍数后测定。

【思考题】

1. 离子交换柱层析分离纯化蛋白质的原理是什么?

2. 胰蛋白酶活性测定方法还有哪些? 比较不同测定方法的原理及优缺点。

（武金霞　周艳芬）

实验三　蛋白质免疫印迹检测小鼠肝脏、脾脏及血液超氧化物歧化酶

【实验目的】

1. 掌握常规动物免疫的方法及多克隆抗体的制备原理及方法。
2. 掌握蛋白质免疫印迹的基本原理和相关操作。

【实验原理】

蛋白质免疫印迹是一种可以检测固定在固相载体上蛋白质的免疫化学技术。含待测蛋白的样品首先经 SDS-PAGE 分离，凝胶中的蛋白质电转移到 NC 膜或 PVDF 膜上，再用制备的一抗与待测蛋白发生特异性结合，以抗体作为探针钓取目的蛋白。该技术可以检测目的蛋白在生物体中的表达特性、组织定位、表达量及与其他蛋白的相互作用。

超氧化物歧化酶（superoxide dismutase，SOD）是广泛分布于低等到高等生物中，是生物体内重要的抗氧化酶。依据 SOD 含金属离子的不同，可分为 Cu・Zn-SOD、Fe-SOD、Mn-SOD 和 Ni-SOD 四类，其中，Cu・Zn-SOD 主要存在于真核细胞的细胞质中。通过比较已完成的 SOD 全部氨基酸序列，发现不同来源的 Cu・Zn-SOD 在氨基酸序列上有较高同源性，且理化性质相似，而不同来源的 Mn-SOD 和 Fe-SOD 也有较高的氨基酸序列同源性和相似的理化性质，它们可能分别由两种原始酶进化而来。同一类 SOD 不仅在进化上有高度的保守性，而且结构上也有高度的同一性。经序列比对，牛 Cu・Zn-SOD（NP _ 777040. 1）与鼠 Cu・Zn-SOD 的同源性高达 84%，因此可以用牛 Cu・Zn-SOD 为抗原制备多克隆抗体检测鼠类 Cu・Zn-SOD 的表达情况。

本实验以从试剂公司购买的牛血 SOD 为抗原，通过免疫昆明小鼠制备抗血清，以其多克隆抗体检测小鼠不同组织中 SOD 的含量或分布。

【器材】

1. 仪器：可见分光光度计，恒温水浴锅，台式冷冻离心机，电泳仪电源，垂直电泳槽，转移电泳槽，恒温振荡培养箱，电子天平，漩涡混合器，脱色摇床，扫描仪。

2. 材料：离心管（5mL），微量进样器（100μL），注射器（1mL），昆明小鼠（体重 20g 左右），手术剪，弯头镊子，载玻片，梅花形打孔器，一次性手套，裁纸刀，NC 膜，吹风机，竹镊子，培养皿（Φ12cm、Φ7cm），试管（18mm×180mm），试管架，比色皿，擦镜纸，牛血 SOD。

【试剂】

1. 蛋白质浓度测定试剂

考马斯亮蓝法测定蛋白浓度，试剂配制参见第二篇第八章实验四。

2. 免疫试剂

弗氏完全佐剂，弗氏不完全佐剂。

3. SDS-PAGE 所需试剂

参见第二篇第十章实验三。

4. 效价测定试剂

（1）pH8.6 巴比妥缓冲液：巴比妥钠（Barbital sodium）10.3g，巴比妥酸（Barbituric acid）1.84g 溶于 1000mL 无离子水。

（2）生理盐水。

（3）1%琼脂糖。

5. Western blotting 试剂

（1）转移电泳液：Tris 1.5g，甘氨酸 7.2g，甲醇 100mL，加 H_2O 定容至 1000mL。

（2）10×TBS 缓冲液（pH7.9）：Tris 30g，NaCl 44g，1mol/L HCl 160mL，加 H_2O 定容至 500mL。

（3）0.05mol/L TBST 缓冲液（pH7.9）：10 倍 TBS 稀释 10 倍，加 Tween-20（500μL/1000mL）。

（4）封闭液：0.5g 牛血清白蛋白溶于 0.05mol/L TBST 100mL。

（5）羊抗鼠 IgG-HRP：使用时稀释 1000 倍。

（6）显色缓冲液（0.05mol/L Tris-HCl，pH7.5）：Tris 0.6g，1mol/L HCl 4mL，H_2O 定容至 100mL。

（7）显色液：9mg 3,3-二氨基联苯二胺（DAB）溶于显色缓冲液 15mL，临用前加 30% H_2O_2 15μL，混匀。

【技术路线】

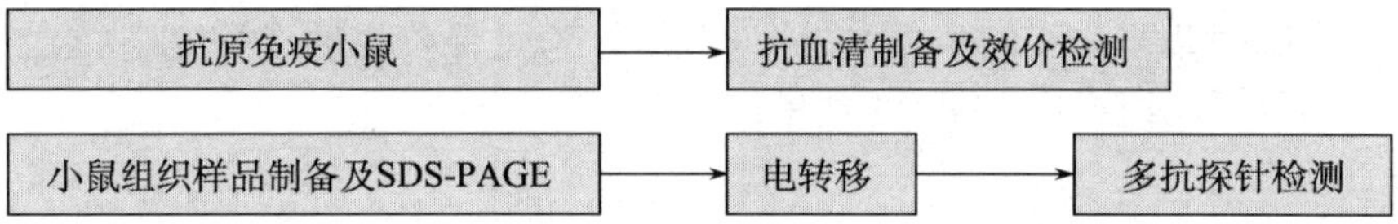

【操作步骤】

（一）配制抗原

以生理盐水配制 500μg/mL 牛血 SOD 溶液。

（二）制备多克隆抗血清

1. 初次免疫

取 0.1mL 抗原溶液与 0.1mL 弗氏完全佐剂充分混合乳化，形成稳定的油包水胶体后，200μL 对昆明小鼠进行背部皮下多点注射，为初次免疫，抗原用量为 50μg。

2. 加强免疫

初次免疫后 15d，第二次追加注射抗原。取 0.1mL 抗原溶液与 0.1mL 弗氏不完全佐剂充分混合乳化，形成稳定的油包水胶体后，取 150μL 对昆明小鼠进行背部皮下多点注射，抗原用量为 37.5μg。此后，每隔 7d，加强免疫 1 次，直至达到满意效价。最后一次加强免疫时，不加佐剂，直接注射 50μg 抗原蛋白。

3. 采集血清

摘除眼球采血，4℃冰箱中静置 1h，2000r/min 离心 15min，淡黄色的上清液为抗血清，分装，于−20℃储存备用。

（三）多克隆抗血清效价检验

利用免疫双扩散法检测抗血清的效价（参见第二篇第十一章第二节）。制备 1%琼脂糖凝胶，将其立即倒在 2.5cm×7.5cm 的载玻片上，制成厚约 2mm 的琼脂板（大约需要琼脂糖 4mL），凝固后用自制梅花形打孔器（孔径约 4mm，孔距约 5mm）打孔。以抗体不变（原抗血清），而抗原作倍比稀释（1∶2、1∶4、1∶8、1∶16、1∶32、1∶64），沉淀线消失时的抗原稀释倍数的倒数为本实验的抗血清滴度。取 20μL 系列稀释抗原蛋白置于外周小孔中，取 20μL 抗血清，置于中央小孔，将加好样品的琼脂板放于铺有湿润滤纸培养皿（Φ12cm）中，加盖，37℃放置 24～48h。在抗原和抗体小孔之间出现白色沉淀线时，表明血清中有抗体存在。

（四）提取小鼠不同组织 SOD 粗酶液及蛋白质浓度测定

1. 提取小鼠血液 SOD

取新鲜小鼠眼球静脉血 1mL，加入 100μL 5%柠檬酸三钠溶液，搅匀，3000r/min 离心 15min，弃上清液（血浆），收集下层红血球沉淀。加入 2 倍血球体积的 0.9%氯化钠溶液，3000r/min 离心洗涤 8min，重复 2 次。在洗净的红血球中加入等体积的无离子水，在 4℃下搅拌溶血 30min，在 4℃下放置 10h 以上，使红血球充分破裂。加入 1/4 溶血体积的 4℃ 95%乙醇，再加入 3/20 溶血体积 4℃氯仿，搅拌 15min，4℃静置 2h，3000r/min 离心 30min，收集上清液，为血液 SOD 粗酶液。

2. 提取鼠肝脏和脾脏 SOD

取新鲜小鼠肝脏和脾脏，分别用生理盐水洗去血渍，剪碎，加入等体积生理盐水溶液，玻璃匀浆器匀浆，放入离心管，6000r/min 离心 20min，上清液即为鼠肝或鼠脾 SOD 粗酶液。

3. 蛋白质浓度测定

采用考马斯亮蓝法测定各 SOD 粗酶液的蛋白质浓度（参见第二篇第九章实验四）。

（五）免疫印迹检测

1. SDS-PAGE

基本操作同第二篇第十章实验三。点样顺序见表 13-3。

SDS-PAGE 结束后，取出凝胶，将胶从 5# 和 6# 之间切开，去掉浓缩胶和溴酚蓝，切下 5# 和 10# 右下角作为标记，1#～5# 胶放入培养皿（Φ12cm），以考马斯亮蓝染色 10min，加脱色液脱色至蛋白质条带清晰。

2. 转移电泳

6#～10# 胶浸在转移电泳液中。戴上手套，剪一块与胶同样大小的 NC 膜，浸泡在转移电泳缓冲液中 15～30min 待用。将海绵、滤纸浸泡在转移电泳缓冲液中，避免产生气泡。

表 13-3 小鼠血液、肝脏和脾脏 SOD SDS-PAGE 点样顺序

样品	井号及上样量									
	1#	2#	3#	4#	5#	6#	7#	8#	9#	10#
鼠血 SOD/μg	10									10
鼠肝 SOD/μg		15							15	
鼠脾 SOD/μg			15					15		
牛血 SOD/μg				10			10			

打开转移电泳槽的塑料夹板，负极板在下，首先放上两层海绵，再铺上用转移电泳液浸泡过的 3～6 层滤纸，依次加上凝胶、膜、3～6 层滤纸、两层海绵，各层接触后均用玻璃棒赶出之间的气泡，合上塑料夹板，最后插入电泳槽内（注意凝胶一边在负极端），加满转移电泳液，4℃冰箱中稳流 15mA 转移电泳 1～2h。

3. 检测

（1）封闭：取出膜，用冷风吹至半干，将膜放入盛有 10mL 封闭液的培养皿（Φ7cm）中，37℃脱色摇床振荡反应 1h。TBST 振荡洗膜 3 次，每次用 TBST 5mL，洗 5min。

（2）杂交：将制备的抗血清以 TBST 稀释 100 倍。将膜转移至盛有 10mL 稀释的抗血清的培养皿中，37℃振荡反应 1h 或室温反应 2h 以上。以 TBST 洗膜 3 次，每次用 5mL ，洗 5min。加入酶标二抗 5mL（羊抗鼠，按 1∶1000 比例 用 TBST 稀释），37℃反应 1h 或室温反应 2h 以上。TBST 洗膜 3 次，每次用 5mL，洗 5min。

（3）显色：培养皿中加 10～15mL DAB 显色液，将膜放入显色液中，1～2min 显色，出现清晰条带，立即用大量清水冲洗以终止反应，冷风吹干，扫描或拍照。

【结果与分析】

1. 免疫双扩散法检测抗血清的活性。附免疫双扩散图。根据形成沉淀线的抗原最大稀释倍数，计算抗血清效价，根据抗血清效价高低，确定杂交时一抗的稀释倍数。

2. Western blotting。附样品的凝胶电泳图谱和 Western blotting 图谱。比较考马斯亮蓝染色的蛋白质条带与 NC 膜上显色条带，用牛血 SOD 抗体探针是否检测到小鼠肝脏、脾脏和血液中的 SOD？哪种样品的 SOD 谱带颜色较深？说明什么问题？

3. NC 膜显色图谱的背景如何？若背景颜色较深，分析原因。

【注意事项】

1. 若凝胶聚合不均匀，蛋白质条带会出现“微笑”型或“倒微笑”型。需注意胶液混合均匀，灌胶轻缓。

2. 确保膜和胶之间没有气泡，否则会出现条带歪斜或漂移。

3. 若检测蛋白质的分子质量小于 10kDa，可减少转膜时间或使用小孔径的膜，否则阳性信号较弱。

4. 封闭一定要充分，且抗体浓度不能过高，否则背景太深。

5. 抗体应长期保存在－70℃，使用前做效价检测，膜不能过度漂洗，保证抗原上样量，

否则杂交信号很弱。

【思考题】

1. 简述免疫印迹实验原理，并与免疫学有关概念联系起来，与 ELISA 有什么异同？
2. 说明酶标二抗在本实验中的作用。

（武金霞　倪志华）

实验四　胰蛋白酶米氏常数及最大反应速度的测定

【实验目的】

1. 掌握测定酶促反应初速度、K_m 及 v_{max}的原理和方法。
2. 了解底物浓度对酶促反应速度的影响。

【实验原理】

Michaelis 和 Menten 于 1913 年首先提出了酶促反应速度和底物浓度的关系式，即米氏方程式：

$$v=\frac{v_{max}[S]}{K_m+[S]}$$

式中，v 表示反应初速度；v_{max}表示最大反应速度；[S] 表示底物浓度；K_m 表示米氏常数。

米氏方程表示，当已知 K_m 及 v_{max}时，酶反应速度与底物浓度之间的定量关系。K_m 值等于酶促反应速度达到最大反应速度一半时所对应的底物浓度，是酶的特征常数之一。不同的酶 K_m 值不同，同一种酶催化不同底物时 K_m 值也不同，K_m 值可近似地反映酶与底物的亲和力大小：K_m 值大，表明亲和力小，K_m 值小，表明亲和力大，大多数纯酶的 K_m 值在 0.01～100mmol/L。测定酶的 K_m 值是酶学研究的一项重要内容。

Lineweaver-Burk 作图法（双倒数作图法）是测定 K_m 值最常用的简便方法。将米氏方程改写成倒数形式

$$\frac{1}{v}=\frac{K_m}{v_{max}}\cdot\frac{1}{[S]}+\frac{1}{v_{max}}$$

实验时选择不同的 [S]，测定相对应的 v，求出两者的倒数，以 $1/v$ 对 1/ [S] 作图，则得到一个斜率为 K_m/v_{max}的直线。将直线外推与横轴相交，其横轴截距为 $-1/K_m$，由此求出 K_m 值，纵轴截距为 $1/v_{max}$，由此求出 v_{max}。

本实验以胰蛋白酶水解酪蛋白为例，采用 Lineweaver-Burk 作图法测定胰蛋白酶对酪蛋白的 K_m 值。胰蛋白酶催化蛋白质中碱性氨基酸（L-精氨酸和 L-赖氨酸）的羧基所形成的肽键水解，有自由氨基酸生成。利用甲醛滴定法封闭氨基酸的氨基，使两性氨基酸转化为只有羧基的酸性物质，可以直接用标准 NaOH 溶液滴定，标准 NaOH 溶液消耗量可用于计算氨基酸的生成量，求得酶促反应初速度。

【器材】

1. 仪器：恒温水浴锅，计时器。

2. 材料：三角瓶（200mL、50mL），吸量管（10mL、5mL），量筒（100mL），烧杯（50mL），碱式滴定管（25mL），铁架台，滴管。

【试剂】

1. 胰蛋白酶溶液（5g/L）：称取胰蛋白酶5g溶于1L无离子水，放入冰箱保存（胰蛋白酶酶活单位为1∶250）。

2. 2.5～40g/L酪蛋白溶液（pH8.5）：先配制50g/L酪蛋白溶液，称取酪蛋白50g溶于少量0.5mol/L pH8.9 Tris-HCl，搅拌，待完全溶解后，用相同的缓冲液定容至1L，再稀释至2.5g/L、5.0g/L、7.5g/L、10g/L、20g/L、25g/L、30g/L和40g/L，即生成几种不同浓度的酪蛋白底物溶液。

3. 0.25%酚酞溶液：2.5g酚酞以95%乙醇溶解，定容至1L。酚酞的变色范围pH 8.0～10.0（无色→红色）。

4. 0.01mol/L NaOH标准溶液，使用前需标定。

5. 中性甲醛溶液：75mL分析纯甲醛加15mL 0.25%酚酞乙醇溶液，以0.01mol/L NaOH滴定至微红，密闭存放于棕色玻璃瓶中。

【技术路线】

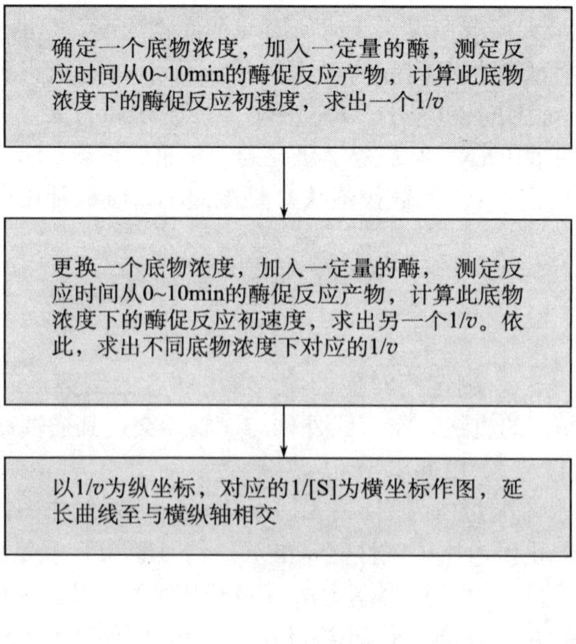

【操作步骤】

（一）酪蛋白底物浓度为40g/L时酶促反应初速度的测定

1. 酪蛋白底物中自由氨基酸量的测定

酪蛋白在制备和存放过程中有一定程度的水解，需测定每一个浓度的酪蛋白所含自由氨基酸的量，为空白。

取1个50mL三角瓶，加入5mL中性甲醛与1滴酚酞，以0.01mol/L标准NaOH滴定至微红色。

取1个50mL小烧杯，加入10mL 40g/L酪蛋白和1mL无离子水，混匀，取出10mL加入前述三角瓶中，加1滴酚酞，以0.01mol/L NaOH滴定至微弱而持续的微红色，记录消耗0.01mol/L标准NaOH溶液的毫升数，记为$V_{空白}$。

2. 不同反应时间下胰蛋白酶水解酪蛋白的产物测定

（1）甲醛的准备：取6个50mL三角瓶，编号1、2、3、4、5、6，分别加入5mL中性甲醛与1滴酚酞，以0.01mol/L标准NaOH滴定至微红色。6瓶溶液颜色应当一致。

（2）酶与底物的预热：另取1个200mL三角瓶，加入70mL 40g/L酪蛋白，放入37℃恒温水浴锅保温10min，同时，将盛有胰蛋白酶溶液的试剂瓶37℃保温10min。

（3）不同反应时间取样及滴定：吸取7mL酶液加到酪蛋白溶液中（开始计时），充分混合，立即取出10mL反应液（定为反应时间为0时的样品），加入1号三角瓶中，加2滴酚酞，以0.01mol/L NaOH滴定至微弱而持续的微红色，记录消耗0.01mol/L标准NaOH溶液的毫升数，记为V_{0min}。

在保温2min、4min、6min、8min和10min时，分别取出10mL反应液，分别加入2号、3号、4号、5号、6号三角瓶中，准确地照上法操作。每个样品滴定终点的颜色应当是一致的。分别记录各瓶消耗0.01mol/L标准NaOH溶液的毫升数，分别记为V_{2min}、V_{4min}、V_{6min}、V_{8min}、V_{10min}。

（二）不同底物浓度时酶促反应产物测定

按步骤（一），分别以浓度30g/L、25g/L、20g/L、15g/L、10g/L、7.5g/L、5g/L、2.5g/L酪蛋白为底物，加入胰蛋白酶，分别反应0min、2min、4min、6min、8min和10min，用甲醛滴定法测定酶促反应产物，记录消耗0.01mol/L标准NaOH的体积（mL）。依此计算氨基酸生成量和酶促反应初速度。

【结果与分析】

1. 酪蛋白底物浓度为40g/L时酶促反应初速度测定结果。

（1）不同反应时间产物（氨基酸生成量）的计算：标准NaOH溶液消耗的量相当于自由氨基生成的量，即自由氨基酸生成的量。

$$氨基酸的生成量(mg) = (V_t - V_{空白}) \times M \times 1.4008$$

式中，V_t表示滴定不同酶促反应时间产物消耗0.01mol/L NaOH溶液的毫升数，即V_{0min}、

V_{2min}、V_{4min}、V_{6min}、V_{8min}、V_{10min}；$V_{空白}$表示滴定 10mL 40g/L 酪蛋白底物消耗 0.01mol/L NaOH 溶液的毫升数；M 表示 NaOH 溶液的浓度（0.01mol/L）；1.4008 表示 1mL 0.01mol/L NaOH 溶液相当的氮量（mg）。

（2）该底物浓度下的酶促反应初速度：以反应时间为横坐标，对应于各反应时间的氨基酸生成量为纵坐标，绘制曲线，一般得一直线，直线的斜率即为反应初速度，单位mg/min，记为 v_{40}。

2. 不同底物浓度（30g/L、25g/L、20g/L、15g/L、10g/L、7.5g/L、5g/L、2.5g/L）时酶促反应初速度测定结果。对应于 30g/L、25g/L、20g/L、15g/L、10g/L、7.5g/L、5g/L、2.5g/L 每一个酪蛋白浓度，胰蛋白酶促反应不同时间，按上述方法分别求得一个反应初速度，记为 v_{30}、v_{25}、v_{20}、v_{15}、v_{10}、$v_{7.5}$、v_5、$v_{2.5}$。

3. 双倒数作图。分别求出 1/[S]和 $1/v$，以 $1/v$ 对 1/[S]作图，延长曲线至与纵轴和横轴相交，得 $1/v_{max}$与$-1/K_m$，进而求出 v_{max}与 K_m。

4. 分析自己做所曲线是否合理，分析原因，并设计改进方案。

【注意事项】

1. 本实验是一个定量测定方法，为获得准确的实验结果，应尽量减少实验操作中带来的误差。配制各种底物溶液时应用同一母液进行稀释，保证底物浓度的准确性。各种试剂的加量也应准确，并严格控制准确的酶促反应时间。

2. 每选用一个底物浓度，都要测定出该浓度下酪蛋白中自由氨基酸的含量，记为 $v_{空白}$。

3. 酶促反应初速度的测定需要在一个较短的时间段内完成，一般从 0 开始至 10min，每间隔 2min 取样，取样时间点一定要准确，取样后务必立即滴定。否则由于取样时间点不准确，或取样后没有立即滴定（酶促反应仍在进行）导致结果误差较大。

4. 米氏方程是表征酶促反应速度与底物浓度之间定量关系的公式，要准确测定对应于一个底物浓度的酶促反应初速度，必须要求选取的底物浓度在从 0 开始逐步增加的一个小范围，若选取底物浓度过高，则测定的酶促反应速度趋近一致（均趋近于 v_{max}），不能作出合格的曲线。

【思考题】

1. 试述底物浓度对酶促反应速度的影响。
2. 在什么条件下，测定酶的 K_m 值可以作为鉴定酶的一种手段，为什么？
3. 米氏方程中的 K_m 值有何实际应用？

（武金霞　周艳芬）

实验五　胰蛋白酶的固定化及其性质

【实验目的】

1. 掌握壳聚糖载体的制备及活化方法。
2. 掌握胰蛋白酶固定化的技术及酶活力测定方法。

【实验原理】

酶固定化（immobilization of enzymes）是指用固体材料将酶束缚或限制于一定区域内，使其仍能进行本身所特有的催化反应，并可回收及重复使用的一类技术。酶能以多种方法固定于载体上，大致可分为吸附法、包埋法、共价结合法和交联法等。与溶液中的游离酶相比，固定化酶对环境变化的抵抗力更强，耐酸碱性强，耐热性好，固定化酶和产物的回收更简单，使酶的综合利用、酶反应的快速终结、酶生产线的连续运转及多种生物反应器的设计等成为可能。

壳聚糖是甲壳素 *N*-脱乙酰作用的主要衍生物，是 *N*-乙酰基-*D*-葡萄糖胺和 *D*-葡萄糖胺的共聚体。壳聚糖具有良好的生物相容性与生物亲和性，良好的机械性能、耐热性、抗菌性等，用作固定化酶、亲和层析、金属螯合亲和层析的载体前景十分广阔。壳聚糖分子侧链上含有大量的游离氨基，选择适当的交联剂，就可以作为固定化载体与酶共价结合。

甲壳素

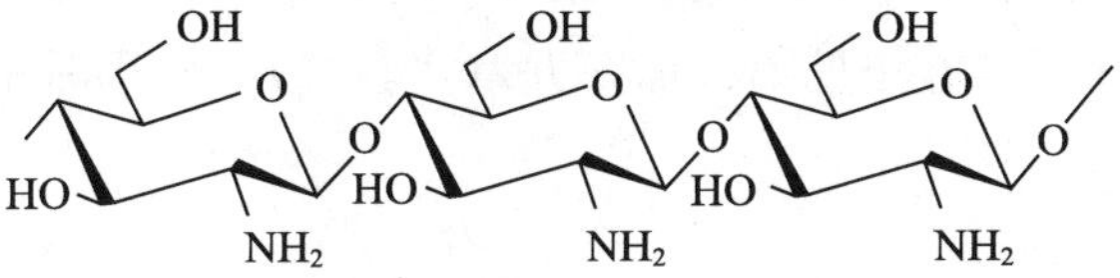

壳聚糖

Folin-酚试剂法可用于测定胰蛋白酶的活性。Folin-酚试剂是磷钼酸盐与磷钨酸盐的混合物，在碱性条件下不稳定，能被酪氨酸中的酚基还原，生成钼蓝、钨蓝的混合物。酪蛋白是含丰富酪氨酸的蛋白质，经蛋白酶水解后产生的酪氨酸可与 Folin-酚试剂反应，生成的蓝色化合物在 680nm 处有最大光吸收，在一定范围内，蓝色的深浅与产物酪氨酸含量成正比。因此，可根据蛋白酶水解酪蛋白生成酪氨酸的量来衡量蛋白酶活力的高低。在一定 pH 和温度下，以酶液水解酪蛋白，反应一定时间，终止酶促反应，经离心或过滤除去未水解的酪蛋白等沉淀物，上清液中含有酪氨酸，用 Na_2CO_3 碱化，再加入 Folin-酚试剂显色，测定 680nm 处的吸光度值，根据标准曲线计算酪氨酸的量，进而计算酶活力。

【器材】

1. 仪器：电子天平，可见分光光度计，电热恒温水浴锅，恒温振荡器。

2. 材料：量筒（25mL、50mL、100mL），烧杯（250mL），玻璃棒，注射器（1mL），平针头，洗瓶，三角瓶（200mL），封口膜，烧结玻璃漏斗，吸量管（1mL、5mL），试管（18mm×180mm），试管架，擦镜纸，玻璃比色皿，定性滤纸（Φ7cm），玻璃漏斗，壳聚糖（脱乙酰度 95%）。

【试剂】

1. 酶固定化试剂

（1）0.4mg/mL 胰蛋白酶溶液（用 0.1mol/L pH8.0 的磷酸缓冲液配制）。

（2）2%乙酸溶液。

（3）0.2mol/L pH9.5 Na_2CO_3 缓冲液。

（4）1mol/L NaOH 溶液。

（5）2mol/L NaOH 溶液。

（6）甲醇。

（7）环氧氯丙烷。

（8）乙腈。

2. 胰蛋白酶活力测定试剂

（1）0.01mol/L pH8.0 磷酸盐缓冲液。

（2）0.4mol/L Na_2CO_3：无水碳酸钠 42.4g，溶于无离子水，定容至 1000mL。

（3）0.4mol/L 三氯乙酸：三氯乙酸 65.4g，溶于无离子水，定容至 1000mL。

（4）2%酪蛋白溶液：酪蛋白 5g，用少量 0.1mol/L NaOH 加热溶解后，用 0.1mol/L pH6.5 磷酸盐缓冲液定容至 250mL。

（5）100μg/mL 酪氨酸溶液：105℃烘至恒重的酪氨酸 0.1g，用少量 0.1mol/L HCl 溶解后，无离子水定容至 100mL，即 1000μg/mL，用前取 10mL，无离子水稀释至 100mL。

（6）Folin-酚试剂乙（配制方法见第二篇第九章实验二）：使用时稀释 1 倍。

【技术路线】

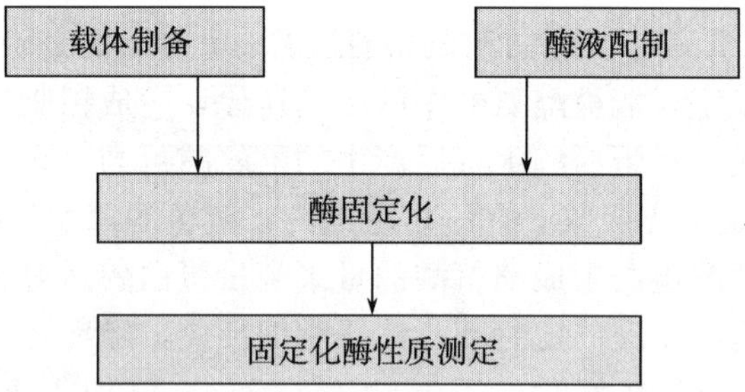

【操作步骤】

（一）酶的固定化

1. 制备载体（制备壳聚糖微球）

称 0.8 g 壳聚糖溶于 25mL 2%乙酸溶液中使终浓度达 3%（*W/V*），搅拌，待完全溶解后用 1mL 注射器吸取壳聚糖溶液，逐滴滴入 100mL 诱导剂中［1mol/L NaOH 溶液：甲醇=3∶1（*V/V*）］，形成壳聚糖微球，将微球放入烧结玻璃漏斗，抽滤除去滤液，用无离子水将壳聚糖微球洗至中性，称量壳聚糖微球湿重（记录克数，*X*）。

2. 载体的活化及酶固定化

将洗净的壳聚糖微球放入三角瓶，加入 20mL 2mol/L NaOH、10mL 环氧氯丙烷、10mL 乙腈，封口膜封口，40℃摇床振荡活化过夜。将活化的载体转移到烧结玻璃漏斗中，先用无离子水洗去未反应的残留试剂，再用 20mL 0.2mol/L pH9.5 Na_2CO_3 缓冲液洗涤，待缓冲液即将被抽滤完全时，将洗涤干净的壳聚糖球转移到干净三角瓶，立即加入 20mL 浓度为 0.4mg/mL 的胰蛋白酶液（pH8.0 磷酸缓冲液配制），4℃摇床振荡过夜，以固定胰蛋白酶（可保存一周）。

（二）固定化酶活力测定

将三角瓶中的固定化酶过滤，滤液中含有未固定的胰蛋白酶，测量滤液体积 Y，本实验条件下，得到滤液的体积 Y 约为 20mL。将固定化酶转移到烧结玻璃漏斗中，用至少 200mL 无离子水抽滤洗涤，即得固定化胰蛋白酶。

采用 Folin-酚法测定胰蛋白酶活力。

1. 酪氨酸标准曲线绘制

取 12 支洁净干燥试管，按表 13-4 加样，分两组平行操作。

2. 游离酶、固定化酶及未固定化酶对酪蛋白底物的水解

（1）游离胰蛋白酶加样：0.5mL 0.4mg/mL 胰蛋白酶溶液 ＋ 0.5mL pH8.0 磷酸盐缓冲液。

（2）固定化酶加样：本实验条件下，得到的固定化酶总质量记为 Xg（由于酶的质量与载体的质量相比可以忽略，因此固定化酶的质量相当于壳聚糖球的湿重），称取 1.0 g 固定化酶（相当于约 0.2mg 游离酶）。

表 13-4　酪氨酸标准曲线加样表

试剂	管号及加量					
	1 (1′)	2 (2′)	3 (3′)	4 (4′)	5 (5′)	6 (6′)
标准酪氨酸/mL	0	0.2	0.4	0.6	0.8	1.0
无离子水/mL	1.0	0.8	0.6	0.4	0.2	0
酪氨酸浓度/(μg/mL)	0	20	40	60	80	100
0.4mol/L Na_2CO_3/mL	5	5	5	5	5	5
Folin-酚试剂乙/mL	1	1	1	1	1	1
40℃水浴 20min 后，测定 A_{680}						
$\overline{A}_{680}$	0					

（3）未固定化酶加样：取 1mL 含有未被固定胰蛋白酶的滤液（约含有 0.2mg 胰蛋白酶）。

游离酶、固定化酶和未固定化酶均按表 13-5 加样水解酪蛋白。其中，1 为胰蛋白酶水解底物对照管，1′为胰蛋白酶水解底物管；2 为固定化胰酶水解底物对照管，2′为固定化胰酶水解底物管；3 为未固定酶溶液水解底物对照管，3′为未固定酶溶液水解底物管。

表 13-5　游离酶、固定化酶和未固定化的酶水解酪蛋白底物加样表

试剂	管号及加量					
	1	1′	2	2′	3	3′
样品/mL 或 g	1.0mL	1.0mL	1.0g	1.0g	1.0 mL	1.0 mL
	40℃预热 5min					
0.4mol/L TCA/mL	2.0	0	2.0	0	2.0	0
2%酪蛋白/mL	1.0	1.0	1.0	1.0	1.0	1.0
	充分摇匀，40℃继续水浴 10min					
0.4mol/L TCA/mL	0	2.0	0	2.0	0	2.0
	滤纸过滤，得酶促反应滤液（应大于 1mL）					

各管酶促反应液与 Folin-酚试剂反应按表 13-6 加样。

表 13-6　酶促反应液与 Folin-酚试剂反应加样表

试剂	管号及加量					
	1	1′	2	2′	3	3′
表 13-5 滤液/mL 或 g	1.0	1.0	1.0	1.0	1.0	1.0
0.4mol/L Na_2CO_3/mL	5.0	5.0	5.0	5.0	5.0	5.0
Folin-酚试剂乙/mL	1.0	1.0	1.0	1.0	1.0	1.0
	充分摇匀，40℃水浴 20min 后，测定 A_{680}					
A_{680}	1 调 0	测 1′	2 调 0	测 2′	3 调 0	测 3′

（4）酶活力单位的定义：40℃下，每分钟每毫升酶液水解酪蛋白产生 1μg 酪氨酸所需的酶量，为 1 个酶活力单位（U）。酶活力计算公式如下：

$$酶活力(U) = A_{680} \times k \times 4 \div 10 \times n$$

式中，A_{680}表示 1mL 酶促反应液测得的 A_{680}；4 表示酶促反应液体积（mL）；10 表示酶促反应时间（min）；n 表示酶液的稀释倍数（本实验中 n 为 1，为配制的胰蛋白酶溶液原液）；k 表示 1 个吸光度值相当于酪氨酸的微克数（对应于每一台分光光度计应有一个不同的标准曲线，因此 k 值也不同，但 k 值的范围为 90.5～91.5）。

【结果与分析】

1. 游离酶活力。共投入 20mL 浓度为 0.4mg/mL 的胰蛋白酶液，则

$$游离酶活力 = (1' 的 A_{680} \times 4 \div 10 \times k) \div 0.5 \times 20$$

式中，0.5 表示测定酶活力时，0.4mg/mL 胰蛋白酶液的加样量（mL）。

2. 固定化酶活力。共得到 Xg 固定化酶，则

$$固定化酶活力 = (2' 的 A_{680} \times 4 \div 10 \times k) \div 1 \times X$$

式中，1 表示测定酶活力时固定化胰蛋白酶的加样量（g）。

3. 未固定的胰蛋白酶活力。共得到含未被固定胰蛋白酶的滤液 YmL，

$$未固定的胰蛋白酶活力 = (3' 的 A_{680} \times 4 \div 10 \times k) \div 1 \times Y$$

式中，1 表示测定酶活力时未固定胰蛋白酶液的加样量（mL）。

4. 固定化效率。固定化效率是指固定化酶的活力占投入总酶活力的百分数，即固定化酶活力/游离酶活力×100%。

固定化酶比活力是指每克固定化酶中含有的酶活力单位数，即固定化酶活力/固定化酶克数（U/g）。

5. 分析。比较各实验小组制备的固定化酶活力及固定化效率，若固定化效率较低，分析原因，并思考如何提高固定化效率。

【注意事项】

1. 配制壳聚糖溶液时，一定要使壳聚糖分散均匀，不可有干粒。将壳聚糖溶液滴入时，用力均匀一致，使形成的壳聚糖微球颗粒一致。

2. 载体活化需要过夜，切记将三角瓶以封口膜封严，否则有机溶剂严重挥发。

【思考题】

1. 常用于固定化酶的载体有哪些？应该具备什么性质？

2. 比较几种酶的固定化方法，分析本实验中影响固定化效率的因素。

（武金霞）

实验六　亲和层析纯化蚯蚓丝氨酸蛋白酶

【实验目的】

1. 掌握亲和层析的原理及亲和介质的制备方法。

2. 掌握亲和层析纯化蚯蚓丝氨酸蛋白酶的原理与操作方法。

【实验原理】

丝氨酸蛋白酶（serine protease）是一类以丝氨酸为活性中心的重要蛋白质水解酶超家族，它们的活性部位都含 Ser、His、Asp，在进行酶促反应时可形成催化三联体，并具有相同的催化机制。在生物体内发挥着重要而又广泛的生理作用，具有广泛的研究和应用价值。

蚯蚓体内的丝氨酸蛋白酶（earthworm serine protease）具有多组分性，不同提取方法可以获得不同数量的组分，这些组分在相对分子质量、N 端氨基酸、等电点等方面具有差异，但都具有溶解纤维蛋白活性，故又称为蚯蚓纤溶酶（earthworm fibrinolytic enzyme，EFE）。大豆胰蛋白酶抑制剂（soybean trypsin inhibitor，SBTI）是丝氨酸蛋白酶抑制剂，具有广谱性，因此，以大豆胰蛋白酶抑制剂为配基的亲和层析能提取蚯蚓匀浆液中最多的丝氨酸蛋白酶组分。

【器材】

1. 仪器：普通天平，低速离心机，匀浆机，恒温振荡器，玻璃匀浆器，高速冷冻离心机，可见分光光度计，冰箱，核酸蛋白质检测仪，电热恒温水浴锅，恒温培养箱，循环水真空泵。

2. 材料：铁架台，塑料桶（5L），滤布，精密 pH 试纸，层析柱（1.0cm×20cm），DE-AE-Cellulose-32，Sepharose-4B，封口膜，剪刀，玻璃匀浆器，0.45μm 滤膜，透析袋，试管（18mm×180mm），试管架，比色皿，擦镜纸，培养皿（Φ7cm），水平仪，打孔器，微量进样器，赤子爱胜蚓，大豆。

【试剂】

1. 配基的提取及纯化试剂

（1）硫酸铝钾。

（2）10%氨水。

（3）0.01mol/L pH7.6 $NaHCO_3$ 溶液。

（4）30%NaOH 溶液。

（5）0.1mol/L pH8.5 $NaHCO_3$。

（6）0.1～0.3mol/L NaCl 溶液：用 0.01mol/L $NaHCO_3$ 配制。

2. 载体活化及配基偶联试剂

（1）环氧氯丙烷。

（2）乙腈。

（3）2mol/L NaOH。

（4）偶联缓冲液：pH9.5 0.2mol/L Na_2CO_3 缓冲液。

（5）封闭液：8.0%甘氨酸，0.1mol/L pH8.5 $NaHCO_3$ 配制。

3. 亲和层析及活性测定试剂

（1）6mol/L 尿素溶液。

（2）0.1mol/L pH7.2 PBS。

（3）琼脂糖。

（4）6mg/mL 酪蛋白溶液：pH8.9 Tris-HCl 缓冲液配制。

（5）10mg/mL 胰蛋白酶溶液：比活力 312U/mg，0.1mol/L pH7.2 PBS 配制。

（6）考马斯亮蓝染液。

（7）7%冰醋酸。

4. 相对分子质量测定试剂

SDS-PAGE 试剂见第二篇第十章实验三。

【技术路线】

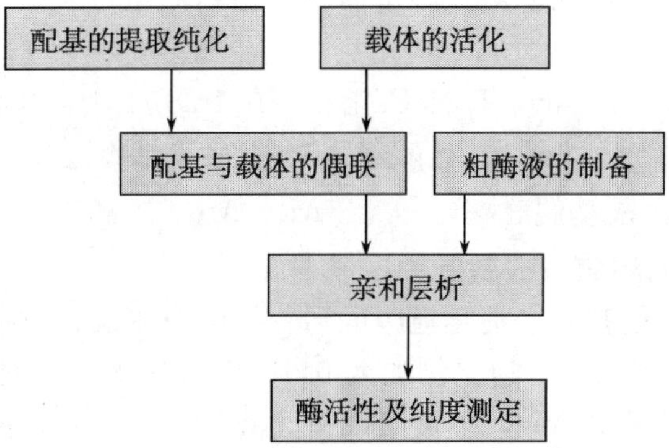

【操作步骤】

1. 大豆胰蛋白酶抑制剂的粗提

(1) 称取新鲜的干大豆 500g，无离子水浸泡过夜。把泡好的大豆与无离子水按照 1∶10 (*W/V*) 的比例磨成豆浆，将渣子再磨一遍，尽量提高抑制剂的收率。每组量取 4.5L 豆浆，分别将 68g 硫酸铝钾加少量水溶解后，缓慢倒入豆浆中，边加边搅拌。静置 2h 以沉淀杂蛋白。

(2) 将一个铁圈固定于铁架台，将滤布绑在铁圈上，在滤布中间小心分多次加入上一步骤盐析的豆浆，于阴凉处吊滤。滤液再通过一层粗滤纸自然过滤，大试剂瓶收集滤液，大约需 5h。

(3) 在收集的滤液中，加 10%氨水调至 pH4.5（记录氨水用量)，使 SBTI 在等电点沉淀，静置过夜。小心虹吸上清液，剩余部分 4000r/min 4℃离心 20min，弃上清液。

(4) 将沉淀用 20mL 0.01mol/L $NaHCO_3$ 溶液 (pH7.6) 溶解，记录此时溶液的 pH。

(5) 以 30% NaOH 调节溶液 pH>9.0，使抑制剂尽量溶解。4℃条件下，8000r/min 离心 20min，上清液即为 SBTI 粗品。考马斯亮蓝法测定粗品的蛋白质浓度，4℃冰箱保存。用前以 0.01mol/L $NaHCO_3$ 溶液 (pH7.6) 调整到 5mg/mL。

2. 大豆胰蛋白酶抑制剂的纯化

DEAE-Cellulose-32 经过预处理后装柱，SBTI 粗提液上柱吸附，以 0.05mol/L NaCl (pH8.5 0.01mol/L $NaHCO_3$ 配制）洗去杂蛋白，至流出液在核酸蛋白质检测仪上绘出稳定的基线，再依次用 0.1mol/L、0.2mol/L、0.3mol/L NaCl (0.01mol/L $NaHCO_3$配制) 洗脱，收集 0.2mol/L NaCl 的洗脱峰，考马斯亮蓝法测定蛋白质浓度，4℃冰箱保存，用前以 0.01mol/L $NaHCO_3$ (pH7.6) 调整到 5mg/mL。

3. 环氧氯丙烷法活化 Sepharose-4B 载体

取 10 g（湿重）Sepharose-4B 放入 100mL 三角瓶中，加入 10mL 2mol/L NaOH、5mL 环氧氯丙烷、5mL 乙腈，封口膜封口，40℃摇床振荡活化过夜。将活化的载体转移到烧结玻璃漏斗中，先用 300mL 无离子水分多次洗去未反应的残留试剂，再用 20mL 0.2mol/L pH9.5 Na_2CO_3 缓冲液洗涤，立即加入配基偶联。

4. 配基的偶联

取 30mL 配基（浓度为 5mg/mL，总质量为 150mg，记为 $M_{总}$），加入 15g 刚活化洗涤好的载体中，封口膜封口，4℃摇床中振荡过夜，振荡速度以载体保持悬浮状态为宜。

将偶联后的载体过滤，回收滤液，测量体积和蛋白质浓度，计算未偶联的配基总质量，记为 $M_{未}$。

载体依次用无离子水、0.5mol/L NaCl 溶液、0.1mol/L $NaHCO_3$ 缓冲液充分洗涤，除去多余的 SBTI，最后悬浮于 20mL 甘氨酸封闭液中，4℃封闭过夜。

$$配基偶联率(\%)=(M_{未}/M_{总})\times 100\%$$

5. 蚯蚓丝氨酸蛋白酶粗酶液的制备

将蚯蚓放入清水中，使其吐净消化道中的污物，洗净体表，吸水纸吸干表面水分，称量 5g，剪碎，按质量体积比为 1∶1 的比例加入 0.1mol/L $NaHCO_3$ 缓冲液（pH8.0），匀浆，4℃条件下，8000r/min 离心 20min，上清液即粗酶液，测量体积，记为 V_{crude}，Folin-酚试剂法测定蛋白质浓度（参考第二篇第九章实验二）。粗酶液在亲和层析之前需过 0.45μm 滤膜。

6. 亲和层析纯化丝氨酸蛋白酶

(1) 洗涤除去封闭液：将以甘氨酸封闭的亲和载体用大量无离子水多次抽滤洗涤至中性，以 20mL 亲和层析平衡液（0.1mol/L，$NaHCO_3$，用 NaOH 调 pH8.5）润洗。

(2) 吸附：将提取的粗酶液加到洗涤好的亲和载体中，再加 15mL 亲和层析平衡液，4℃摇床中振荡 3h（或过夜），使粗酶液中的丝氨酸蛋白酶亲和吸附到载体上。

(3) 装柱：取一支层析柱（1.0cm×20cm），垂直固定于铁架台上，内装 1/2 高度亲和层析平衡液，将吸附了目的蛋白的亲和载体装入层析柱，使之自然沉降，下端连接核酸蛋白质检测仪的流通池的入口。

(4) 平衡：打开核酸蛋白质检测仪，预热 30min，设置好灵敏度（本实验选择“0.1A”为宜），反复调节 $T=100\%$和 $A=0$，最后使 A 值稳定在 0。

至少用 3 倍柱体积的平衡液平衡柱子，调好流速在 1mL/min，直至 A 值稳定在 0。

(5) 洗脱：用 6mol/L 尿素溶液洗脱蚯蚓丝氨酸蛋白酶，待 A 值由 0 开始上升时，开始收集对应的洗脱液，A 值降低到 0 时停止收集，收集液装入透析袋，对无离子水透析除去尿素，测量体积，记为 $V_{purified}$。蛋白质浓度测定参考第二篇第九章实验二。

7. 活性测定

采用酪蛋白平板法测定丝氨酸蛋白酶活性。

(1) 标准胰蛋白酶活性测定：将平皿（Φ9cm）放在水平仪上调水平，用 0.1mol/L (pH7.2)PBS 配制 1.6%的琼脂糖，沸水浴使之融化，取 5mL 琼脂糖溶液，与 5mL pH8.9 缓冲液配制的 6mg/mL 酪蛋白溶液（60℃预热）混合均匀，酪蛋白终浓度为 3mg/mL，趁热倒入平皿中，将气泡赶至边缘，室温下凝固。用 Φ3mm 打孔器打孔，用微量进样器的针头小心挑出琼脂糖。在 1～6 号点样孔内分别点样 2、4、8、16、24 和 32μL 胰蛋白酶溶液，7 号孔点缓冲液 10μL，为对照。如果不能一次点完样品，可以待第一次点样液扩散之后，再补加剩余样液。

盖上平皿盖，用封口膜将平皿密封，37℃保温 3h。

用微量进样器的针头，沿着琼脂糖平皿的边缘划一圈，以便染色时考马斯亮蓝染色液渗透。室温静置染色10min，回收染色液，用自来水清洗染液浮色。加7%冰醋酸室温脱色。酪蛋白被水解后，点样孔周围显示透明圈，其余部位为蓝色。

（2）按相同的方法制备另一块酪蛋白平板，打孔，点样（图13-2），1～6号孔分别为6μL、8μL、12μL粗酶液、6μL、8μL、16μL亲和层析洗脱液，7号孔点10μL缓冲液作对照。同样条件下，温浴、染色、脱色。

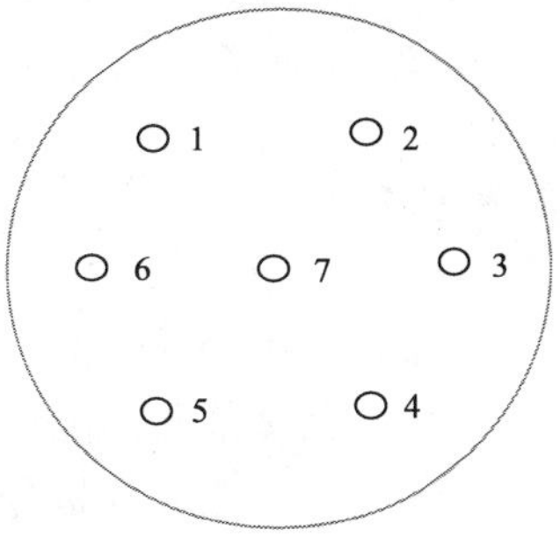

图13-2 酪蛋白平板点样图示

8. SDS-PAGE鉴定亲和层析产物

参考第二篇第十章实验三。

【结果与分析】

1. 配基偶联率的测定。

$$偶联率(\%) = (M_{未} / M_{总}) \times 100\%$$

根据偶联率的数据，若要提高配基偶联率，分析可采用哪些方法。

2. 蚯蚓丝氨酸蛋白酶活力测定结果。在第一块平板上，量取每一个透明圈的两个垂直方向的直径，计算透明圈面积，减去点样孔的面积。以透明圈面积为横坐标，对应的胰蛋白酶活力（根据点样量计算）为纵坐标，绘制标准曲线。

在第二块平板上，按上法量取粗酶液和亲和层析洗脱液的溶圈直径，计算溶圈面积，在标准曲线上查得样品的活力单位数。再计算出每微升粗酶液、亲和层析洗脱液的活力单位数，进一步换算出每毫升粗酶液、亲和层析洗脱液的活力单位数。

3. 纯化效果。填写纯化总表（表13-7），分析亲和层析纯化蚯蚓丝氨酸蛋白酶的效率。

表13-7 蚯蚓丝氨酸蛋白酶纯化总表

步骤	总体积/mL	蛋白质浓度/(mg/mL)	总蛋白/mg	总活力/U	纯化倍数	收率/%
粗酶液	5					
亲和层析						

4. SDS-PAGE测定样品的相对分子质量。

（1）附SDS-PAGE图谱，标明标准蛋白Marker各组分及亲和层析纯化的各蚯蚓丝氨酸蛋白酶条带，计算各个条带的R_f值。

（2）以各标准蛋白质组分相对分子质量的对数为纵坐标，对应的R_f值为横坐标，绘制标准曲线。

（3）依据标准曲线求出各蚯蚓丝氨酸蛋白酶的相对分子质量，并对实验结果加以分析。

【注意事项】

1. 亲和载体的制备关键在于载体的活化，而活化效率决定于活化剂与载体的比例、活化剂是否分解失效、活化的时间等。

2. 根据标准曲线公式计算得到的是点样孔中加入的蚯蚓丝氨酸蛋白酶的活力，即6μL、

8μL、12μL 粗酶液，6μL、8μL、16μL 亲和层析洗脱液的酶活力，根据此换算成每毫升样品的活力，再换算成 5mL 粗酶液和纯品（$V_{纯}$）的总活力。

【思考题】

1. 蚯蚓纤溶酶活性测定与一般蛋白酶活性测定有什么异同？
2. 影响载体活化的因素有哪些？
3. 本实验经亲和层析分离得到几种蚯蚓丝氨酸蛋白酶组分？这个结果说明了什么？

（武金霞）

实验七　植物过氧化物同工酶提取、活性测定及电泳鉴定

【实验目的】

1. 了解同工酶的概念及研究意义。
2. 掌握过氧化物同工酶活性检测的原理及方法。

【实验原理】

催化相同的化学反应但分子结构不同的一组酶称同工酶（isoenzyme）。植物同工酶与植物的遗传、生长发育、代谢调节及抗性等都有一定关系。同工酶谱的差异是基因表达的差异造成的，测定同工酶谱是认识基因存在和表达的一种工具，在植物的种群、发育及杂交遗传研究中具有重要意义。

过氧化物酶同工酶是广泛存在于植物体中的一类酶，与呼吸作用、光合作用及生长素的氧化等都有关系。过氧化物酶的活性随植物生长发育过程而不断变化，一般老化组织中活性较高，幼嫩组织中活性较低。

在过氧化物酶催化下，过氧化氢氧化酚类物质，生成醌类化合物，进一步缩合或与其他分子缩合，产生颜色较深的化合物。

以邻甲氧基苯酚（即愈创木酚）为过氧化物酶的底物，在酶的催化下，H_2O_2 可将邻甲氧基苯酚氧化成红棕色的 4-邻甲氧基苯酚，该物质在 470nm 有最大的光吸收，通过测其 470nm 处的吸光度值，即可求出该酶的活力。具体反应如下

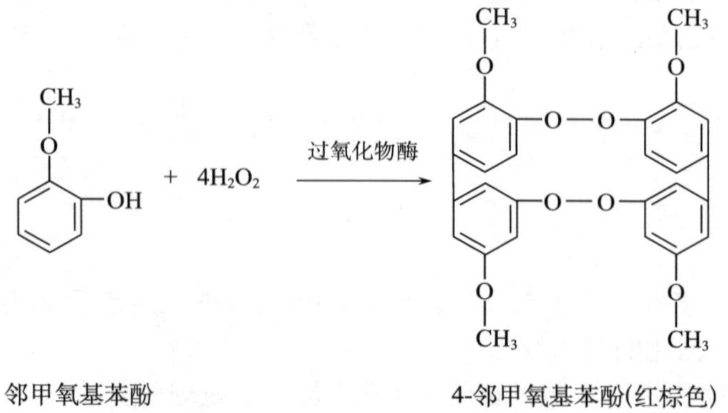

将植物提取液进行聚丙烯酰胺凝胶电泳，电泳结束后，不同过氧化物酶组分迁移率不同而分布于不同位置。将凝胶置于含有 H_2O_2 及联苯胺的溶液中，过氧化物酶分解 H_2O_2 把联苯胺氧化为棕褐色产物，凝胶上出现棕褐色条带构成过氧化物酶同工酶谱。

【器材】

1. 仪器：电子天平，恒温水浴锅，可见分光光度计，冷冻离心机，冰箱，稳压稳流电泳仪，垂直电泳槽，恒温振荡器，脱色摇床，凝胶成像系统或扫描仪。

2. 材料：研钵，试管（18mm×180mm），试管架，比色皿，擦镜纸，移液管（1mL、5mL），烧杯（50mL、100mL），量筒（25mL），培养皿（Φ9 cm），微量进样器（100μL），小麦幼苗、绿萝叶、冬青叶等植物材料。

【试剂】

1. 0.05mol/L 磷酸缓冲溶液（pH8.0）。
2. 0.05mol/L 愈创木酚溶液（取愈创木酚溶液 0.1mL，加入 95%乙醇 200mL 混匀，放于棕色试剂瓶中保存备用）。
3. 2%H_2O_2 溶液。
4. 聚丙烯酰胺凝胶电泳试剂见第二篇第十章实验二。
5. 联苯胺染色母液：2g 联苯胺溶于 18mL 温热的冰醋酸中，再加无离子水 82mL，置棕色瓶中保存备用。
6. 抗坏血酸。
7. 胶染色液：70.4mg 抗坏血酸＋20mL 联苯胺母液＋6mL 2%H_2O_2 溶液＋74mL 无离子水；
8. 7%乙酸。

【技术路线】

【操作步骤】

1. 提取粗酶液

称取不同植物材料（小麦幼苗等）各 1g，放入研钵内，加入少量 pH8.0 磷酸缓冲液，于冰水浴中研磨成匀浆，然后用 3～4mL 该缓冲液分几次润洗研钵，将润洗液一并转入离心管，4℃条件下 8000r/min 离心 10min，上清液即为待测粗酶液，测量体积，记作 $V_{样}$。

2. 测定酶活力

按表 13-8 加入各溶液，以 0 号管为对照，分别测定 1、1′号平行管的 A_{470}。

表 13-8　过氧化物酶活力测定加样表

试剂	管号及加量		
	0	1	1′
0.05mol/L（pH8.0）的磷酸缓冲溶液/mL	2.9	2.9	2.9
2% H_2O_2/mL	1.0	1.0	1.0
0.05mol/L 愈创木酚/mL	1.0	1.0	1.0
粗酶液/mL	0.1	0.1	0.1
	37℃恒温水浴 10min		
	沸水浴 5min 灭活酶，冷却至室温		
A_{470}	0		

3. 同工酶电泳分析

（1）制备凝胶：按第二篇第十章实验二安装玻璃板和电泳槽、配制 12% 聚丙烯酰胺凝胶。

（2）样品的制备：取少量粗酶液，与等量样品缓冲液混合，备用。

（3）电泳：在电泳槽的正负极槽加入电极缓冲液，负极槽（短板侧）缓冲液一定要没过矮玻璃板，正极槽（长板侧）缓冲液要没过电极丝。用微量进样器吸取上述样品液点样，每个样品可选择 2 个或 3 个点样量，上样量分别为 10μL、20μL、30μL。

电极线与电泳仪电源连接，打开电泳仪电源开关，调节电压 100V，当样品进入到分离胶后调节电压到 150V。待指示染料迁移到距胶板底端约 1cm 处，即可停止电泳。把调节旋扭调至零，关闭电源。电泳大约需 1.5h，整个电泳过程需在 0～4℃进行。

（4）染色：取出电泳胶板，小心撬开两块玻璃板，去掉浓缩胶，用刀片在胶板的一端切角以作标记，慢慢地用自来水把凝胶冲入培养皿中。

培养皿中倒入染色液，淹没整个胶板，37℃振荡保温，数分钟完成染色。倒掉染色液，用无离子水冲洗数次，即可成像。为使条带清晰，可用 7% 醋酸脱色，但不要过度脱色而影响色带的深度。

【结果与分析】

1. 酶活力计算。酶活力单位定义：酶促反应体系每分钟吸光度值（A_{470}）变化 0.01 个单位所需酶量，为 1 个过氧化物酶活力单位，记为 U。

1g 植物材料所含过氧化物酶活力单位数（U）$=A_{470}\div 10\div 0.01\div 0.1\times V_{样}$

式中，A_{470} 以 0 号管为对照测得 1、2 号管 A_{470} 的平均值；10 表示酶促反应时间（min）；0.01 表示酶活力单位定义的规定；0.1 表示酶促反应时酶的用量（mL）；$V_{样}$ 表示 1g 植物材料提取得到粗酶液体积（mL）。

2. 植物材料过氧化物酶同工酶谱分析。拍照或扫描凝胶，用凝胶成像分析仪分析不同植物材料过氧化物同工酶谱。

【注意事项】

1. 愈创木酚反应液应该当天配制，H_2O_2 应该在反应开始前加入。

2. 实验过程中要注意安全，凝胶、联苯胺等试剂有毒，应带乳胶套或者一次性手套操作。

3. 同工酶染色时注意控制时间，用水冲洗凝胶可终止染色。染色时间过长会使酶谱背景颜色过深，时间过短会使一些活力较弱的带不能显色。

【思考题】

1. 酶活力的定义是什么？测定酶的活力要注意控制哪些条件？

2. 同工酶研究在发育生物学研究中有什么意义？

（杨致荣　周艳芬　武金霞）

实验八　大豆多糖的提取及测定

【实验目的】

1. 学习多糖的性质及提取纯化方法。

2. 掌握多糖的水解及单糖测定方法。

【实验原理】

多糖又称多聚糖（polysaccharide），是由许多单糖分子以糖苷键结合而成的天然高分子化合物，是生命有机体的重要组成部分。例如，纤维素是构成植物骨架结构的组成成分，糖原和淀粉是动植物储藏的养分。除此之外，多糖具有多种多样的生物学功能，如抗肿瘤、抗病毒、增强免疫力、延缓衰老、降血脂、降血糖、解毒和抗辐射等，其作用日益受到人们的重视。

常用的多糖提取方法有不同温度下的水提法、稀酸提法和冷热稀碱提法。水提法采用较多，适合于提取水溶性多糖。稀酸提取法适用于提取酸溶性多糖，时间宜短，温度不宜超过50℃，以防止糖苷键断裂。稀碱法适合于提取碱溶性多糖。由于大部分多糖在有机溶剂中的溶解度极小，所以，常采用有机溶剂沉淀提取的可溶性多糖，可采用 4～5 倍体积乙醇、丙酮沉淀，一般在 pH7.0 左右沉淀多糖，制得粗多糖。

多糖纯化方法很多，主要有以下几种方法。①分步沉淀法。根据不同多糖在不同浓度的低级醇或酮中具有不同溶解度的性质，逐次按比例由小而大加入这些醇或酮分步沉淀。此法适用于分离各种溶解度相差较大的多糖。②盐析法。根据不同多糖在不同浓度盐中具有不同溶解度而分离。③离子交换柱层析法及分子筛层析法。依据不同多糖的荷电性质及分子质量差异而分离。

大豆中含有大量的大豆多糖，具有多种生物活性，是一种天然的功能性成分，它可以改善食品的食用品质、加工特性和外观特性，能够用于抑制脂类氧化和稳定酸性饮料中的蛋白质，还可以作为食品中的乳化成分，因此，本实验以鲜豆渣为材料采用水提醇沉法提取大豆多糖。

【器材】

1. 仪器：普通天平，超声波粉碎机，电磁炉，低速离心机，振荡器，可见分光光度计，电热鼓风干燥箱。

2. 材料：酒精喷灯，安瓿管，毛细管，硅胶，羧甲基纤维素，研钵，量筒（50mL、100mL），烧杯（250mL），吸量管（0.5mL、1mL、2mL、5mL），广泛 pH 试纸，玻璃板（10cm×10cm），试管（18mm×180mm），试管架，比色皿，擦镜纸，培养皿（Φ12cm），层析缸，电炉，新鲜湿豆渣。

【试剂】

1. 标准葡萄糖溶液：将葡萄糖 105℃烘干至恒重（2h），准确称取 50mg，无离子水定容至 500mL，终浓度为 0.1mg/mL。

2. 蒽酮-浓硫酸试剂：称取 0.1997g 蒽酮，溶于 100mL 浓硫酸，现用现配。

3. 苯胺-二苯胺-磷酸糖显色剂：4g 二苯胺，4mL 苯胺，20mL 85%磷酸溶液，溶于 200mL 丙酮。

4. 展层剂：乙酸乙酯∶甲醇∶乙酸∶水＝12∶3∶3∶2（V/V）。

5. 其他试剂：石油醚，20%六偏磷酸钠溶液，95%乙醇，氯仿，正丁醇，H_2SO_4，Na_2CO_3，醋酸乙酯，吡啶，阿拉伯糖，葡萄糖，甘露糖。

【技术路线】

【操作步骤】

（一）粗多糖的提取

称取湿豆渣 10g，加入 30mL 20%六偏磷酸钠溶液，加入 270mL 水，调节溶液 pH 至 4～5，超声波处理 20min，在电磁炉上加热煮沸 1.5h。体积浓缩至 50mL 左右，煮沸过程应及时补水，以防煮干，4000r/min 离心 30min，以 250mL 烧杯收集上清液；在电磁炉上加热，使水分蒸发至溶液体积为 15mL 左右，加入 3 倍体积的 95%乙醇溶液；放置过夜以沉淀多糖，4000r/min 离心 10min，弃上清液，得豆渣粗多糖，用少量水溶解，测量体积。

（二）Sevage 法去除蛋白

在粗多糖溶液中，加入 2/3 体积 Sevage 试剂［三氯甲烷：正丁醇＝5：1（V/V）］，剧烈振荡 20～30min，4000r/min 离心 30min，离心后溶液分为 3 层，从上到下为水相层、变性蛋白质层和有机溶剂层。小心取出上层水相，测量体积，记为 $V_{豆渣多糖}$。

（三）多糖含量测定

1. 绘制标准曲线

取 14 支洁净干燥试管按表 13-9 顺序加样，每个浓度做 2 个平行，测定各管 A_{620}，平行样品间取平均值 $\overline{A}_{620}$。

表 13-9 糖含量标准曲线加样表

试剂	管号及加量						
	0（0′）	1（1′）	2（2′）	3（3′）	4（4′）	5（5′）	6（6′）
标准葡萄糖溶液/mL	0	0.1	0.2	0.3	0.4	0.5	0.6
葡萄糖含量/μg	0	10	20	30	40	50	60
无离子水/mL	1	0.9	0.8	0.7	0.6	0.5	0.4
	混匀，冰浴，冷却条件下加入蒽酮-硫酸溶液						
蒽酮-硫酸溶液/mL	4	4	4	4	4	4	4
	混匀，沸水浴 10min，流动自来水冷却至室温						
$\overline{A}_{620}$	0						

2. 样品多糖含量的测定

取 3 支洁净干燥试管按表 13-10 顺序加样测定，其中 0 为空白对照，1 和 1′ 为豆渣可溶性多糖溶液。

表 13-10 大豆多糖蒽酮反应加样表

试剂	管号及加量		
	0	1	1′
粗多糖溶液/mL	0	1	1
	混匀，冰浴，冷却条件下加入蒽酮-硫酸溶液		
蒽酮-硫酸溶液/mL	4	4	4
	混匀，沸水浴 10min，流动自来水冷却至室温		
A_{620}	0		

如果样品管的 A_{620} 值超出标准曲线范围，需将样品适当稀释，再取 1mL 重新测定。

（四）单糖组成鉴定

1. 多糖的酸水解

取 0.5mL 大豆粗多糖溶液，加入 2mL 1mol/L 硫酸溶液，酒精喷灯封口，100℃水解 6h。冷却至室温，开口，水解液移入试管，加几滴饱和碳酸钠溶液中和，离心，弃沉淀，取上清，移入离心管中保存。

2. 水解液的薄层层析

取几种单糖（阿拉伯糖、葡萄糖、甘露糖），配制成 2mg/mL，作标准液。

（1）制备硅胶板：称取 1g 硅胶，放在研钵中，加 3.4mL 0.5% 羧甲基纤维素钠，加入 5 滴 95%乙醇以消泡，研磨几分钟，倒入预先洗净晾干的玻璃板上，用玻璃棒将悬液铺开，再将玻璃板拿起，稍加颤动，使硅胶液分布均匀，放在水平台面上，待水分蒸发后，置 105℃烘箱中烘干，活化 30min。

（2）点样：在距硅胶板一端 2cm 处用铅笔轻轻画一条直线，平均画几个“十”字，准备点样。以毛细管将标准单糖溶液、样品水解液分别点在薄层板上，点样量约 20～30μL，第一滴晾干后再点第二滴，使点扩散后的直径不超过 5mm。

（3）展层：在展层剂中加入显色剂（按 10∶1 比例加入，混匀），在密闭的容器或薄层层析缸中，将点好样品的薄层板下端浸入展层剂中，采用倾斜上行法层析，至展层剂前沿距薄层板上的上端约 1cm 时取出。放置通风处自然干燥。

（4）显色：将薄层置于电热鼓风干燥箱，105℃显色 20min。

【结果与分析】

1. 大豆多糖含量测定。以标准葡萄糖含量为横坐标，对应的 A_{620} 为纵坐标，Excel 绘制标准曲线，得标准曲线方程。

按所测大豆粗多糖 A_{620} 平均值，根据标准曲线，求得糖含量（μg），记为 $C_{\text{豆渣多糖}}$。

$$\text{大豆多糖含量}(\mu g/g) = (C_{\text{豆渣多糖}} \times V_{\text{豆渣多糖}} \times n) \div 10$$

式中，$C_{\text{豆渣多糖}}$ 表示 1mL 样品测定液的多糖含量（μg）；$V_{\text{豆渣多糖}}$ 表示多糖提取液的体积（mL）；n 表示测定液的稀释倍数；10 表示豆渣的质量（g）。

2. 大豆多糖单糖组成分析。附硅胶薄层层析图谱，标出点样点。列出各标准单糖及多糖水解液各个斑点的迁移距离及 R_f 值。初步分析样品中含有哪几种单糖。

【注意事项】

1. 蒽酮-硫酸溶液须用棕色试剂瓶装，暂时不用时应放置在冰浴中。

2. 蒽酮与可溶性糖反应的呈色强度随时间变化，故必须在反应后立即在同一时间内比色。

【思考题】

1. 查阅资料，采取哪些措施可以提高大豆多糖的提取率？

2. 蒽酮法测定糖含量的原理是什么？能否测定样品中某一种单糖的含量？

（武金霞）

实验九　定磷法测定酵母核糖核酸的含量

【实验目的】

掌握定磷法测定核酸含量的原理和方法。

【实验原理】

根据元素分析得知核糖核酸（RNA）的平均含磷量为 9.5%，脱氧核糖核酸（DNA）的平均含磷量为 9.9%，可以通过测定样品中的含磷量来计算 RNA 或 DNA 的含量。

浓硫酸消化核酸样品，将样品中的有机磷转变成无机磷。在酸性环境中，定磷试剂中的钼酸铵以钼酸形式与无机磷酸生成磷钼酸，当有还原剂（如维生素 C）存在时，磷钼酸立即被还原生成蓝色的产物——钼蓝（$Mo_2O_3 \cdot MoO_3$），其最大吸收值在 660nm 处。当无机磷含量为1～25μg/mL时，A_{660}值与样品中的含磷量呈正相关。

$$(NH_4)_2MoO_4 + H_2SO_4 \longrightarrow H_2MoO_4 + (NH_4)_2SO_4$$

$$H_3PO_4 + 12H_2MoO_4 \longrightarrow H_3P(Mo_3O_{10})_4 + 12H_2O$$

$$H_3P(Mo_3O_{10})_4 \xrightarrow{\text{维生素 C}} Mo_2O_3 \cdot MoO_3$$

消化样品中总磷量减去未消化样品中测得的无机磷量，即得核酸的磷含量，由此可计算出样品中的核酸含量。

【器材】

1. 仪器：电子天平，恒温水浴锅，可见分光光度计，电炉，电热鼓风干燥箱。

2. 材料：称量瓶（Φ2cm × 4cm），试管（18mm × 180mm），试管架，凯氏烧瓶（50mL），消化架，滴管，容量瓶（50mL），移液管（1mL、2mL、5mL），核酸粗品。

【试剂】

1. 标准磷溶液（储备液）：准确称取经 105℃烘至恒重的磷酸二氢钾（KH_2PO_4）（AR）0.2195g（含磷 50mg），溶于少量超纯水中，转移至 50mL 容量瓶中定容至刻度（含磷量 1mg/mL），作为原液 4℃储存备用，测定时取原液 1mL 稀释定容至 100mL（含磷量为10μg/mL）。

2. 定磷试剂：17% 硫酸 ∶ 超纯水 ∶ 2.5% 钼酸铵（AR） ∶ 10% 维生素 C = 1∶2∶1∶1，配制时按上述顺序加入，配制当天使用。

3. RNA 水溶液（母液）：称取 0.2g RNA 样品用少量水溶解（如不溶，可滴加 5%氨水调至 pH7.0）转移至 100mL 容量瓶中，超纯水定容至刻度（此溶液含样品 2mg/mL）。

4. 沉淀剂：称取 1g 钼酸铵溶于 14mL 高氯酸中，加入 386mL 超纯水。

【技术路线】

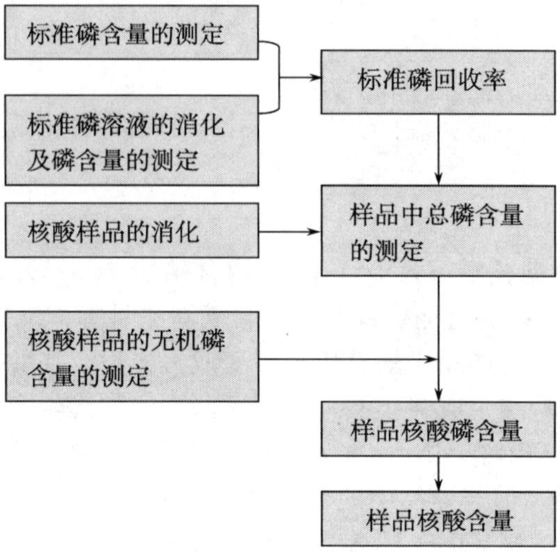

【操作步骤】

1. 定磷标准曲线的制备

取 12 支洗净干燥的试管，按表 13-11 进行平行操作，每管以 1min 的时间间隔加入定磷试剂。

表 13-11　定磷标准曲线的加样表

试剂	管号及加量					
	1 (1′)	2 (2′)	3 (3′)	4 (4′)	5 (5′)	6 (6′)
标准磷溶液/mL	0	0.2	0.4	0.6	0.8	1
超纯水/mL	3	2.8	2.6	2.4	2.2	2
磷含量/μg	0	2	4	6	8	10
定磷试剂/mL	3	3	3	3	3	3
45℃恒温水浴保温 25min						
A_{660}	0					

2. 样品的消化

取 5 支凯氏烧瓶，标记为 0、1、1′、2 和 2′，分别加 1mL 无离子水、RNA 溶液和标准磷溶液，按表 13-12 顺序操作，消化后定容至 50mL。

3. 总磷量和回收率的测定

取 5 支试管，分别加入表 13-12 所述各消化管定容溶液，再按表 13-13 加入各种试剂，测定总磷和标准磷的 A_{660} 平均值。0 号管为无离子水消化后定容溶液；1 和 1′号管为 RNA 溶液消化后定容溶液；2 和 2′号管为标准磷溶液消化后定容溶液。

表 13-12 样品的消化加样表

试剂	瓶号及加量				
	0	1	1′	2	2′
RNA 溶液/mL	0	1	1	0	0
标准磷原液/mL	0	0	0	1	1
无离子水/mL	1	0	0	0	0
10mol/L 硫酸/mL	2	2	2	2	2
168～209℃消化 60min，溶液呈褐色，冷却					
30%过氧化氢/滴	2	2	2	2	2
继续消化至溶液透明，冷却					
无离子水/mL	1	1	1	1	1
沸水浴加热 10min，以分解焦磷酸					
无离子水定容至/mL	50	50	50	50	50

表 13-13 总磷及标准磷回收率测定加样表

试剂	管号及加量				
	0	1	1′	2	2′
上表消化定容溶液/mL	3	3	3	0.3	0.3
无离子水/mL	0	0	0	2.7	2.7
定磷试剂/mL	3	3	3	3	3
45℃水浴保温 25min，冷却至室温					
A_{660}	0				

4. 无机磷的测定

取 3 支离心管，按表 13-14 加入各种试剂，测定无机磷，求出 A_{660}平均值。

表 13-14 无机磷测定加样表

试剂	管号及加量		
	0	1	1′
无离子水/mL	1	0	0
RNA 原液/mL	0	1	1
沉淀剂/mL	4	4	4
摇匀，3500r/min 离心 15min			
各管上清液/mL	3	3	3
定磷试剂/mL	3	3	3
45℃水浴保温 25min，冷却至室温			
A_{660}	0		

【结果与分析】

1. 定磷标准曲线绘制。以表 13-11 中各管的 A_{660}值为纵坐标，对应的含磷量（μg）为横坐标，Excel 绘制定磷标准曲线，得标准曲线方程。

2. 磷回收率计算。按表 13-13 测得标准磷 A_{660} 平均值，带入标准曲线方程，求出对应的标准磷质量，记为 $M_{标}$（μg）。

$$磷回收率(\%) = \frac{M_{标}}{0.3} \times \frac{50}{M_{理论值}}$$

式中，$M_{标}$ 表示 0.3mL 标准磷消化液 A_{660} 对应的磷质量（μg）；0.3 表示测定时所用标准磷消化液体积（mL）；50 表示 1mL 标准磷原液消化后定容体积（mL）；$M_{理论值}$ 表示 1mL 标准磷原液的含磷量（10μg）。

3. 总磷计算。按表 13-13 测得 RNA 样品总磷 A_{660} 平均值，带入标准曲线方程，求出对应的 RNA 粗品总磷质量，记为 $M_{总}$（μg）。

$$RNA粗品总磷含量(\mu g/g) = \frac{M_{总}}{3} \times \frac{50 \times 100 \div 0.2 \div 回收率}{1}$$

式中，$M_{总}$ 表示 3mL RNA 粗品消化后定容溶液的含磷量（μg）；3 表示测定时所取 RNA 粗品消化后定容溶液的体积（mL）；50 表示 RNA 粗品消化后定容体积（mL）；1 表示消化时所取 RNA 溶液的体积（mL）；100 表示 RNA 粗品溶液的体积（mL）；0.2 表示 RNA 粗品的质量（g）；回收率为计算得出值。

4. 无机磷计算。按表 13-14 测定的 A_{660} 平均值，带入标准曲线，求出样品的无机磷量，记为 $M_{无机磷}$（μg）。按下式计算：

$$RNA粗品无机磷含量(\mu g/g) = \frac{M_{无机磷}}{3} \times \frac{5 \times 100 \div 0.2}{1}$$

式中，$M_{无机磷}$ 表示 3mL 测定液中无机磷含量（μg）；3 表示测定无机磷时所用 RNA 原液沉淀处理后体积（mL）；5 表示 1mL RNA 原液沉淀处理后总体积（mL）；1 表示无机磷测定时所取 RNA 原液的体积（mL）；100 表示 RNA 粗品溶液体积（mL）；0.2 表示 RNA 粗品质量（g）。

5. 粗品中 RNA 含量计算。RNA 粗品的总磷量减去无机磷量即核酸磷量，1μg RNA 磷相当于 10.5μg RNA。

$$RNA(\mu g/g) = (总磷量 - 无机磷量) \times 10.5$$

【注意事项】

1. 定磷试剂必须用超纯水配制，且维生素 C 只能在冰箱中放置 1 个月。正常维生素 C 应无色或呈浅黄色。

2. 钼蓝反应极为灵敏，所用器皿、试剂中微量杂质的磷、硅酸盐、铁离子等都会影响实验结果，因此实验所用器皿需特别清洁。

3. 室温下，钼蓝颜色至少稳定 30min，需在 30min 内完成测定。

4. RNA 的用量应严格控制，使 A_{660} 值为 0.1～0.7。

5. 控制适当酸度（0.4～1.0mol/L）。钼酸铵和磷酸在酸性条件下才能产生磷钼酸，但过酸的环境，钼蓝反应难于进行，影响显色效果。

6. 消化时注意调节温度，维持消化液微微沸腾，防止爆沸和溅出内容物，消化管口加小漏斗，可减少消化液的蒸发。

【思考题】

1. 为什么配制定磷试剂时对水的纯度有严格要求？
2. 维生素 C 的作用是什么？如果维生素 C 已被氧化，还能不能用于配制定磷试剂？

（武金霞）

实验十 小鼠肝脏 DNA 的提取及测定

【实验目的】

掌握小鼠肝脏 DNA 的提取、浓度测定及完整性检测的原理和方法。

【实验原理】

（一）基因组 DNA 的提取

DNA 主要集中在细胞核内，常选用细胞核含量较多的生物组织作为提取制备 DNA 的材料。小牛胸腺中细胞核含量较多，DNA 含量丰富，且其脱氧核糖核酸酶（DNase）活性较低，制备过程中 DNA 被降解的可能性相对较低，是制备 DNA 的良好材料。但其来源较困难，而脾脏或肝脏较易获得，也是制备 DNA 的常用材料，因此，本实验选用小鼠肝脏为材料制备 DNA。

真核生物中，基因组 DNA 与组蛋白构成核小体，核小体缠绕成螺线管结构，最终形成染色质丝，染色质丝再与诸多非组蛋白形成染色体。为了获得高分子质量、高纯度的 DNA 以进行基因克隆等操作，制备时须先将组织匀浆和细胞破碎，使之释放核蛋白，利用蛋白质变性剂（如苯酚、氯仿等）、去垢剂（如十二烷基硫酸钠、4-氨基水杨酸）或用蛋白酶处理去除蛋白质。去除蛋白质后的核酸溶液，再利用其不溶于有机溶剂的性质，应用适当浓度的有机溶剂（如两倍体积的无水乙醇或 0.5 倍体积的异丙醇）使 DNA 沉淀析出，获得纯度较高的 DNA。

（二）DNA 含量测定

嘌呤环和嘧啶环的共轭双键系统具有吸收紫外光的性质，所以嘌呤、嘧啶及一切含有它们的物质均具有吸收紫外光的特性。核酸具有吸收紫外光的性质，最大吸收峰在 260nm 波长处。A_{260} 为 1 时，相当于双链 DNA 含量为 50μg/mL。

蛋白质由于含有芳香族氨基酸，也具有紫外吸收性质。通常蛋白质的吸收高峰在 280nm 波长处，在 260nm 处的吸收值仅为核酸的 1/10 或更低，故核酸样品中蛋白质含量较低时对核酸的紫外吸收值影响不大。

可以通过测定 A_{260}/A_{280} 值估计核酸的纯度，较纯的 DNA 该比值为 1.8，较纯的 RNA 该比值为 2.0。如果 DNA 的比值高于 1.8 说明样品中含有 RNA，而样品中的蛋白质将会导致该比值降低。

（三）DNA 完整性鉴定

基因组 DNA 会在抽提过程中发生断裂，形成几十至几百 kb 的大片段。用一般的琼脂糖凝胶进行电泳时，无法区分这种大片段 DNA，所以看起来像是一条带。如果上样量较大，或提取的 DNA 片段过于碎小，会在主带下面看到弥散的拖尾现象。

【器材】

1. 仪器：微量取液器，恒温振荡器，台式高速冷冻离心机，恒温培养箱，紫外分光光度计，电泳仪，水平电泳槽，微波炉，凝胶成像分析系统。

2. 材料：手术剪，解剖刀，粗滤纸，离心管，研钵，液氮，石英比色皿，量筒（25mL、50mL），烧杯（1000mL），三角瓶（200mL），新鲜小鼠肝脏组织。

【试剂】

1. 裂解缓冲液：10mmol/L Tris-Cl pH8.0，100mmol/L NaCl，25mmol/L EDTA pH8.0，0.5%（*W/V*）SDS，0.1mg/mL 蛋白酶 K。

2. 酚/氯仿/异戊醇按 25∶24∶1（*V/V*）配制。

3. 3mol/L 醋酸钠溶液，pH5.2。

4. 无水乙醇及 70%乙醇。

5. TE 缓冲液：10mmol/L Tris-HCl，1 mmol/L EDTA，pH8.0。

6. 50×TAE 缓冲液：2mol/L Tris-HAc，0.1mol/L EDTA，pH8.3，使用时稀释 50 倍，即 1×TAE Buffer。

7. 0.8%琼脂糖凝胶液（以 1×TAE Buffer 配制）。

8. 6×上样缓冲液：0.15%溴酚蓝，0.15%二甲苯青 FF，5mmol/L EDTA pH8.0，40%蔗糖。

9. 溴化乙锭（EB）染液：0.5μg/mL。

【技术路线】

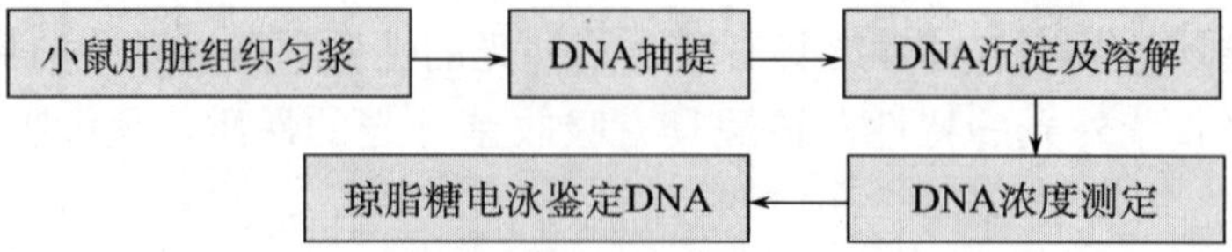

【操作步骤】

1. DNA 提取

（1）切取小鼠肝脏组织 200mg，剔除结缔组织及胆囊，吸水纸吸干血液，剪碎置于液氮中。

（2）将组织置于预冷的研钵中，并倒入液氮，研磨成粉末，按 100mg 组织加 1.2mL 的比例加入裂解缓冲液悬浮组织。

（3）将样品置于盖紧的离心管，于 50℃摇荡下孵育 12～18h。

（4）加入等体积的酚/氯仿/异戊醇，轻轻混匀以抽提样品，12 000×g 离心 10min。注意操作过程中不能剧烈振荡，以保证 DNA 片段的长度。

（5）用切去尖端的枪尖将上层水溶液转移至一新管中，注意尽量轻轻吸取上层水相，不要吸到水相与有机相交界处的白色物质（主要是蛋白质成分）。

（6）加 1/10 体积 3mol/L 醋酸钠溶液及 2 倍体积预冷的无水乙醇颠倒混匀，沉淀 DNA，12 000×g 离心 20min，弃上清。

（7）加入 1mL 70%乙醇进行漂洗，晾干，沉淀溶解于 40μL TE 中，－20℃保存。

（8）如要除去其中的 RNA，可加 5μL RNaseA（10μg/μL），37℃保温 30min，用酚抽提后，按步骤（5）～（7）重新沉淀 DNA。

2. 紫外分光光度法测定 DNA 浓度及纯度

（1）吸取 5μL DNA 样品，加无离子水至 1mL，混匀后转入 1mL 石英比色皿中，放入紫外分光光度计光路中。

（2）在 260nm 用 1mL 无离子水调零，读出样品的 A_{260}。

（3）在 280nm 用 1mL 无离子水调零，读出样品的 A_{280}。

3. 琼脂糖凝胶电泳

（1）取 50×TAE 缓冲液 20mL 加水至 1000mL，配制成 1×TAE 稀释缓冲液。

（2）胶液的制备：称取 0.4g 琼脂糖，置于 200mL 三角瓶中，加入 50mL 1×TAE 稀释缓冲液，放入微波炉里（或水浴）加热至琼脂糖全部熔化，取出摇匀，即为 0.8%琼脂糖凝胶液。

（3）胶板的制备：将冷却至 50～60℃的琼脂糖胶液小心地倒入胶槽内，使胶液形成均匀的胶层，在一端轻轻插上样品梳。待胶完全凝固后拔出梳子。向电泳槽内加入 1×TAE 稀释缓冲液至液面恰好没过凝胶表面。

（4）加样：取 5μL DNA 溶液与 1μL 6×上样液混匀，用微量移液器小心加入样品槽中。

（5）电泳：加样完毕后，合上电泳槽盖，立即接通电源。电压保持在 60～80V，电流在 40mA 以上。当溴酚蓝条带移动到距凝胶前沿约 2cm 时，停止电泳。

（6）染色：将凝胶移入 0.5μg/mL EB 溶液中，室温下染色 10～25min。

（7）观察和拍照：将凝胶转移到凝胶成像系统中，在波长为 254nm 紫外灯下观察，DNA 存在处显示出肉眼可辨的橘红色荧光条带。通过凝胶成像系统采集图像。

【结果与分析】

1. 兔肝 DNA 的提取量。记录 200mg 兔肝提取 DNA 的体积 $V_{样}$（μL），计算 200mg 兔肝提取到 DNA 的质量（μg）。

$$\text{DNA 样品的质量}(\mu g) = A_{260} \times 50 \div 5 \times V_{样}$$

式中，A_{260}表示 DNA 样品在 260nm 处的吸光值；5 表示测定时取样体积（μL）；50 表示 A_{260} 为 1 时，相当于双链 DNA 浓度为 50μg/mL；$V_{样}$ 表示 DNA 样品体积（40μL）。

2. 兔肝 DNA 的纯度。计算 A_{260}/A_{280} 的值，对该值进行分析，并找出影响该值的因素。

3. DNA 完整性检测。对琼脂糖凝胶电泳图谱拍照，标明电泳图谱中各个泳道，对各个泳道条带进行分析。

实验中提取的基因组 DNA 片段应为 20～30kb；DNA 纯度检测，A_{260}/A_{280} 约为 1.8；高质量的基因组 DNA 带型单一无拖尾现象，如图 13-3。

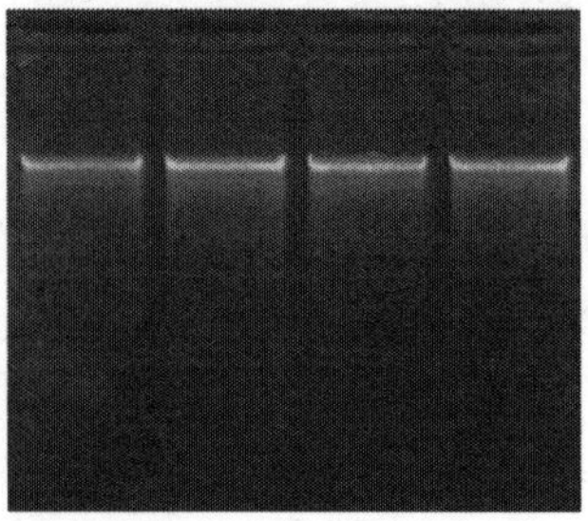

图 13-3　小鼠肝脏 DNA 琼脂糖电泳图谱

【注意事项】

1. 在 DNA 提取过程中，染色体会发生机械断裂，产生大小不同的片段，因此，为保证 DNA 片段的完整性，分离基因组 DNA 时应尽量在温和条件下操作，混匀过程要轻缓。

2. 为了提高 DNA 样品纯度，可以利用吸附柱去除蛋白质、多糖及多酚类杂质，或重新乙醇沉淀 DNA，增加 70% 乙醇洗涤次数（2～3 次），或加入 RNase 降解 RNA。

3. 蛋白酶 K 不稳定，应在每次临用前加入。

4. 琼脂糖胶液加热过程中要不时摇动，使附于瓶壁上的琼脂糖颗粒进入溶液。并且加热时应盖上封口膜，以减少水分蒸发。

5. 琼脂糖电泳时，每加完一个样品要更换枪头，以防样品互相污染。

【思考题】

1. 简述核酸溴化乙锭染色法的优点及操作过程中应注意的问题。

2. 实验过程中，酚/氯仿/异戊醇提取液抽提的目的是什么？

（柳峰松）

实验十一　兔肝总 RNA 的提取及 RT-PCR

【实验目的】

1. 掌握家兔肝脏总 RNA 的提取、浓度测定及完整性检测的原理与方法。

2. 掌握 RT-PCR 的原理与方法。

【实验原理】

一个典型的哺乳动物细胞中含有约 5～10μg RNA，其中 80%～85% 是核糖体 RNA（rRNA）（主要有 28S、18S、5.8S 和 5S 四种），其余的 15%～20% 大部分由不同的低分子质量 RNA 组成，如转运 RNA（tRNA）和小核 RNA（snRNA）。信使 RNA（mRNA）只占细胞总 RNA 的 1%～5%。细胞质中 mRNA 序列存在丰富的多样性，其长度从几十到几千个碱基不等，但是大多数真核 mRNA 3′端带有足够长的多聚腺苷酸尾巴，使其可以通过寡聚 dT 进行纯化或反转录。

为了快速从细胞中分离完整的 RNA，一般首先用强变性剂（如盐酸胍或硫氰酸胍）裂解细胞，同时溶解和变性内源性 RNA 酶，然后利用水饱和酚（酸性酚）和氯仿对 RNA 进行抽提，最后用异丙醇或无水乙醇沉淀得到 RNA。

目前多采用商品化的 RNA 提取试剂来提取 RNA，操作简便，且效果较好。本实验以 TRIzol 试剂为例，学习利用商品化 RNA 提取试剂从家兔肝脏组织中提取总 RNA 的方法。TRIzol 试剂的主要成分为异硫氰酸胍和苯酚，其中异硫氰酸胍可裂解细胞，促使核蛋白体的解离，使 RNA 与蛋白质分离，并将 RNA 释放到溶液中。当加入氯仿时，它可抽提酸性的苯酚，而酸性苯酚可促使 RNA 进入水相，离心后可形成水相层和有机相层，这样 RNA 与仍留在有机相中的蛋白质和 DNA 分离开。水相层（无色）主要为 RNA，有机相层（黄色）主要为 DNA 和蛋白质。

反转录聚合酶链式反应（RT-PCR）是将 RNA 的反转录（RT）和 cDNA 的聚合酶链式扩增（PCR）相结合的技术。首先在反转录酶的作用下以 RNA 为模板合成 cDNA，再以 cDNA 为模板，通过 PCR 扩增目的片段。RT-PCR 与 Northern blotting、RNase 保护分析、原位杂交及 S1 核酸酶分析等技术相比更灵敏、更易于操作，用途广泛，可用于细胞中基因的克隆及表达水平分析等。

RT-PCR 可以一步法或两步法形式进行。一步法即反转录和 PCR 扩增在同一管内完成，cDNA 合成和随后的 PCR 扩增之间不需要打开管盖，有助于减少污染，一般用基因特异性引物（gene special primer，GSP）起始 cDNA 合成，得到的所有 cDNA 样品都用来扩增，灵敏度更高，最低可以检到 0.01pg 总 RNA。两步法即反转录和 PCR 扩增分两步进行。首先从 RNA 模板反转录得到 cDNA，再以 cDNA 为模板进行 PCR 扩增。该方法可以使用随机引物、Oligo dT 和基因特异性引物引导 cDNA 合成，因此，可以从一个特定的样品中反转录出所有 mRNA 的信息。总之，一步法方便，可适用于大量样品分析或定量 PCR，两步法在选择聚合酶和引物时具有更大的灵活性。

反转录酶也称逆转录酶（reverse transcriptase），是存在于 RNA 病毒体内的依赖 RNA 的 DNA 聚合酶，至少具有以下 3 种活性。①依赖 RNA 的 DNA 聚合酶活性：以 RNA 为模板合成 cDNA。②RNase H 活性：水解 RNA/DNA 杂合双链中的 RNA。③依赖 DNA 的 DNA 聚合酶活性：以单链 DNA 为模板合成互补的 DNA。

常用的反转录酶有以下几种。

（1）Money 鼠白血病病毒（M-MLV）反转录酶：有强的聚合酶活性，RNase H 活性相对较弱，最适作用温度为 37℃。

（2）禽成髓细胞瘤病毒（AMV）反转录酶：有强的聚合酶活性和 RNase H 活性，最适作用温度为 42℃。

（3）嗜热栖热菌（*Thermus thermophilus*）、黄栖热菌（*T. flavus*）等嗜热微生物的热稳定性反转录酶：在 Mn^{2+} 存在下，允许高温反转录 RNA，以消除 RNA 模板的二级结构。

（4）M-MLV 反转录酶的 RNase H-突变体：商品名为 SuperScript 和 SuperScriptⅡ，此酶能从含二级结构的、低温反转录困难的 mRNA 模板合成较长 cDNA，反转录效率较高，最适作用温度为 42℃。

本实验选用 M-MLV 反转录酶进行实验。

【器材】

1. 仪器：微量取液器，高速冷冻离心机，涡旋混合器，紫外分光光度计，PCR 仪，电泳仪，水平电泳槽，凝胶成像系统。

2. 材料：手术剪，玻璃匀浆器（1mL），离心管，石英比色皿，新鲜家兔肝脏组织。

【试剂】

1. RNA 提取鉴定试剂：TRIzol 试剂，氯仿，焦碳酸二乙酯（DEPC），异丙醇，75%乙醇（DEPC 水配制），2mol/L 醋酸钠缓冲液（DEPC 水配制，pH4.0），50×TAE 缓冲液（DEPC 水配制），6×上样缓冲液（DEPC 水配制）。

2. 反转录试剂：dNTP（10mmol/L），Oligo dT（10mmol/L），RNase inhibitor（40U/μL），M-MLV。

3. PCR 试剂：dNTP（10mmol/L），*Taq* DNA Polymerase（5U/μL），引物（Primer f，Primer r）。

4. PCR 产物检测试剂：参见本章实验十。

【技术路线】

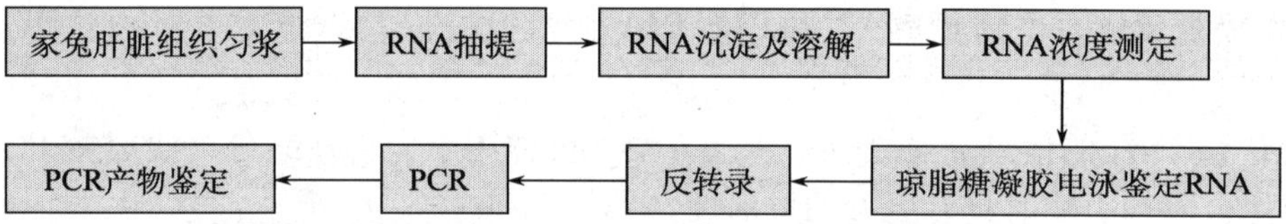

【操作步骤】

1. 总 RNA 提取及鉴定

（1）取新鲜家兔肝脏组织约 50mg 放入玻璃匀浆器，加入 TRIzol 1mL，匀浆。

（2）4℃条件下，12 000×*g* 离心 10min，用移液器取上清转移到新的离心管中。

（3）加 200μL 氯仿，涡旋震荡 30s，置冰上 3min。

（4）4℃条件下，12 000×*g* 离心 15min，此时样品分为两层：下层为黄色有机相，上层是水相，RNA 存在于水相中，两相界面处会看到白色的变性蛋白质，用移液器小心吸取大约 400～500μL 上层水溶液转移到一新离心管中。

（5）加入等体积异丙醇，混匀，4℃放置 40min。

（6）4℃条件下，12 000×*g* 离心 10min，弃上清，得 RNA 沉淀。

（7）向沉淀中加入 1mL 75%乙醇清洗沉淀，用移液器吹打若干次。

（8）4℃条件下，7 500×*g* 离心 5min，小心倒出液体。

(9) 室温放置晾干，加入 100μL DEPC 水，反复吹打混匀，充分溶解 RNA。

(10) 测定 A_{260}及 A_{260}/A_{280}，计算 RNA 溶液浓度并判断 RNA 纯度。

(11) 上样 10μL (约 200ng RNA)，进行 1%琼脂糖凝胶电泳，90V 电泳 15min，EB 染色，凝胶成像系统下观察记录。

2. 反转录 (RT)

反应体系 25μL，按表 13-15 顺序加入。

表 13-15 反转录加样表

溶液	加量/μL
DEPC 水溶解的 1μg/μL 总 RNA	1
5×M-MLV Buffer	5
10mmol/L dNTP	1.25
10mmol/L Oligo dT	1
40 U/μL RNasin 抑制剂	0.5
M-MLV 反转录酶	1
DEPC 水	15.25

轻轻混匀，离心，42℃温育 2h，95℃变性 2min，−20℃保存备用。

3. 聚合酶链式反应 (PCR)

PCR 体系 25μL，按表 13-16 顺序加入。

表 13-16 PCR 反应体系

溶液	加量/μL
超纯水	17.25
cDNA	1
10×Buffer	2.5
25mmol/L $MgCl_2$	1.5
10mmol/L dNTP	0.5
10mmol/L Primer f	1
10mmol/L Primer r	1
5U/μL *Taq* DNA 合成酶	0.25

PCR 引物可用 GAPDH 或 β-actin 引物。

GAPDH

Primer f：5′-ACCACAGTCCATGCCATCAC-3′

Primer r：5′-TCCACCACCCTGTTGCTGAT-3′

β-actin

Primer f：5′-CACGATGGAGGGGCCGGACTCATC-3′

Primer r：5′-TAAAGACCTCTATGCCAACACAGT-3′

PCR 反应条件：94℃预变性 4min，1 个循环；94℃变性 40s，58℃退火 1min，72℃延伸 1min，35 个循环；72℃延伸 10min，1 个循环。

4. PCR 产物检测

PCR 结束后，取 5μL PCR 产物与 1μL 6×上样缓冲液混合，进行 1%琼脂糖凝胶电泳

(操作同 DNA 鉴定)，EB 染色后凝胶成像系统观察并记录。

【结果与分析】

1. 提取脊椎动物总 RNA，电泳图上至少可看到 28S RNA 和 18S RNA 两条带，前者的亮度大约是后者的 1 倍（无脊椎动物往往不符合此规律），电泳前端无明显弥散的降解 RNA。对实验图片拍照，分析条带情况及实验成败的原因。

2. RNA 纯度检测，A_{260}/A_{280} 约为 2.0 左右。记录实验结果，并加以分析。

3. PCR 产物鉴定，以 GAPDH 基因引物进行 PCR 扩增得到的片段长度约为 450bp，以 β-actin 基因引物进行 PCR 扩增得到的片段长度约为 240bp。

【注意事项】

1. 提取 RNA 时，需经常更换手套。
2. 配制溶液的水都是无 RNase 的水，即 DEPC 水。
3. 所有工具都是 RNA-special。

【思考题】

1. RNA 提取过程的关键是什么？
2. RT-PCR 主要有哪些应用？

（柳峰松）

参考文献

陈钧辉，陶力，朱婉华，等. 2003. 生物化学实验. 北京：科学出版社
陈雅蕙，陈来同，余瑞元，等. 2008. 生物化学实验原理和方法. 2版. 北京：北京大学出版社
崔喜艳. 2007. 基础生物化学实验方法和技术. 北京：中国林业出版社
高继国，郭春绒. 2009. 普通生物化学教程实验指导. 北京：化学工业出版社
郭尧君. 2005. 蛋白质电泳实验技术. 2版. 北京：科学出版社
郭勇. 2006. 现代生化技术. 广州：华南理工大学出版社
胡晓倩，陈来同，陈雅蕙，等. 2007. 凝胶过滤分离蛋白质实验条件的研究. 中国生化药物杂志，28(6)：409-411
刘洪斌，杨淑惠. 2007. 过氧化氢酶的检测、控制和应用. 中国造纸，26(1)：49-51
刘建平，卢晓红，黎萍. 2002. 醋酸纤维素薄膜电泳常见差错和失败原因分析. 宁夏医学杂志，24(12)：775-776
裴瑾，陈星海，杨翰仪，等. 1997. 硅胶G层析法提取心磷脂及其鉴定. 白求恩医科大学学报，23(6)：681-683
齐志宏，邸茜，赵芳，等. 2008. 谷丙转氨酶37℃参考方法的建立及其应用研究. 现代检验医学杂志，23(5)：1-5
秦淑媛，高天慧，颜卉君，等. 1999. 基础生物化学实验. 2版. 北京：高等教育出版社
史哲. 2008. 糖尿病大鼠肾脂肪沉积及过氧化物酶体脂肪酸β-氧化. 石家庄：河北医科大学
宋宏新，李敏康. 2002. 现代生物化学实验技术教程. 西安：陕西人民出版社
孙莉丽，李荣华. 2010. 醋酸纤维薄膜电泳分离血清蛋白实验的改进. 实验室科学，13(2)：58-62
田亚平. 2006. 生化分离技术. 北京：化学工业出版社
王灿，苗志敏，李长贵，等. 2010. 人体血尿酸水平对血清谷丙转氨酶和谷草转氨酶水平的影响. 山东医药，50(29)：1-3
王伟玲，王展，王晶英. 2010. 植物过氧化物酶活性测定方法优化. 实验室研究与探索，29(4)：21-23
王宪泽. 2002. 生物化学实验技术原理和方法. 北京：中国农业出版社
魏述众，年燕兰，关凤梅，等. 1987. 对“发酵过程中无机磷的利用”这一生化实验的探讨. 山东轻工业学院学报，1：29-32
吴丽民，刘美龙，吴丽群，等. 2003. 影响酶促反应速度的因素实验的改进. 海峡药学，15(2)：26
武金霞，张贺迎，张瑞英，等. 2005. 生物化学实验原理与技术. 保定：河北大学出版社
萧能庚，陈雅蕙，余瑞元，等. 2005. 生物化学实验原理和方法. 2版. 北京：北京大学出版社
杨哥德，姜玉梅，周宏博. 2002. 凝胶过滤层析分离蛋白质实验中三种过滤介质分离效果的比较. 哈尔滨医科大学学报，36(3)：242-243
杨建伟. 1997. 肌糖原酵解作用实验方法的改进. 南都学坛（自然科学版），3：86-87
姚乾元. 1962. 薄层层析法及其应用. 化学通报，8：8-14
臧荣鑫，杨具田. 2010. 生物化学实验教程. 兰州：兰州大学出版社
张龙翔. 1981. 生化实验方法和技术. 北京：人民教育出版社
赵玉萍. 2011.“激活剂与抑制剂对酶促反应的影响”实验的新型装置. 生物学杂志，28(3)：97-98
郑晖，李秋顺，高广恒，等. 2010. 脱氢酶生物传感器研究关键技术与进展. 中国生物工程杂志，30(9)：118-123
中山大学生物系生化微生物学教研室. 1978. 生化技术导论. 北京：人民教育出版社

附录一　常用标准溶液的配制和标定

一、标准氢氧化钠溶液的配制和标定

氢氧化钠容易吸湿，不能直接配成标准浓度的溶液，必须先配成一个近似浓度的溶液，再用标准的酸溶液或酸性盐（如苯甲酸、酸性邻苯二甲酸氢钾盐和草酸等）溶液标定。例如，配制 0.1mol/L 氢氧化钠溶液，可先称取分析纯的固体氢氧化钠 4.1g，用水溶解后转移到 1L 的容量瓶中，冷却后稀释至刻度。溶液保存在胶皮塞的试剂瓶中，待标定。

用酸性邻苯二甲酸氢钾（$KHC_8H_4O_4$，相对分子质量 204.22）作为基准物质，可先准确称取分析纯的邻苯二甲酸氢钾 3 份，每份 0.41g～0.43g，分别置于 150mL 三角瓶中，各加入 20mL 无离子水，使全部溶解，加酚酞指示剂 3～4 滴，用待测的氢氧化钠溶液滴定至淡红色出现为止，记录用去的氢氧化钠体积，求平均值，按下式计算得氢氧化钠溶液的标准浓度：

$$C_{NaOH}=\frac{m\times 1000}{M_r V}$$

式中，m 表示 $KHC_8H_4O_4$ 的质量（g）；M_r 表示 $KHC_8H_4O_4$ 相对分子质量；V 表示 NaOH 滴定体积。

二、标准盐酸溶液的配制和标定

标定盐酸通常以硼砂（$Na_2B_4O_7\cdot 10H_2O$，相对分子质量 381.43）为基准物质，因为硼砂易提纯、不吸水，相对分子质量大，标定时准确度高。

硼砂提纯：称取约 30g 分析纯硼砂，溶解在 100mL 热水中，这时溶液温度为 55℃以上，待溶液冷却后析出硼砂结晶，经烧结玻璃漏斗将结晶滤出，再分别用少量水、95%乙醇、无水乙醇和无水乙醚依次洗涤，所用乙醇和乙醚的量大约是每 10g 结晶用 5mL 溶剂。将结晶平铺成薄层，室温下使乙醚挥发。把纯化的硼砂放在密闭的玻璃瓶中，再贮放在盛有饱和蔗糖和氯化钠溶液的干燥器内，硼砂中结晶水可保持不变。

若要配制 0.1mol/L 盐酸标准液，可吸取分析纯盐酸（密度 $1.19g/cm^2$，约 12mol/L）8.5mL，用无离子水稀释至 1L，贮于清洁的试剂瓶中待标定。

准确称取 3 份干燥的提纯硼砂 0.381～0.383g，分别置于 150mL 三角瓶中，加入 20mL 无离子水溶解，加入 3 滴甲基红指示剂，用待测的盐酸溶液滴定至橙红色为止，记录盐酸的滴定体积，求平均数，按下式计算得盐酸溶液的准确浓度：

$$C_{HCl}=\frac{m\times 1000}{(M_r/2)\times V}$$

式中，m 表示硼砂质量（g）；M_r 表示硼砂相对分子质量；V 表示 HCl 滴定体积。

三、标准硫代硫酸钠溶液的配制和标定

硫代硫酸钠易失去结晶水，其溶液易被硫化菌分解，因此，标准硫代硫酸钠溶液需标

定。硫代硫酸钠（$Na_2S_2O_3 \cdot 5H_2O$，相对分子质量 248.19）溶液可用重铬酸钾、碘酸钾、硫酸钾等氧化剂来标定。碘酸钾（KIO_3，相对分子质量 214.01）为最常用，因它不吸水，较稳定，在酸性条件下具有较强的氧化能力。

如果要配制 0.1mol/L 硫代硫酸钠标准液，可称取 25g 分析纯的硫代硫酸钠，溶解在煮沸过的无离子水中，并稀释至 1L，贮存在橡皮塞的试剂瓶中，待标定。

其准确浓度采用 KIO_3 来标定。准确称取 0.1420～0.1500g 纯碘酸钾 3 份，分别置于 150mL 三角瓶中，加入 20mL 无离子水溶解，再各加入 10%碘化钾溶液 10mL 和 0.5mol/L 硫酸溶液 20mL，混合后用待标定的硫代硫酸钠溶液滴定，当溶液由棕红色变为黄色时，加入 3 滴 1%淀粉指示剂，继续滴定至蓝色消失为止。记下硫代硫酸钠溶液的滴定体积，并按下式计算其准确浓度：

$$5KI + KIO_3 + 3H_2SO_4 \longrightarrow 3K_2SO_4 + 3H_2O + 3I_2$$

$$2Na_2S_2O_3 + I_2 \longrightarrow Na_2S_4O_6 + 2NaI$$

$$Na_2S_2O_3\text{ 溶液浓度} = \frac{KIO_3\text{ 的质量} \times 1000}{Na_2S_2O_3\text{ 滴定体积} \times 214.01/6}$$

四、溶液浓度的表示及配制

物质的浓度指某物质在总量中的分量。生物化学工作中常用浓度有以下几种。

（一）质量百分浓度（质量分数，W/W）

溶液的浓度用溶质的质量占全部溶液质量的百分率表示的叫质量百分浓度，用符号“%”表示。例如，25%葡萄糖注射液就是指 100g 注射液中含葡萄糖 25g。

$$\text{质量百分浓度} = \frac{\text{溶质质量(g)}}{\text{溶液质量(g)}} \times 100\% = \frac{\text{溶质质量(g)}}{\text{溶质质量(g)} + \text{溶剂质量(g)}} \times 100\%$$

（二）体积百分浓度（体积分数，V/V）

每 100mL 溶液中含溶质的毫升数，一般用于配制溶质为液体的溶液，如各种浓度的乙醇溶液。

$$\text{体积百分浓度} = \frac{\text{溶质体积(mL)}}{\text{溶液体积(mL)}} \times 100\% = \frac{\text{溶质体积(mL)}}{\text{溶质体积(mL)} + \text{溶剂体积(mL)}} \times 100\%$$

（三）百万分浓度

指每 1kg 溶液所含的溶质质量（以毫克计）。

$$\text{百万分浓度} = \frac{\text{溶质的质量(mg)}}{\text{溶液的质量(kg)}}$$

（四）体积摩尔浓度（摩尔浓度）

每升溶液中，溶质的量（以摩尔计）。

$$\text{体积摩尔浓度} = \frac{\text{溶质的量(mol)}}{\text{溶液体积(L)}}$$

实验室中常用酸碱的比重和浓度的关系见下表。

名称	化学式	M_r	比重	质量分数/%	物质的摩尔浓度/(mol/L)	配 1mol/L 溶液所需毫升数
盐酸	HCl	36.47	1.19	37.2	12.0	84
硫酸	H_2SO_4	98.09	1.84	95.6	18.3	55.0
硝酸	HNO_3	63.02	1.42	70.98	16.0	62.5
冰醋酸	CH_3COOH	60.05	1.05	99.5	17.4	57.5
磷酸	H_3PO_4	98.06	1.71	85.0	14.8	67.8
氨水	NH_4OH	35.05	0.90	28.0	14.8	67.6
氢氧化钠溶液	$NaOH$	40.0	1.5	50.0	19	53

五、溶液浓度的调整

(一) 浓溶液稀释法

从浓溶液稀释成稀溶液可根据浓度与体积成反比的原理进行计算。

$$c_1 \times V_1 = c_2 \times V_2$$

式中，V_1 表示浓溶液体积，c_1 表示浓溶液浓度，V_2表示稀溶液体积，c_2 表示稀溶液浓度。

例 1　将 6mol/L 硫酸 450mL 稀释成 2.5mol/L 可得多少毫升?

$$6 \times 450 = 2.5 \times V_2$$

$$V_2 = \frac{6 \times 450}{2.5} = 1080$$

另外，还可以采用交叉法进行稀释，方法如下。

设浓溶液的浓度为 a，稀溶液的浓度为 b，要求配制的溶液浓度为 c。

$c - b = x$　　为 a 所需要的体积

$a - c = y$　　为 b 所需要的体积

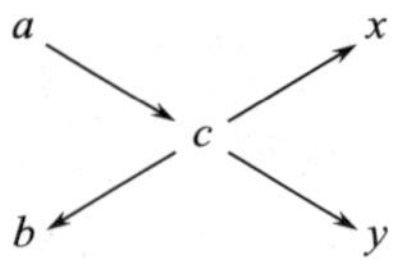

$(c-b=x)$

$(a-c=y)$

例 2　要配制 75%乙醇，需要用 95%乙醇和水各多少毫升?

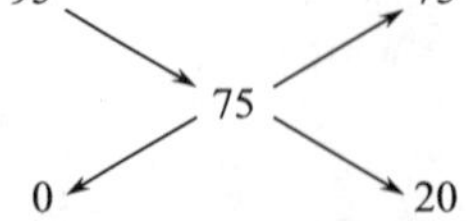

(75−0=75)……95%乙醇

(95−75=20)…………水

即需取 95%乙醇 75 份，加水 20 份，混合则成。

(二) 稀溶液浓度的调整

同样按照溶液的浓度与体积成反比的原理，或利用交叉法进行计算。

$$c \times (V_1 + V_2) = c_2 \times V_2 + c_1 \times V_1$$

式中，c 表示所需溶液浓度，c_1 表示浓溶液的浓度，V_1 表示浓溶液体积，c_2 表示稀溶液的浓度，V_2 表示稀溶液的体积。

例 3 现有 0.25mol/L 氢氧化钠溶液 800mL，需要加多少毫升的 1mol/L 氢氧化钠溶液，才能成为 0.4mol/L 氢氧化钠溶液？

设所需 1mol/L 氢氧化钠溶液的毫升数 X 代入公式：

$$0.4 \times (X + 800) = 0.25 \times 800 + 1 \times X$$

$$X = 200(\text{mL})$$

利用交叉法进行纠正也可，方法如下：

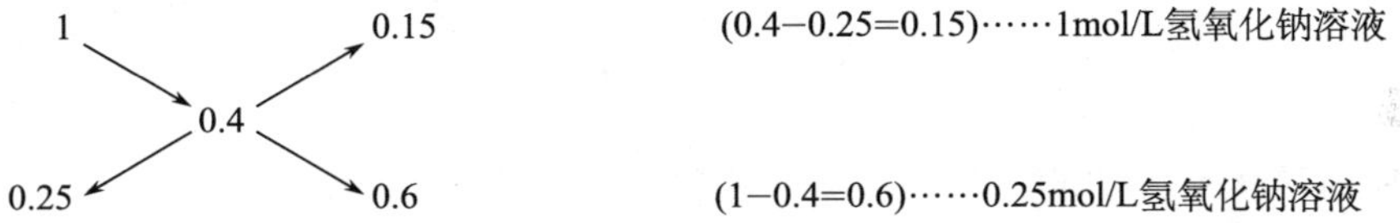

取 1mol/L 氢氧化钠溶液 0.15mL，0.25mol/L 氢氧化钠溶液 0.6mL 混合，即成 0.4mol/L 氢氧化钠溶液。

设 X 为所需 1mol/L 氢氧化钠溶液的毫升数，则

$$0.15 : 0.6 = X : 800$$

$$X = 200(\text{mL})$$

(三) 溶液浓度互换公式

$$\text{质量分数}(\%) = \frac{\text{溶质的量浓度} \times \text{相对分子质量}}{\text{溶液体积} \times \text{密度}}$$

$$\text{溶质的量浓度}(\text{mol/L}) = \frac{\text{质量分数} \times \text{溶液体积} \times \text{密度}}{\text{相对分子质量}}$$

六、常用清洗液的配制及用途

1. 铬酸洗液（简称洗液）配制：量取 100mL 工业硫酸置于 250mL 烧杯中，小心加热，慢慢加 5g 重铬酸钾粉末，边加边搅拌，待全部溶解后，冷却并贮于具玻塞的试剂瓶中备用。
2. 浓盐酸（工业用）：常用于洗去水垢或某些无机盐沉淀。
3. 浓硝酸：常用于洗涤除去金属离子。
4. 8mol/L 尿素洗涤液（pH1.0）：适用于洗涤盛蛋白质溶液及血样的器皿。
5. 0.001mol/L EDTA 溶液：用于除去塑料容器内壁污染的金属离子。
6. 5%～10%磷酸三钠溶液：用于洗涤油污物。
7. 氢氧化钾的乙醇溶液和含有高锰酸钾的氢氧化钠溶液：适用于清除容器内壁污垢，但这两种强碱性洗涤液对玻璃仪器的侵蚀性很强，故洗涤时间不宜过长。

（张瑞英）

附录二　常用缓冲液的配制方法

1. 甘氨酸-盐酸缓冲液（0.05mol/L）

*X*mL 0.2mol/L 甘氨酸+*Y*mL 0.2mol/L HCl，再加水稀释至 200mL。

pH	*X*/mL	*Y*/mL	pH	*X*/mL	*Y*/mL
2.2	50	44.0	3.0	50	11.4
2.4	50	32.4	3.2	50	8.2
2.6	50	24.2	3.4	50	6.4
2.8	50	16.8	3.6	50	5.0

甘氨酸 M_r=75.07，0.2mol/L 溶液含 15.01g/L。

2. 硼砂-氢氧化钠缓冲液（0.05mol/L 硼酸根）

*X*mL 0.05mol/L 硼砂+*Y*mL 0.2mol/L NaOH，再加水稀释至 200mL。

pH	*X*/mL	*Y*/mL	pH	*X*/mL	*Y*/mL
9.3	50	6.0	9.8	50	34.0
9.4	50	11.0	10.0	50	43.0
9.6	50	23.0	10.1	50	46.0

硼砂（$Na_2B_4O_7 \cdot 10H_2O$）M_r=381.43，0.05mol/L 溶液含 19.07g/L。

3. 碳酸钠-碳酸氢钠缓冲液（0.1mol/L）

Ca^{2+}、Mg^{2+}存在时不得使用。

pH		0.1mol/L Na_2CO_3/mL	0.1mol/L $NaHCO_3$/mL
20℃	37℃		
9.16	8.77	1	9
9.40	9.12	2	8
9.51	9.40	3	7
9.78	9.50	4	6
9.90	9.72	5	5
10.14	9.90	6	4
10.28	10.08	7	3
10.53	10.28	8	2
10.83	10.57	9	1

$Na_2CO_3 \cdot 10H_2O$ M_r = 286.2，0.1mol/L 溶液含 28.62g/L；$NaHCO_3$ M_r = 84.0，0.1mol/L 溶液含 8.40g/L。

4. Tris-盐酸缓冲液（0.05mol/L，25℃）

50mL 0.1mol/L Tris 溶液＋XmL 0.1mol/L 盐酸，加水稀释至 100mL。

pH	X/mL	pH	X/mL
7.10	45.7	8.10	26.2
7.20	44.7	8.20	22.9
7.30	43.4	8.30	19.9
7.40	42.0	8.40	17.2
7.50	40.3	8.50	14.7
7.60	38.5	8.60	12.4
7.70	36.6	8.70	10.3
7.80	34.5	8.80	8.5
7.90	32.0	8.90	7.0
8.00	29.2		

Tris［三羟甲基氨基甲烷，$(CH_2OH)_3CNH_2$］M_r＝121.14，0.1mol/L 溶液含 12.114g/L。Tris 溶液可以从空气中吸收二氧化碳，使用完毕请注意将瓶盖严。

5. 硼酸-硼砂缓冲液（0.2mol/L 硼酸根）

pH	0.05mol/L 硼砂 /mL	0.2 mol/L 硼酸 /mL	pH	0.05 mol/L 硼砂 /mL	0.2 mol/硼酸 /mL
7.4	1.0	9.0	8.2	3.5	6.5
7.6	1.5	8.5	8.4	4.5	5.5
7.8	2.0	8.0	8.7	6.0	4.0
8.0	3.0	7.0	9.0	8.0	2.0

硼砂（$Na_2B_4O_7 \cdot 10H_2O$）M_r = 381.43，0.05mol/L 溶液（0.2mol/L 硼酸根）含 19.07g/L。硼酸（H_3BO_3）M_r＝61.84，0.2mol/L 溶液含 12.37g/L。硼砂易失去结晶水，必须在带塞的瓶中保存。

6. 甘氨酸-氢氧化钠缓冲液（0.05mol/L）

XmL 0.2mol/L 甘氨酸＋YmL 0.2mol/L NaOH，再加水稀释至 200mL。

pH	X/mL	Y/mL	pH	X/mL	Y/mL
8.6	50	4.0	9.6	50	22.4
8.8	50	6.0	9.8	50	27.2
9.0	50	8.8	10.0	50	32.0
9.2	50	12.0	10.4	50	38.6
9.4	50	16.8	10.6	50	45.5

甘氨酸 M_r＝75.07，0.2mol/L 溶液含 15.01g/L。

7. 邻苯二甲酸-盐酸缓冲液（0.05mol/L）

XmL 0.2mol/L 邻苯二甲酸氢钾＋YmL 0.2mol/L HCl，再加水稀释至 20mL。

pH (20℃)	X/mL	Y/mL	pH (20℃)	X/mL	Y/mL
2.2	5	4.670	3.2	5	1.470
2.4	5	3.960	3.4	5	0.990
2.6	5	3.295	3.6	5	0.597
2.8	5	2.642	3.8	5	0.263
3.0	5	2.032			

邻苯二甲酸氢钾 M_r=204.23，0.2mol/L 邻苯二甲酸氢钾溶液含 40.85g/L。

8. 磷酸氢二钠-柠檬酸缓冲液

pH	0.2mol/L Na_2HPO_4/mL	0.1mol/L 柠檬酸/mL	pH	0.2mol/L Na_2HPO_4/mL	0.1mol/L 柠檬酸/mL
2.2	0.40	19.60	5.2	10.72	9.28
2.4	1.24	18.76	5.4	11.15	8.85
2.6	2.18	17.82	5.6	11.60	8.40
2.8	3.17	16.83	5.8	12.09	7.91
3.0	4.11	15.89	6.0	12.63	7.37
3.2	4.94	15.06	6.2	13.22	6.78
3.4	5.70	14.30	6.4	13.85	6.15
3.6	6.44	13.56	6.6	14.55	5.45
3.8	7.10	12.90	6.8	15.45	4.55
4.0	7.71	12.29	7.0	16.47	3.53
4.2	8.28	11.72	7.2	17.39	2.61
4.4	8.82	11.18	7.4	18.17	1.83
4.6	9.35	10.65	7.6	18.73	1.27
4.8	9.86	10.14	7.8	19.15	0.85
5.0	10.30	9.70	8.0	19.45	0.55

Na_2HPO_4 M_r=141.98，0.2mol/L 溶液含 28.40g/L；$Na_2HPO_4 \cdot 2H_2O$ M_r=178.05，0.2mol/L 溶液含 35.61g/L；$C_6H_8O_7 \cdot H_2O$ M_r=210.14，0.1mol/L 溶液含 21.01g/L。

9. 柠檬酸-氢氧化钠-盐酸缓冲液

pH	钠离子浓度 /(mol/L)	柠檬酸（$C_6H_8O_7 \cdot H_2O$）/g	氢氧化钠（97%NaOH）/g	盐酸（浓）/mL	最终体积 /L*
2.2	0.20	210	84	160	10
3.1	0.20	210	83	116	10
3.3	0.20	210	83	106	10
4.3	0.20	210	83	45	10
5.3	0.35	245	144	68	10
5.8	0.45	285	186	105	10
6.5	0.38	266	156	126	10

* 使用时可以每升中加入 1g 酚，若最后 pH 有变化，再用少量 50% 氢氧化钠溶液或浓盐酸调节，冰箱保存。

10. 柠檬酸-柠檬酸钠缓冲液（0.1mol/L）

pH	0.1mol/L 柠檬酸 /mL	0.1mol/L 柠檬酸钠 /mL	pH	0.1mol/L 柠檬酸 /mL	0.1mol/L 柠檬酸钠 /mL
3.0	18.6	1.4	5.0	8.2	11.8
3.2	17.2	2.8	5.2	7.3	12.7
3.4	16.0	4.0	5.4	6.4	13.6
3.6	14.9	5.1	5.6	5.5	14.5
3.8	14.0	6.0	5.8	4.7	15.3
4.0	13.1	6.9	6.0	3.8	16.2
4.2	12.3	7.7	6.2	2.8	17.2
4.4	11.4	8.6	6.4	2.0	18.0
4.6	10.3	9.7	6.6	1.4	18.6
4.8	9.2	10.8			

柠檬酸（$C_6H_8O_7 \cdot H_2O$）$M_r = 210.14$，0.1mol/L 溶液含 21.01g/L；柠檬酸钠（$Na_3C_6H_5O_7 \cdot 2H_2O$）$M_r = 294.12$，0.1mol/L 溶液含 29.41g/L。

11. 乙酸-乙酸钠缓冲液（0.2mol/L）

pH (18℃)	0.2mol/L NaAc /mL	0.2mol/L HAc /mL	pH (18℃)	0.2mol/L NaAc /mL	0.2 mol/L HAc /mL
3.6	0.75	9.25	4.8	5.90	4.10
3.8	1.20	8.80	5.0	7.00	3.00
4.0	1.80	8.20	5.2	7.90	2.10
4.2	2.65	7.35	5.4	8.60	1.40
4.4	3.70	6.30	5.6	9.10	0.90
4.6	4.90	5.10	5.8	9.40	0.60

$NaAc \cdot 3H_2O$ $M_r = 136.09$，0.2mol/L 溶液含 27.22g/L；0.2mol/L HAc 含 11.55mL/L冰醋酸。

12. 磷酸盐缓冲液

（1）磷酸氢二钠-磷酸二氢钠缓冲液（0.2mol/L）

pH	0.2mol/L Na_2HPO_4/mL	0.2mol/L NaH_2PO_4/mL	pH	0.2mol/L Na_2HPO_4/mL	0.2mol/L NaH_2PO_4/mL
5.8	8.0	92.0	7.0	61.0	39.0
5.9	10.0	90.0	7.1	67.0	33.0
6.0	12.3	87.7	7.2	72.0	28.0
6.1	15.0	85.0	7.3	77.0	23.0
6.2	18.5	81.5	7.4	81.0	19.0
6.3	22.5	77.5	7.5	84.0	16.0
6.4	26.5	73.5	7.6	87.0	13.0
6.5	31.5	68.5	7.7	89.5	10.5
6.6	37.5	62.5	7.8	91.5	8.5
6.7	43.5	56.5	7.9	93.0	7.0
6.8	49.0	51.0	8.0	94.7	5.3
6.9	55.0	45.0			

$Na_2HPO_4 \cdot 2H_2O$ M_r=178.05，0.2mol/L 溶液含 35.61g/L；$Na_2HPO_4 \cdot 12H_2O$ M_r=358.22，0.2mol/L 溶液含 71.64g/L；$NaH_2PO_4 \cdot H_2O$ M_r=138.01，0.2mol/L 溶液含 27.6g/L；$NaH_2PO_4 \cdot 2H_2O$ M_r=156.03，0.2mol/L 溶液含 31.21g/L。

（2）磷酸氢二钠-磷酸二氢钾缓冲液（1/15mol/L）

pH	1/15mol/L Na_2HPO_4/mL	1/15mol/L KH_2PO_4/mL	pH	1/15mol/L Na_2HPO_4/mL	1/15mol/L KH_2PO_4/mL
4.92	0.10	9.90	7.17	7.00	3.00
5.29	0.50	9.50	7.38	8.00	2.00
5.91	1.00	9.00	7.73	9.00	1.00
6.24	2.00	8.00	8.04	9.50	0.50
6.47	3.00	7.00	8.34	9.75	0.25
6.64	4.00	6.00	8.67	9.90	0.10
6.81	5.00	5.00	8.78	10.0	0
6.98	6.00	4.00			

$Na_2HPO_4 \cdot 2H_2O$ M_r=178.05，1/15mol/L 溶液含 11.876g/L；KH_2PO_4 M_r=136.09，1/15mol/L 溶液含 9.078g/L。

13. 磷酸二氢钾-氢氧化钠缓冲液（0.05mol/L，20℃）

XmL 0.2mol/L KH_2PO_4+YmL 0.2mol/L NaOH，再加水稀释至 20mL。

pH	X/mL	Y/mL	pH	X/mL	Y/mL
5.8	5	0.372	7.0	5	2.963
6.0	5	0.570	7.2	5	3.500
6.2	5	0.860	7.4	5	3.950
6.4	5	1.260	7.6	5	4.280
6.6	5	1.780	7.8	5	4.520
6.8	5	2.365	8.0	5	4.680

14. 巴比妥钠-盐酸缓冲液（18℃）

pH	0.04mol/L 巴比妥钠/mL	0.2mol/L 盐酸/mL	pH	0.04mol/L 巴比妥钠/mL	0.2mol/L 盐酸/mL
6.8	100	18.40	8.4	100	5.21
7.0	100	17.80	8.6	100	3.82
7.2	100	16.70	8.8	100	2.52
7.4	100	15.30	9.0	100	1.65
7.6	100	13.40	9.2	100	1.13
7.8	100	11.47	9.4	100	0.70
8.0	100	9.39	9.6	100	0.35
8.2	100	7.21			

巴比妥钠盐 M_r=206.18，0.04mol/L 溶液含 8.25g/L。

（张瑞英）

附录三　硫酸铵饱和度的调整用表

1. 调整硫酸铵溶液饱和度计算表（25℃）

		硫酸铵终浓度，饱和度/%																
		10	20	25	30	33	35	40	45	50	55	60	65	70	75	80	90	100
		每升溶液加固体硫酸铵的克数①																
硫酸铵初浓度，饱和度/%	0	56	114	144	176	196	209	243	277	313	351	390	430	472	516	561	662	707
	10		57	86	118	137	150	183	216	251	288	326	365	406	449	494	592	694
	20			29	59	78	91	123	155	189	225	262	300	340	382	424	520	619
	25				30	49	61	93	125	158	193	230	267	307	348	390	485	583
	30					19	30	62	94	127	162	198	235	273	314	356	449	546
	33						12	43	74	107	142	177	214	252	292	333	426	522
	35							31	63	94	129	164	200	238	278	319	411	506
	40								31	63	97	132	168	205	245	285	375	469
	45									32	65	99	134	171	210	250	339	431
	50										33	66	101	137	176	214	302	392
	55											33	67	103	141	179	264	353
	60												34	69	105	143	227	314
	65													34	70	107	190	275
	70														35	72	153	237
	75															36	115	198
	80																77	157
	90																	79

①在 25℃下，硫酸铵溶液由初浓度调到终浓度时，每升溶液所加固体硫酸铵的克数。

2. 调整硫酸铵溶液饱和度计算表（0℃）

	在0℃硫酸铵终浓度，饱和度/%																
	20	25	30	35	40	45	50	55	60	65	70	75	80	85	90	95	100
硫酸铵初浓度，饱和度/%	每100mL溶液加固体硫酸铵的克数①																
0	10.6	13.4	16.4	19.4	22.6	25.8	29.1	32.6	36.1	39.8	43.6	47.6	51.6	55.9	60.3	65.0	69.7
5	7.9	10.8	13.7	16.6	19.7	22.9	26.2	29.6	33.1	36.8	40.5	44.4	48.4	52.6	57.0	61.5	66.2
10	5.3	8.1	10.9	13.9	16.9	20.0	23.3	26.6	30.1	33.7	37.4	41.2	45.2	49.3	53.6	58.1	62.7
15	2.6	5.4	8.2	11.1	14.1	17.2	20.4	23.7	27.1	30.6	34.3	38.1	42.0	46.0	50.3	54.7	59.2
20	0	2.7	5.5	8.3	11.3	14.3	17.5	20.7	24.1	27.6	31.2	34.9	38.7	42.7	46.9	51.2	55.7
25		0	2.7	5.6	8.4	11.5	14.6	17.9	21.1	24.5	28.0	31.7	35.5	39.5	43.6	47.8	52.2
30			0	2.8	5.6	8.6	11.7	14.8	18.1	21.4	24.9	28.5	32.3	36.2	40.2	44.5	48.8
35				0	2.8	5.7	8.7	11.8	15.1	18.4	21.8	25.4	29.1	32.9	36.9	41.0	45.3
40					0	2.9	5.8	8.9	12.0	15.3	18.7	22.2	25.8	29.6	33.5	37.6	41.8
45						0	2.9	5.9	9.0	12.3	15.6	19.0	22.6	26.3	30.2	34.2	38.3
50							0	3.0	6.0	9.2	12.5	15.9	19.4	23.0	26.8	30.8	34.8
55								0	3.0	6.1	9.3	12.7	16.1	19.7	23.5	27.3	31.3
60									0	3.1	6.2	9.5	12.9	16.4	20.1	23.1	27.9
65										0	3.1	6.3	9.7	13.2	16.8	20.5	24.4
70											0	3.2	6.5	9.9	13.4	17.1	20.9
75												0	3.2	6.6	10.1	13.7	17.4
80													0	3.3	6.7	10.3	13.9
85														0	3.4	6.8	10.5
90															0	3.4	7.0
95																0	3.5
100																	0

①在0℃下，硫酸铵溶液由初浓度调到终浓度时，每100mL溶液所加固体硫酸铵的克数。

（张瑞英）

附录四　柱层析材料

一、常用离子交换树脂及物理性质

类型		产品牌号	功能基	粒度/目	含水量/%	全交换量/(mmol/g)	最高操作温度/℃	允许pH范围	湿视密度/(g/mL)	树脂母体或原料	相应的国际产品
阳离子交换树脂	强酸型	强酸 1×7 (732)	$—SO_3^-$	16～50	45～50	≥4.5	Na^+120 H^+100	1～14	0.75～0.87	交联聚苯乙烯	Amberlite IR-120 Zerolit 225 Dowex 50
	弱酸型	弱酸 101×1～8 (724)	$—COO^-$	16～50	45～50	≥9.0	Na^+与H^+ 120	5～14	0.70～0.78	聚丙烯酸	Amberlite IRC-50 Zerolit226
阴离子交换树脂	强碱型	强碱 201×7 (717)	$—N^+(CH_3)_3$	16～50	40～50	≥3.0	Cl^-80 OH^-60	1～14	0.65～0.75	交联聚苯乙烯	Amberlite IRA-400 Zerolit FF
	弱碱型	大孔弱碱 301	$—N^+(CH_3)_2$	16～50	50～60	≥4.8	Cl^-40 OH^-100	1～9	0.65～0.72	交联聚苯乙烯	Amberlite IRA-93

注：①国产树脂编号：1～100为强酸型树脂，101～200为弱酸型树脂，201～300为强碱型树脂，301～400为弱碱型树脂。

②交联度的表示：如201×7，201为强碱型树脂编号，7为交联度；又如1×7，1为强酸型树脂编号，7为交联度；又如101×1～20，101为弱酸型树脂编号，1～20为交联度。

二、常用的离子交换纤维素

类型		名称	功能基团
阳离子交换纤维素	强酸型	磷酸纤维素（P）	磷酸基 $—O—PO_3^-$
		磺甲基纤维素（SM）	磺甲基 $—O—CH_2—SO_3^-$
		磺乙基纤维素（SE）	磺乙基$—O—CH_2—CH_2—SO_3^-$
	弱酸型	羧甲基纤维素（CM）	羧甲基$—O—CH_2—COO^-$
阴离子交换纤维素	强碱型	三乙基氨基乙基纤维素（TEAE）	三乙基氨基乙基$—O—CH_2—CH_2—N^+—(CH_2CH_3)_3$
	弱碱型	二乙基氨基乙基纤维素（DEAE）	二乙基氨基乙基$—O—CH_2—CH_2—N^+H—(CH_2CH_3)_2$
		氨基乙基纤维素（AE）	氨基乙基$—O—CH_2—CH_2—N^+H_3$
		三羟乙基氨基纤维素（ECTEOLA）	三羟乙基氨基 $—N^+—(CH_2CH_2OH)_3$

三、常用离子交换葡聚糖凝胶

类型		名称	功能基团
阳离子交换葡聚糖凝胶	强酸型	SE-葡聚糖凝胶 G25 SE-葡聚糖凝胶 G50 SP-葡聚糖凝胶 G25 SP-葡聚糖凝胶 G50	磺乙基—O—CH_2—$CH_2SO_3^-$ 磺丙基—$CH_2CH_2CH_2SO_3^-$
	弱酸型	CM-葡聚糖凝胶 G25 CM-葡聚糖凝胶 G50	羧甲基—O—CH_2—COO^-
阴离子交换葡聚糖凝胶	强碱型	QAE-葡聚糖凝胶 A25 QAE-葡聚糖凝胶 A50	二乙基（α-羟丙基）氨基乙基 CH_2CH_3 —O—CH_2—CH_2N^+<—CH_2—CH_2—CH_2OH CH_2CH_3
	弱碱型	DEAE-葡聚糖凝胶 A25 DEAE-葡聚糖凝胶 A50	二乙基氨基乙基—O—CH_2—CH_2N^+H—（CH_2CH_3）$_2$

四、常用葡聚糖凝胶的技术数据

分子筛类型	相对分子质量分级的范围		床体积/(mL/g 干胶)	得水值(mL/g 干凝胶)	溶胀最少平衡时间/h		柱头压力*/(mmH_2O)
	肽及球型蛋白质	葡聚糖（线性分子）			室温	沸水浴	
SephadexG-10	−700	−700	2～3	1.0±0.1	3	1	
SephadexG-15	−1 500	−1 500	2.5～3.5	1.5±0.2	3	1	
SephadexG-25	1 000～5 000	100～5 000	4～6	2.5±0.2	6	2	
SephadexG-50	1 500～3 000	500～10 000	9～11	5.0±0.3	6	2	
SephadexG-75	3 000～70 000	1 000～50 000	12～15	7.5±0.5	24	3	40～160
SephadexG-100	4 000～150 000	1 000～100 000	15～20	10.0±1.0	48	5	24～96
SephadexG-150	5 000～400 000	1 000～150 000	18～30	15.0±1.5	72	5	9～36
SephadexG-200	5 000～800 000	1 000～200 000	20～40	20.0±2.0	72	5	4～16

注：干颗粒直径在 100～300μm 为粗级，相当于 50～100 目；50～100μm 为中级，相当于 100～200 目；20～80μm 为细级，相当于 200～400 目；10～40 为超细级。

* 1mmH_2O=9.806 375Pa（2.5cm 直径柱）。

五、　常用的琼脂糖凝胶的技术参数

名称与型号	分离范围/(M_r)	颗粒大小/μm	特性/应用	工作（清洗）pH	耐压/MPa	最快流速/(cm/h)
Sepharose 2B	70 000～40×10^6	60～200	蛋白质、大分子复合物、病毒、不对称分子如核酸和多糖（蛋白质多糖）	4～9（4～9）	0.004	10
Sepharose 4B	60 000～20×10^6	45～165	蛋白质、多糖	4～9（4～9）	0.008	11.5
Sepharose 6B	10 000～4×10^6	45～165	蛋白质、多糖	4～9（4～9）	0.02	14

六、　聚丙烯酰胺凝胶的技术参数

型号	排阻下限 /M_r	分级分离的范围 /M_r	溶涨所需时间/h		膨胀后的床体积 /(mL/g 干凝胶)
			22℃	100℃	
Bio-Gel P-2	1 600	200～2 000	4	2	3.8
Bio-Gel P-4	3 600	500～4 000	4	2	5.8
Bio-Gel P-6	4 600	1 000～5 000	4	2	8.8
Bio-Gel P-10	10 000	5 000～17 000	4	2	12.4
Bio-Gel P-30	30 000	20 000～50 000	12	3	14.9
Bio-Gel P-60	60 000	30 000～70 000	12	3	19.0
Bio-Gel P-100	100 000	40 000～100 000	24	5	19.0
Bio-Gel P-150	150 000	50 000～150 000	24	5	24.0
Bio-Gel P-200	200 000	80 000～300 000	48	5	34.0
Bio-Gel P-300	300 000	100 000～400 000	48	5	40.0

注：上述各种型号的凝胶都是亲水性的，在水和缓冲液中很容易膨胀。

（张瑞英）